改訂3版

建設工事に係る資材の再資源化等に関する法律

建設リサイクル法の解説

編著／建設リサイクル法研究会

大成出版社

目　次

建設リサイクル法の概要

建設リサイクル法逐条解説

資　料

凡　例

収録している法令について

法令名の略記

本書で使用する法令の名称は、一部省略して表記している。主なものは、以下のとおり。

建設リサイクル法………建設工事に係る資材の再資源化等に関する法律
施行令……………………建設工事に係る資材の再資源化等に関する法律施行令
施行規則…………………建設工事に係る資材の再資源化等に関する法律施行規則
解体工事業登録等省令…解体工事業に係る登録等に関する省令
分別解体等省令…………特定建設資材に係る分別解体等に関する省令
基本方針…………………特定建設資材に係る分別解体等及び特定建設資材廃棄物の再資源化等の促進等に関する基本方針

内容現在

本書に収録している法令等の内容現在は、平成24年９月20日である。

Ｑ＆Ａについて

位置付け

本Ｑ＆Ａは、建設リサイクル法に関してこれまでに寄せられた質疑のうち、代表的なものについて基本的な考え方を示した。

建設工事には非常に多種多様なものがあるため、本Ｑ＆Ａが全てをカバーしているわけではないが、個々の事例については本Ｑ＆Ａに示された基本的な考え方を踏まえて個別に判断されたい。

なお、本Ｑ＆Ａの内容は、今後必要に応じて変更される場合がある。

語句の定義

本Ｑ＆Ａでは、建設リサイクル法で用いられている定義をそのまま準用している。なお、便宜上建設リサイクル法で用いられていない用語を使用しているものは以下のとおり。

建設リサイクル法での用語	本質疑応答集での用語
建築物に係る新築工事等であって新築又は増築の工事に該当しないもの	建築物の修繕・模様替等工事
建築物以外のものに係る解体工事又は新築工事等	建築物以外の工作物の工事
建築物以外のもの	建築物以外の工作物

索引

第２条関係

建設リサイクル法の概要

I　はじめに

第147回国会においては、合計６本の廃棄物・リサイクル関係法律が成立し、我が国が「循環型社会」の形成に向けて新たな一歩を踏み出すための仕組みが整えられた。

建設工事に係る資材の再資源化等に関する法律（平成12年法律第104号）（建設リサイクル法）もその１つである。本法は、平成12年３月17日の閣議決定を経て国会に提出され、衆参両院における審議の結果、５月24日に可決・成立し、31日に公布された。

本法の施行期日は、

①　基本方針等に関する規定　　平成12年11月30日

②　解体工事業者の登録制度に関する規定　　平成13年５月30日

③　分別解体等実施義務及び再資源化等実施義務に関する規定

平成14年５月30日

である。

II　法律制定の背景

1　産業廃棄物の状況

我が国の経済社会活動や国民生活が大量生産・大量消費・大量廃棄の形をとる中で、資源の利用から廃棄物の処理に至るまでの各段階で環境負荷が高まっている。特に、近年、廃棄物の排出量が増大し、最終処分場の不足や不法投棄の多発など、廃棄物をめぐるさまざまな問題が深刻化している。

我が国における廃棄物の発生量は、年間約４億6,000万トン（平成12年度：環境省調べ）にのぼっているが、このうち、産業廃棄物の排出量が約４億600万トンとその９割を占めている。その処理の状況をみると、排出された産業廃

図-1　産業廃棄物の流れ（平成12年度実績）

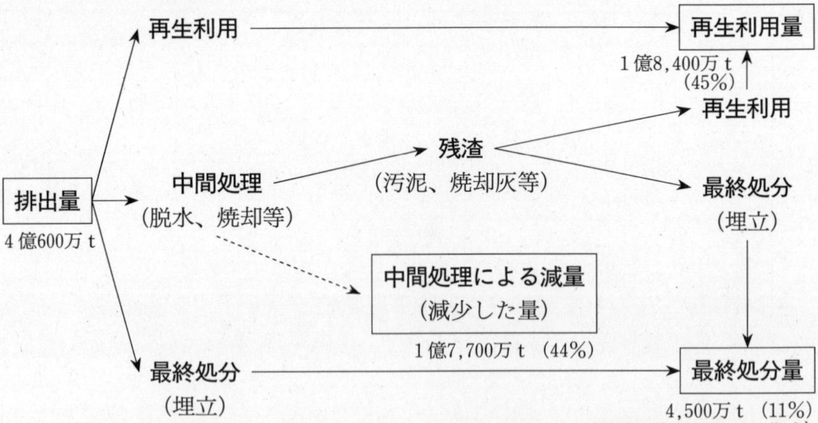

（環境省資料に基づき作成）

棄物のうち、1億8,400万トン（45%）が再生利用され、1億7,700万トン（44%）が脱水や焼却等の中間処理により減量され、4,500万トン（11%）が最終処分されている（図-1）。また、廃棄物の不法投棄が増加しており、平成13年度には全国で1,150件の不法投棄が把握されている。

一方で、産業廃棄物の最終処分場の新規立地件数は減少傾向にあり、その残存容量も急激に減少している。これを残余年数でみると、全国ベースで3.9年、首都圏では1.2年ときわめて厳しい状況となっている（平成13年4月現在）。

このような状況の中で、産業廃棄物に係る廃棄物・リサイクル対策の推進が我が国における大きな課題となっている。

2　建設廃棄物の問題

建設廃棄物は、産業廃棄物の排出量の約2割、最終処分量の約3割を占めており、環境に大きな負荷を与えている（図-2）。また、不法投棄については、環境省の調査によれば、平成13年度には、建設廃材（コンクリート塊等）や木くず（建設発生木材）等の建設廃棄物が約7割を占めている（図-3）。

不法投棄に占める建設廃棄物の割合が大きい理由としては、

①　その主な原因である建築物の解体工事においては、重機の発達により、いわゆるミンチ解体が増加したが、ミンチ解体を行うと廃棄物の大部分が管理型処分場に埋立処分されるしかなく、処分費が著しく高くなることもあって、不法投棄に向かいやすいこと

図-2　産業廃棄物の排出量等

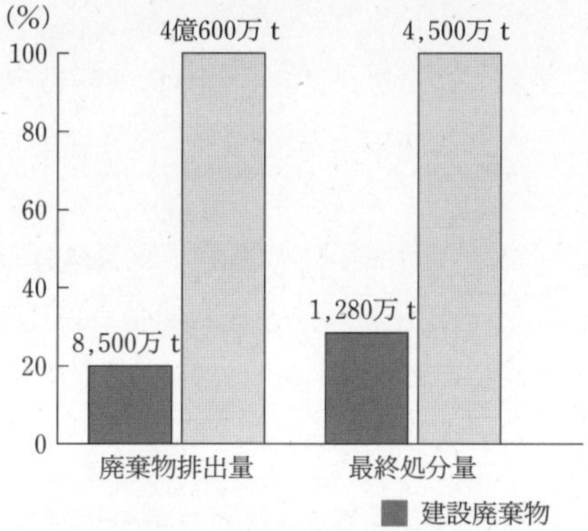

出典：国土交通省、環境省調査

図-3　不法投棄量の内訳

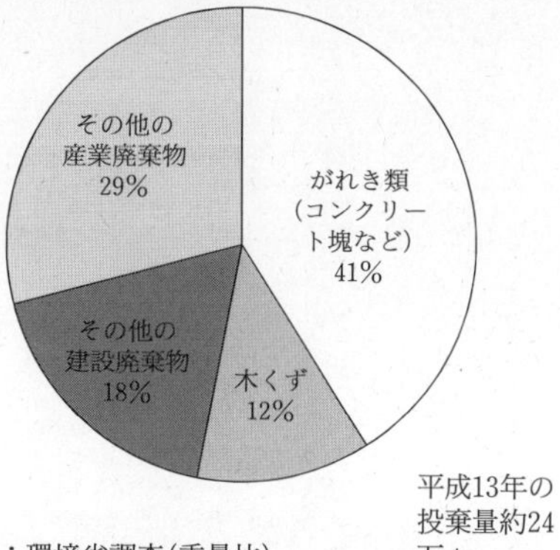

出典：環境省調査(重量比)

図-4　建設廃棄物リサイクル率の比較

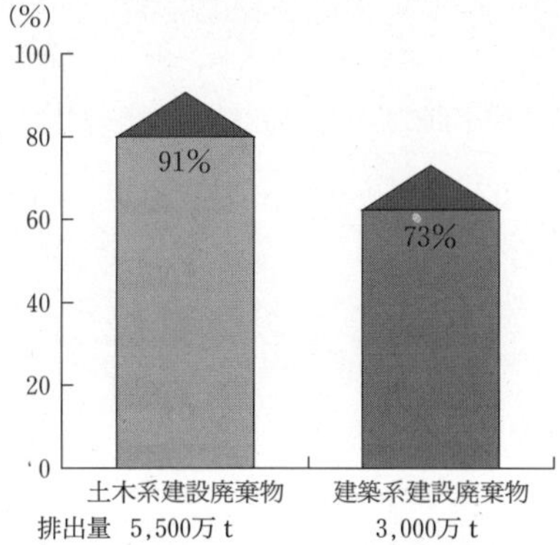

出典：平成12年度建設副産物実態調査(国土交通省)

図-5　建設廃棄物のリサイクル率の推移

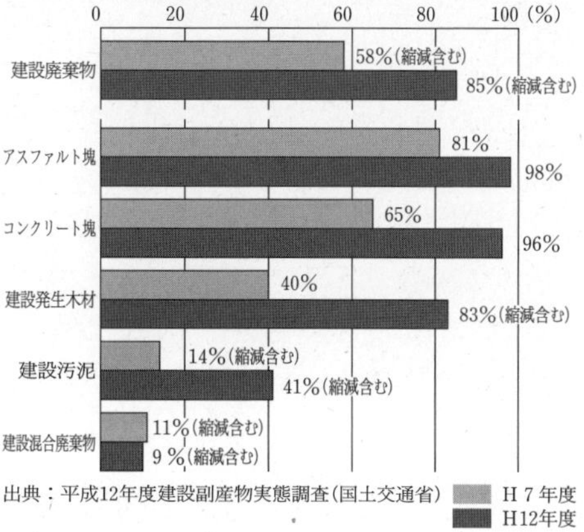

出典：平成12年度建設副産物実態調査(国土交通省)

②　発注者や元請業者に解体工事に要するコストを適正に支払う意識が乏しく、解体工事業者や廃棄物処理業者に適正処理に必要なコストが支払われていない場合が多いこと

などが考えられる。

一方、建設廃棄物のリサイクル率は、平成12年度の数値で85%となっている。これを土木、建築の工事別にみると、土木系建設廃棄物のリサイクル率が91%であるのに対し、建築系建設廃棄物のリサイクル率は74%にとどまっている（図-4、図-5）。その理由としては、

①　土木工事は主に公共工事であり、公共工事発注者が先導的役割を果たし

図-6　建設廃棄物排出量の将来予測

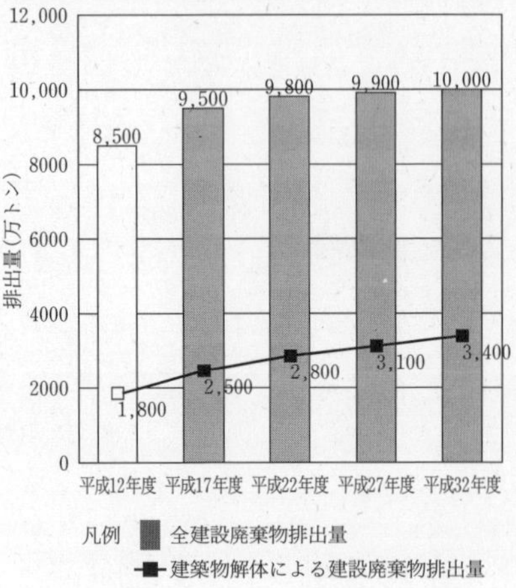

てきたが、建築工事はその大半が民間工事であり、解体工事やリサイクルに要するコストに対する理解が得られにくいこと

② 建築工事は、土木工事に比べて排出される廃棄物の種類が多種にわたり、かつそれぞれが比較的少量ずつ排出されること

から、廃棄物の分別・リサイクルがより困難であることが挙げられる。

また、建築解体廃棄物については、昭和40年代以降に急増した建築物が更新期を迎えることから、今後、発生量の増大が予想されるところである（図-６）。

このような状況を踏まえ、建設省（現：国土交通省）では、特に問題となっている建築解体廃棄物を中心に、その対応策についての検討を進め、平成11年10月に、建築物の分別解体及び再資源化を施策の中心とする「建築解体廃棄物リサイクルプログラム」を取りまとめるとともに、これをもとに、土木系建設廃棄物も含めた建設廃棄物全体のリサイクルを推進するための法制度を整備したものである。

Ⅲ　法律の概要

1　法律の目的

この法律は、特定の建設資材について、その分別解体等及び再資源化等を促進するための措置を講じるとともに、解体工事業者について登録制度を実施することなどにより、資源の有効利用の確保と廃棄物の適正処理を図り、もって生活環境の保全と国民経済の健全な発展に寄与することを目的としている（第１条）。

2　分別解体等及び再資源化等の義務付け

本法の中心となる措置は、一定の建設工事（対象建設工事）について、受注

図-7　建設リサイクル法の仕組み

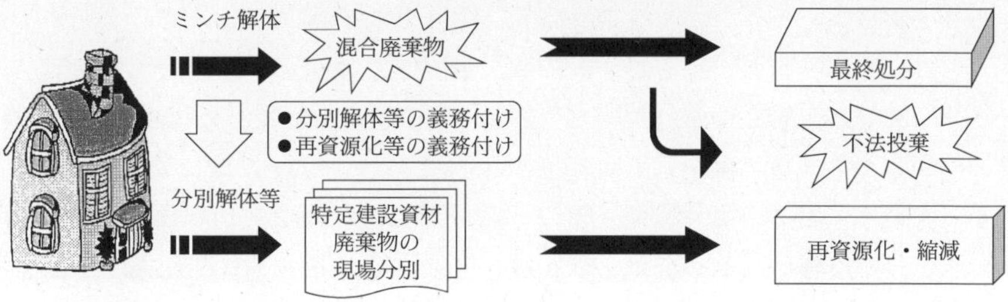

者に分別解体等及び再資源化等の義務付けを行うことにより、建設廃棄物のリサイクルを推進することである（図-7）。

(1)　対象建設工事

対象建設工事とは、特定建設資材を用いた建築物等の解体工事又はその施工に特定建設資材を使用する新築工事等であって、一定の規模以上のものをいう（第9条第1項）。対象建設工事の規模の基準は、政令で定められる（同条第3項）。この基準は、建築物の解体工事、新築工事、修繕・模様替等工事、土木工事の別にそれぞれの規模が定められており、例えば、建築物の解体工事の場合、延べ面積が80㎡以上のものとしている。なお、この規模の基準は、都道府県の条例により、より厳しくする（上乗せ条例を定める）ことが可能である（同条第4項）。

(2)　特定建設資材

特定建設資材とは、①廃棄物となった場合において再資源化を行うことが資源の有効利用や廃棄物の減量を図る上で特に必要であり、②再資源化を義務付けることが経済的に過度の負担とならないと認められる建設資材である（第2条第5項）。本法では、コンクリート、コンクリート及び鉄から成る建設資材、木材及びアスファルト・コンクリートが特定建設資材として指定されている。

(3)　分別解体等の実施義務

対象建設工事の受注者等は、建築物等に使用されている特定建設資材を分別解体等により現場で分別することが義務づけられている（第9条第1項）。

「分別解体等」とは、

①　建築物等の解体工事を施工する場合

建築物等に用いられた建設資材に係る建設資材廃棄物をその種類ごとに分別しつつ当該工事を計画的に施工する行為

② 建築物等の新築その他の解体工事以外の建設工事を施工する場合

当該工事に伴い副次的に生じる建設資材廃棄物をその種類ごとに分別しつつ当該工事を施工する行為

をいう（第2条第3項）。

分別解体等の義務付け対象者は、対象建設工事の受注者又は自主施工者である。

本法でいう受注者とは、「当該対象建設工事の全部又は一部について下請契約が締結されている場合における各下請負人を含む」（第9条第1項）ものとされており、元請業者のみならず、当該対象建設工事に下請負人として参加する者を含む概念である。

分別解体等は、一定の技術基準に従って行われなければならない（同条第2項）。この技術基準は、「特定建設資材廃棄物をその種類ごとに分別することを確保するための適切な施工方法に関する基準」として、解体工事等の施工に当たって従うべき一定の手順を示したものである（同条第3項）。

分別解体等が義務付けられることにより、対象建設工事については、ミンチ解体により様々な種類の廃棄物を混合して排出することが禁止されることになる。

(4) 再資源化等の実施義務

対象建設工事の受注者は、分別解体等に伴って生じた特定建設資材廃棄物について、再資源化をすることが義務づけられている（第16条第1項）。

「再資源化」とは、次に掲げる行為であって、分別解体等に伴って生じた建設資材廃棄物の運搬又は処分（再生することを含む）に該当するものをいう（第2条第4項）。いわゆるマテリアル・リサイクルとサーマル・リサイクルの両者を含む概念である。

① 分別解体等に伴って生じた建設資材廃棄物について、資材又は原材料として利用すること（建設資材廃棄物をそのまま用いることを除く）ができる状態にする行為

② 分別解体等に伴って生じた建設資材廃棄物であって燃焼の用に供することができるもの又はその可能性のあるものについて、熱を得ることに

利用することができる状態にする行為

ただし、特定建設資材廃棄物でその再資源化について一定の施設を必要とするもののうち政令で定めるもの（指定建設資材廃棄物。省令で木材が廃棄物となったものを指定）については、工事現場から一定の距離内に再資源化施設がないなど再資源化が経済性の面で制約がある場合には、適切に焼却することなどにより「縮減」を行えば足りることとしている（第16条第１項ただし書）。この距離は、主務省令で50kmと定められているが、都道府県の条例により、より厳しくする（上乗せ条例を定める）ことが可能である（第17条）。

なお、本法では、「再資源化」と「縮減」を合わせて「再資源化等」と呼んでいる（第２条第８項）。

3　分別解体等及び再資源化等の実施の流れ

本法においては、分別解体等及び再資源化等の実施義務を建設工事の受注者に負わせているが、発注者や都道府県も大きな役割を有している。分別解体等や再資源化等は、次の手続きで行われ、こうした手続きを踏むことにより、建設廃棄物のリサイクルが適正に推進される仕組みとなっている（図-８）。

(1)　元請業者から発注者への説明

対象建設工事を発注しようとする者から直接当該工事を請け負おうとする建設業を営む者は、当該発注しようとする者に対し、分別解体等の計画等について書面を交付して説明しなければならない（第12条第１項）。

図-８　分別解体等及び再資源化等の実施の流れ

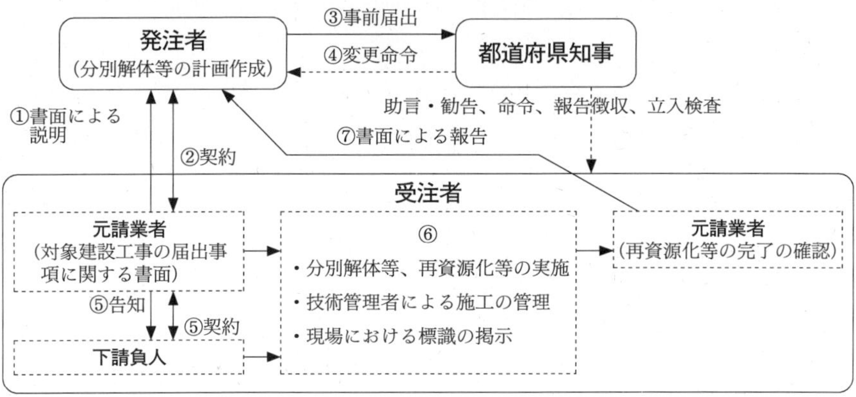

本法に基づき行われる分別解体等は、受注者全体にその実施義務が課せられているが、発注者に対しては、受注者の中でも特に元請業者が責任をもって対象建設工事の届出事項の説明を行うべきことを定めるものである。なお、「当該工事を請け負おうとする建設業を営む者は、当該発注しようとする者に対し」説明しなければならないこととされていることから、当該説明は対象建設工事の請負契約の締結前に行われることが必要である。

⑵　発注者から都道府県知事への工事の届出

対象建設工事の発注者又は自主施工者は、工事着手の７日前までに、建築物等の構造、工事着手時期、分別解体等の計画等について、都道府県知事に届け出なければならない（第10条第１項）。

対象建設工事に係る届出があった場合において、分別解体等に係る計画が「特定建設資材廃棄物をその種類ごとに分別することを確保するための適切な施工方法に関する基準」に適合していないときには、都道府県知事は、分別解体等の計画の変更等の命令を行うことができる（同条第３項）。

⑶　元請業者等から下請負人への告知

対象建設工事の受注者は、その請け負った建設工事の全部又は一部を下請負人に請け負わせようとするときは、当該下請負人に対して、当該対象建設工事について都道府県知事に届け出られた事項を告げなければならない（第12条第２項）。

この告知は、例えば第２次の下請負人まで存在する場合、１次下請負人に対しては元請業者が、２次下請負人に対しては１次下請負人が、それぞれ対象建設工事について都道府県知事に届け出られた事項を告げることになる。

⑷　分別解体等及び再資源化等の実施

対象建設工事の受注者は、分別解体等及び再資源化等を実施する。

この場合において、元請業者は、本法に従って下請負人が分別解体等を適正に実施するよう指導するとともに（建設業法第24条の６）、各下請負人が自ら担当する建設工事の施工に伴って生じる特定建設資材廃棄物の再資源化等を適切に行うよう、各下請負人の施工の分担関係に応じて、各下請負人を指導するよう努めなければならない（第39条）。

なお、分別解体等及び再資源化等の適正な実施を確保するため必要がある場合には、都道府県知事により必要な助言・勧告又は命令がなされることになる（第14条、第15条、第19条、第20条）。

(5) 元請業者から発注者への報告

元請業者は、再資源化等が完了したときは、その旨を発注者に書面で報告するとともに、再資源化等の実施状況に関する記録を作成し、保存しなければならない（第18条第１項）。

なお、再資源化等が適正に行われなかった場合、発注者は、都道府県知事に対し、適当な措置をとることを請求できる（同条第２項）。

4 分別解体等及び再資源化等の実施を確保するための措置

本法においては、分別解体等及び再資源化等の適正な実施を確保するため、上記の措置のほか、解体工事業者の登録制度の創設等の措置を講じている。

(1) 解体工事業者の登録制度（第５章）

本法においては、軽微な解体工事のみを請け負うことを営業とし、建設業の許可が不要な小規模の解体工事業を営む者についても都道府県知事の登録に係らしめ、解体工事業を営む者の全てに最低限必要となる資質・技術力を確保していくこととしている（第21条）。

本法の登録制度においては、解体工事業者の資質・技術力を確認するのに最低限必要な事項、すなわち、

- 一定の資格等を有する技術管理者の選任
- 本法に違反して罰金以上の刑に処せられ未だ執行を終えていないなどの欠格要件への非該当

を確認することとしている（第22条、第24条）。

このうち技術管理者については、解体工事に関し一定の実務経験を有する者、建設業法上の建築工事業、土木工事業又はとび・土工工事業に関する主任技術者となり得る者など広く認められている（第31条）。

(2) 対象建設工事の契約書面への解体工事費等の明記（第13条）

対象建設工事の契約書面においては、建設業法第19条に基づき記載することが義務付けられている事項のほか、分別解体等の方法、解体工事に要する費用等を記載しなければならないこととしている。これにより、契約当事者が、当該工事において分別解体等の実施が義務付けられていることを明確に意識し、また、それに対して発注者が相応の代金を支払う契機と

なることを期待した措置である。

なお、分別解体等については、発注者と元請業者間、元請業者と下請負人間等のそれぞれの段階で、分別解体等の方法が明確にされ、かつ、それに要する費用が適正に支払われなければ、結果として、より安価なミンチ解体が選択されたり、ともすれば不法投棄等の不適正処理が行われることになることから、発注者と元請業者間のみならず、元請業者と下請負人との間においても、これらの事項を書面に記載することが必要とされている。

(3) 基本方針における再資源化等に関する目標やリサイクル材の利用促進方策等の策定（第３条）

建設廃棄物のリサイクルを総合的かつ計画的に推進していくためには、国がそのための基本的な方向を示し、建設工事の発注者、受注者、地方公共団体等の関係者の役割分担を明示するとともに、これに基づく各々の適切な取組みを促していくことが必要である。このため、主務大臣が基本方針の策定・公表を行うこととしている。

なお、基本方針は、国土交通大臣、環境大臣、農林水産大臣及び経済産業大臣が共同で策定することになっている（第44条第１項第１号）。

基本方針においては、次の事項が定められる。

① 分別解体等及び再資源化等の促進等の基本的方向

② 建設資材廃棄物の排出の抑制のための方策に関する事項

③ 再資源化等に関する目標の設定その他再資源化等の促進のための方策に関する事項

④ 再資源化により得られた物の利用の促進のための方策に関する事項

⑤ 環境の保全に資するものとしての分別解体等、再資源化等及び再資源化により得られた物の利用の意義に関する知識の普及に関する事項

⑥ その他重要事項

(4) 都道府県知事による指針の策定（第４条）

都道府県知事は、主務大臣の定める基本方針に即し、特定建設資材の分別解体等及び特定建設資材廃棄物の再資源化等の促進等の実施に関する指針を定めることができることとしている。

この指針は、地域の実情に応じた各都道府県の考え方を示すものであり、指針が公表された場合、都道府県知事が第14条及び第19条に基づき行

う助言・勧告や第15条及び第20条に基づき行う命令は、当該指針を勘案して行われることとなる。また、その内容は、各都道府県の置かれた実情に応じ、創意工夫をいかしたものとすることが期待される。

(5) 対象建設工事の発注者に対する協力要請（第41条）

主務大臣又は都道府県知事は、特定建設資材廃棄物の再資源化の円滑な実施を確保するため、再資源化により得られた建設資材（建設資材廃棄物の再資源化により得られた物を使用した建設資材を含む。）の利用を促進することが特に必要であると認めるときは、関係行政機関の長又は対象建設工事の発注者に対し、再資源化により得られた建設資材の利用について必要な協力を要請することができることとしている。

再生資材の利用に関して大きな影響力をもつ関係行政機関や発注者にも一定の役割を期待し、リサイクル材の市場を拡大することにより、本法に基づく措置をより円滑かつ適正に実施できるようにするための措置である。

Ⅳ 附帯決議

本法の審議に当たっては、衆参両院で、以下の附帯決議がなされた。

○建設工事に係る資材の再資源化等に関する法律案に対する附帯決議

（平成12年４月21日衆議院建設委員会）

政府は、本法の施行に当たっては、次の諸点に留意し、その運用について遺憾なきを期すべきである。

1 本国会に提出されている「循環型社会形成推進基本法案」及びその他の個別の廃棄物・リサイクル関係法案との連携に配慮し、本法の所期の目的が十全に達成されるよう努めること。

2 基本方針を策定するに当たっては、公共工事の発注者、建設業者、学識経験者等を含めた広範な関係者の意見を反映させるよう努めるとともに、再資源化等に関する目標は可能な限り具体的に設定するよう努めること。

3 建設廃棄物の発生を抑制するため、設計・建築段階における発生抑制の必要性を広く周知するとともに、これらに向けた技術開発等必要な措置を講ずるよう積極的に努めること。

4　分別解体等の施工方法に関する基準の策定に当たっては、解体工事は建築時の工法・建材に応じた施工技術や有害物質の除去技術が重要であることにかんがみ、可能な限り具体的かつ明確な基準を策定するよう努めること。
5　再生資材の利用を促進する観点から、公共事業において環境負荷の少ない再生資材の調達を行うよう積極的に努めること。
6　建設廃棄物の再資源化及び再生資材の利用を促進するため、建設業者等が再資源化施設の設置状況や再生資材の取得方法等に関する情報を容易に入手できるよう、情報提供のあり方について検討すること。
7　中小建設業者の過大な負担にならないよう配慮すること。

○建設工事に係る資材の再資源化等に関する法律案に対する附帯決議

（平成12年５月23日参議院国土・環境委員会）

政府は、本法の施行に当たり、次の諸点について適切な措置を講じ、その運用に遺憾なきを期すべきである。

1　「循環型社会」の実現に向けて、環境省のリーダーシップの下、関係省庁間の十分な連携を図り、廃棄物・リサイクル関係諸法の有機的かつ整合的な運用を行うとともに、今後とも諸外国の先進事例も踏まえつつ、望ましい法体系のあり方につき検討すること。
2　建設廃棄物が環境に大きな負荷を与えている現状にかんがみ、本法の厳格な運用を図るとともに、事業者なかんずく建設業者、地方公共団体及び国民に対し、本法制定の趣旨の周知徹底を図ること。
　また、極めて深刻な状況にある建設廃棄物の不法投棄を防止するため、廃棄物処理法の規制強化と併せて、監視、取り締まりの強化、関係業界等に対する指導の徹底等を図ること。
3　基本方針を策定するに当たっては、国民各層の広範な意見を反映させるよう努めるとともに、建設廃棄物についての発生抑制を第一とする処理の優先順位を明示すること。また、再資源化等に関する目標については、環境への負荷の低減の観点から意味のある数値目標を設定すること。
4　建設廃棄物の発生を抑制するため、設計・建築段階における発生抑制の必要性を広く周知するとともに、これらに向けた技術開発等必要な措置を講ずるよう積極的に努めること。
5　再生資材の利用を促進する観点から、再生資材の品質基準の策定と規格化の推進を図るとともに、公共事業において環境負荷の少ない再生資材の調達を行うよう積極的に努めること。

6　建設廃棄物の再資源化及び再生資材の利用を促進するため、建設業者等が再資源化施設の設置状況等や再生資材の取得方法等に関する情報を容易に入手できるよう、情報提供のあり方について検討すること。

7　対象建設工事の規模以下の建設工事についても、できるだけ分別解体等及び再資源化等が行われることになるよう必要な措置を講ずること。

8　特定建設資材の品目など政令、省令事項については、本委員会の論議等を十分踏まえて定めるとともに、本法の施行状況等を見ながら適宜適切に見直していくこと。

9　建設廃棄物の処理等の過程における有害物質の発生の抑制や、いわゆるシックハウス問題の解決に資するため、建設資材に係る化学物質対策の強化を図ること。

右決議する。

V　本法の円滑な施行に向けた課題

本法は、上にも述べたとおり、建設工事の実態や建設業の産業特性を踏まえつつ、建設廃棄物のリサイクルに必要な措置を一体的・総合的に講じるものである。本法が円滑に施行されるためには、附帯決議に掲げられた事項も含めて、少なくとも以下の課題を関係者が明確に認識し、各々が積極的な役割を果たしていくことが必要であろう。

1　関係者の役割分担

本法は、建設廃棄物のリサイクルに関して建設業者が果たしている役割の大きさにかんがみ、建設工事の受注者への義務付けを中心とした制度としているが、一方で、建設工事における発注者の役割の重要性も考慮に入れて、発注者にも一定の役割を負わせることとしている。また、建設資材業者等の役割については、基本方針において明らかにしている。

こうした関係者が、本法及び基本方針に盛り込まれたそれぞれの役割を明確に認識しつつ、相互の連携によるパートナーシップを構築していくことが必要である。

2　制度運用者としての都道府県の役割

本法は、制度運用者としての都道府県（知事）の役割を重視した仕組みを構築している。

すなわち、本法においては、

① 分別解体等及び再資源化等の実施に関する届出のチェック、助言・勧告、命令の実施

② 対象建設工事の規模の基準及び縮減を行える場合の距離に係る基準に関する上乗せ条例の制定

③ 解体工事業者の登録

という重要な役割を都道府県（知事）は担っているが、これは、従来のリサイクル関連諸法がその運用を主務大臣の役割としてきたことと著しい対照をなすものである。

各都道府県の行財政事情が厳しい中では、本法の事務に割り振られる行政資源もある程度は限られたものとならざるを得ないであろうが、不法投棄等の不適正処理を始めとする現在の廃棄物処理のあり方が環境や行政に負荷しているコスト全体を見極めた上で、適切な対応をとることが必要となろう。

3　規制手法と誘導手法の組合せ

廃棄物・リサイクル対策を講じるための制度としては、法律により直接国民の権利を制限し、義務を課す規制手法と、関係者の主体的な取組みを促進する誘導手法とがある。そして、これらの手法を物質循環の各段階において適切に組み合わせて用いることが必要である。

本法においても、

① 基本方針における再資源化等に関する目標やリサイクル材の利用促進方策等の策定（第３条）

② 都道府県知事による分別解体等及び再資源化等の促進等に関する指針の策定（第４条）

③ 各主体の責務（第５条～第８条）

④ 再資源化等をするための施設の整備促進（第40条）

⑤ リサイクル材の利用に関する主務大臣又は都道府県知事からの協力要請

（第41条）

を規定するなど、各種の誘導手法も講じているところである。

また、これらにとどまらず、国土交通省では、本法の措置を支援するものとして、各種の誘導施策を実施することとしており、国、地方公共団体等によるこれらの施策のＰＲと、関係者による積極的な活用が望まれる。

4　関係諸法との連携

我が国における廃棄物・リサイクル対策に関する法制度に共通する理念や考え方を示すものとして環境基本法及び循環型社会形成推進基本法が制定されている。特に、平成12年に制定された循環型社会形成推進基本法は、環境基本法と個別の廃棄物・リサイクル関連法をつなぐ基本的枠組み法として、循環型社会の形成についての基本原則を定めるものである。本法は、この循環型社会形成推進基本法の個別法としての位置付けを持つものとして制定されたものである。

こうした点を踏まえ、環境基本法及び循環型社会形成推進基本法を頂点とした廃棄物・リサイクル関係諸法の一体的運用に努める中で、本法の運用に当たっても、関係行政機関との連携の下、整合のとれた運用ができるよう常に留意することが必要である。

また、本法は、廃棄物の処理及び清掃に関する法律（廃棄物処理法）や建設業法の特別法としての性格も有している。こうした性格を有する本法の運用に当たっては、各都道府県において、建設業担当部局、土木・建築担当部局、廃棄物担当部局等の関係部局が一体となって、都道府県知事のリーダーシップの下に効果的・効率的な対応ができるよう留意することが必要であろう。

VI　主な改正と建設廃棄物の現状

(1)　建設リサイクル法の主な改正

建設リサイクル法は施行後、何度かの改正がされているが、その主なものは次のとおりである。

①　解体工事登録試験・講習

「公益法人に対する行政の関与の在り方の改革実施計画」（平成14年３

月29日閣議決定）により、行政改革大綱（平成12年12月１日閣議決定）に基づき、国から公益法人が委託等、推薦等を受けて行っている検査・認定・資格付与等の事務・事業及び国からの公益法人への補助金・委託費等（以下「補助金等」という。）についての措置が講じられることとなった。

その中で、建設リサイクル法第31条及び解体工事業に係る登録等に関する省令第７条で指定されていた、（社）全国解体工事業団体連合会の解体工事施工技術講習及び解体工事施工技士試験は、指定機関制度を廃止し、登録機関により実施することと明記された。

この決定を受け、解体工事業に係る登録等に関する省令第７条について、技術管理者の基準であった「国土交通大臣が指定する試験」が「国土交通大臣の登録を受けた試験」に、また、「国土交通大臣が指定する講習」が「国土交通大臣の登録を受けた講習」に改正された（平成18年３月28日施行、同日公布）。

② 法点検を踏まえての省令改正

建設リサイクル法では「施行後５年を経過した場合において、この法律の施行の状況について検討を加え、その結果に基づいて必要な措置を講ずるものとする」と附則第４条に規定されている。これを受けて、国土交通省と環境省では、平成19年11月より社会資本整備審議会環境部会建設リサイクル推進施策検討小委員会及び中央環境審議会廃棄物・リサイクル部会建設リサイクル専門委員会において、建設リサイクル制度の施行状況の評価・検討が行われ、平成20年12月に議論の成果がとりまとめられた。

同とりまとめにおいて、「対象建設工事の事前届出における内容の充実及び効率化等の検討・実施」等に取り組むべきと指摘されたことを踏まえ、特定建設資材に係る分別解体等に関する省令（平成14年国土交通省令第17号）、及び建設工事に係る資材の再資源化等に関する法律施行規則（平成14年国土交通省・環境省令第１号）が改正された。（公布：平成22年２月９日、施行：平成22年４月１日）

その概要は次の通りである。

(1) 特定建設資材に係る分別解体等に関する省令の一部改正

別記様式第一号及び第二号の届出書について、届出者の負担の軽減、行政実務の効率化等の観点から、様式の見直しを行う。

・記載欄の一部をチェックボックス式に変更

・記載欄（届出者の転居後の連絡先、工事完了の時期等）を追加

(2) 建設工事に係る資材の再資源化等に関する法律施行規則の一部改正

第２条第３項に規定する建築物に係る解体工事の工程について、内装材に木材が含まれている場合には、当該木材を適切に分別するため、あらかじめ分別に支障となる木材と一体となった石膏ボード等の建設資材を取り外した上で当該木材を取り外すよう順序を明確化する。

③ 地方主権一括法による指針の義務化の廃止

地方分権改革推進委員会の「第３次勧告～自治立法権の拡大による「地方政府」の実現へ～」（平成21年10月７日）において、地方自治体への義務付け・枠付けの見直しが行われ、計画等の策定及びその手続の義務付けについても見直された。

その中で、建設リサイクル法第４条の特定建設資材に係る分別解体等及び特定建設資材廃棄物の再資源化等の促進等の実施に関する指針の策定（第１項）、特定建設資材に係る分別解体等の促進等の実施に関する指針の公表（第２項）について、廃止又は努力・配慮義務に係る規定化とすべきとの結論を得た。

このことを踏まえ、他の法律の改正も併せた「地域主権一括法」（平成23年８月30日施行・同日公布）により、建設リサイクル法第４条第１項は、都道府県は指針を定めることが「できる規定」に、第２項は、指針を定めた時はその公表に努める「努力規定」に改正された。これに伴い、同法第14条、第15条、第19条、第20条にそれぞれ規定される助言又は勧告及び命令は、「指針を勘案」することから、「基本方針を勘案することを基本とし、指針を公表した場合には指針を勘案する」とに改正された。

④ 規制改革要望等を踏まえた省令改正

解体工事業者が建設工事の現場等に掲げることとなっている標識について、規制改革要望等を踏まえ、小規模工事においても掲示が容易となるよう、その大きさを縮小することとされた。

これにより、解体工事業登録省令別記様式第７号が改正され、標識の大きさが「縦25cm以上×横35cm以上」に改められた。

⑵　産業廃棄物と建設廃棄物の現状

1)　廃棄物の排出量

・廃棄物の総排出量　約４億3,600万トンのうち約90％は産業廃棄物（平成21年度実績　環境省調査）

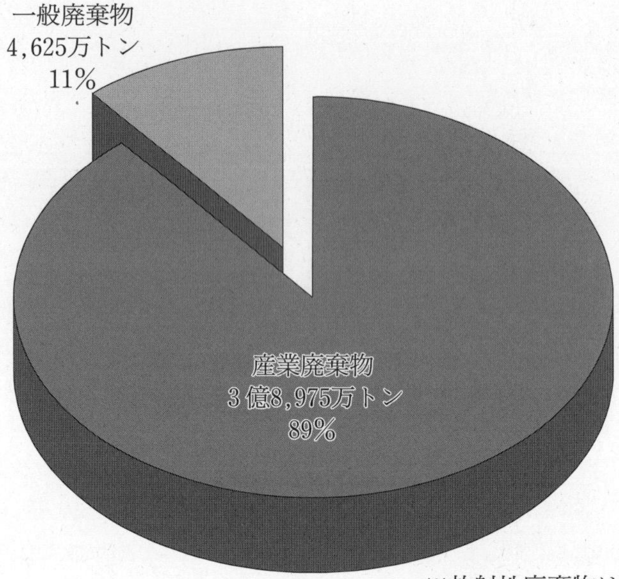

※放射性廃棄物は除く

2) 建設廃棄物の排出量

・産業廃棄物総量 約3億8,975万トンの約2割（7,360万トン）が建設廃棄物（平成21年度実績 環境省調査）

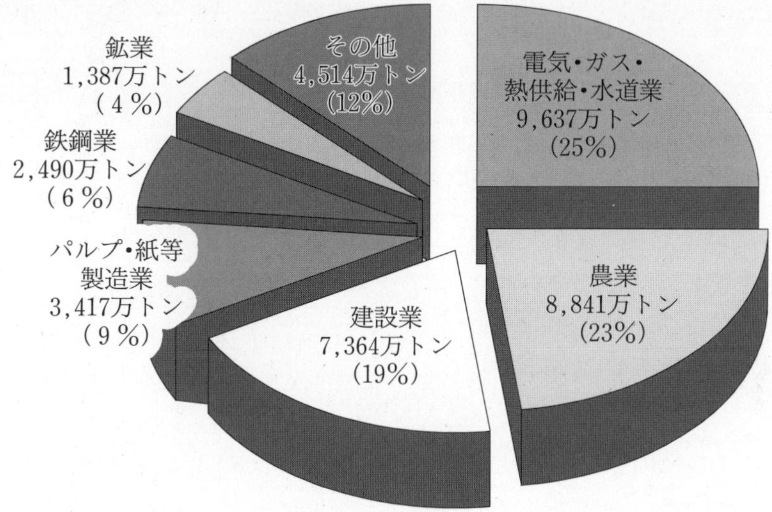

3) 建設廃棄物の最終処分量・不法投棄量

・産業廃棄物最終処分量 約1,670万トンの約2割強（400万トン）が建設廃棄物（平成20年度実績 環境省調査、平成20年度建設副産物実態調査）

・産業廃棄物不法投棄量 約5.7万トンの約7割（4.2万トン）が建設廃棄物（平成21年度実績 環境省調査）

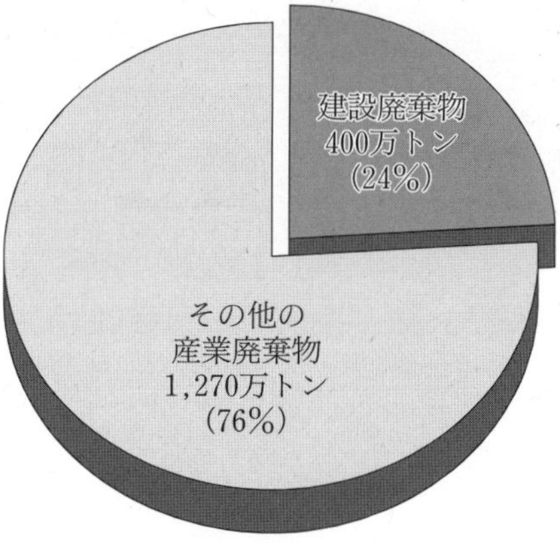

平成20年度産業廃棄物最終処分量

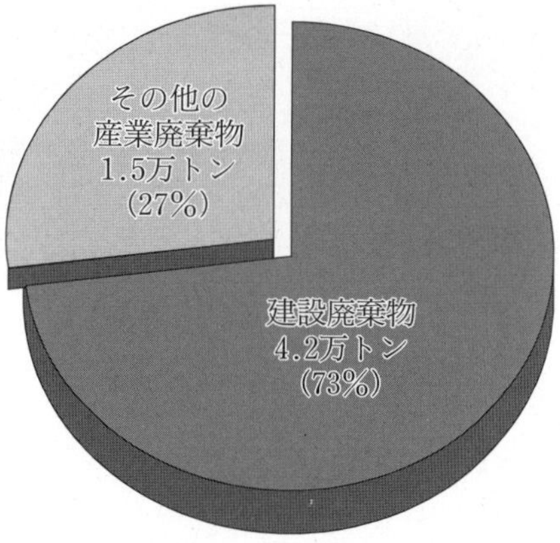

平成21年度産業廃棄物不法投棄量

4)　最終処分場の残余容量

・一般廃棄物の最終処分場残余容量は　　　　　　18.7年分

　産業廃棄物の最終処分場残余容量は　わずか　10.6年分

　（一般廃棄物：平成21年度実績、産業廃棄物：平成20年度実績　環境省調査）

「一般廃棄物処理事業実態調査の結果（H21年度）について」より

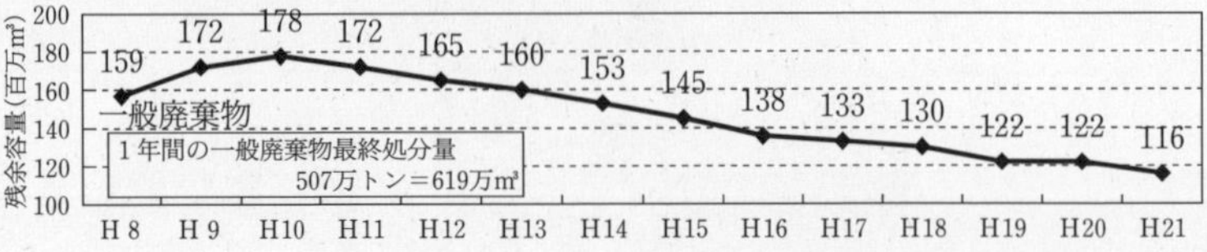

「産業廃棄物の排出及び処理状況等（H20年度実績）について」より

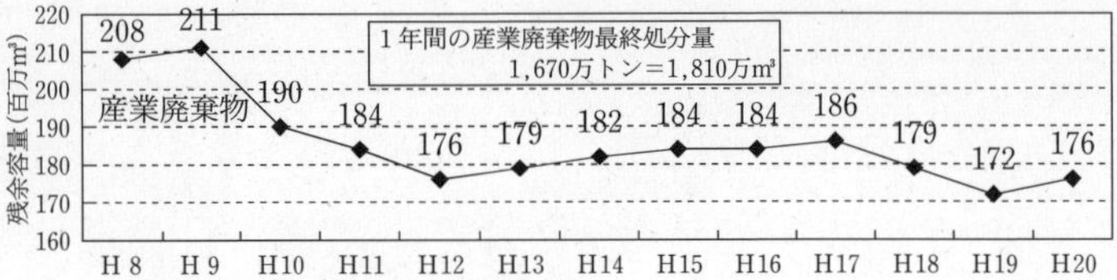

5)　産業廃棄物、建設廃棄物の不法投棄量の推移

・産業廃棄物不法投棄件数及び不法投棄量（環境省調査）

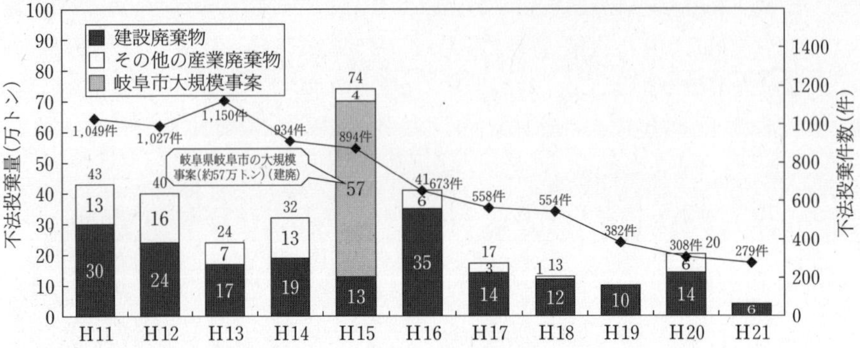

6)　建設廃棄物の品目別排出量・最終処分量・不法投棄量

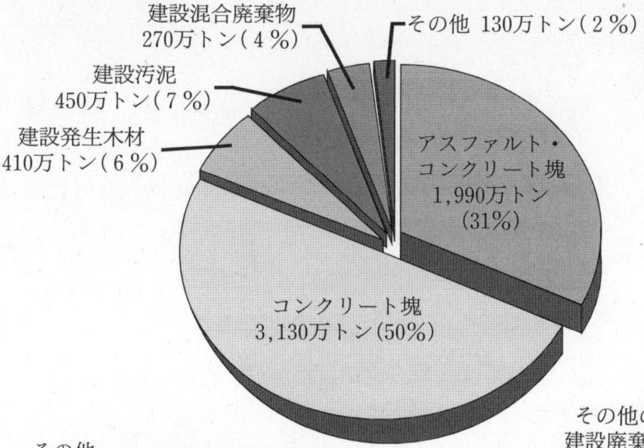

平成20年度建設廃棄物
品目別排出量（国土交通省調査）

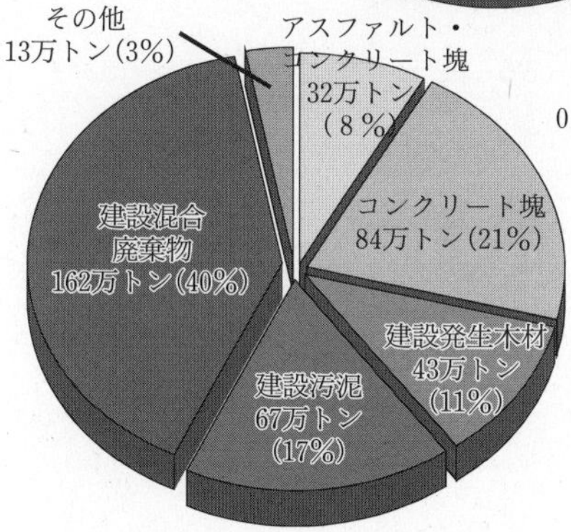

平成20年度建設廃棄物品目別最終処分量
（国土交通省調査）

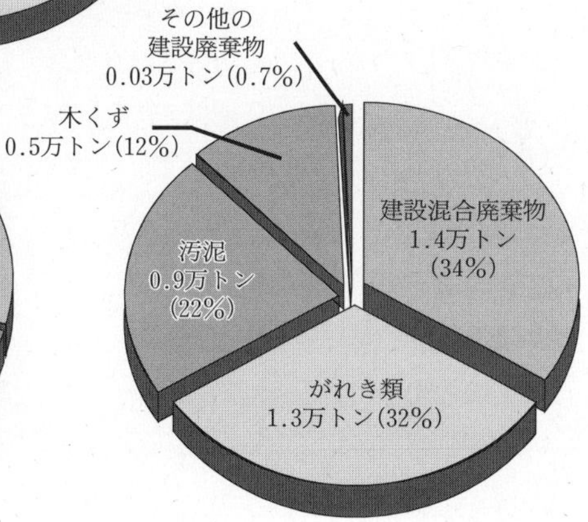

平成21年度建設廃棄物不法投棄量（環境省調査）

7)　建設廃棄物の課題

産業廃棄物の排出量、最終処分量、不法投棄量のうち、建設廃棄物の占める量が多く、環境への負荷が大きい。

①全産業廃棄物排出量の約２割
②全産業廃棄物最終処分量の約２割
③全産業廃棄物不法投棄量の約７割

建設廃棄物についても、

①最終処分場の残余容量が不足（最終処分場の新規設置は困難）
②不法投棄の横行（不法投棄量は年間約４万トン）

の２点が課題である。

建設リサイクル法逐条解説

第1章　総則

●第1条●

（目的）

第一条　この法律は、特定の建設資材について、その分別解体等及び再資源化等を促進するための措置を講ずるとともに、解体工事業者について登録制度を実施すること等により、再生資源の十分な利用及び廃棄物の減量等を通じて、資源の有効な利用の確保及び廃棄物の適正な処理を図り、もって生活環境の保全及び国民経済の健全な発展に寄与することを目的とする。

条文の趣旨

第1条は、本法の目的を明らかにしたものである。

本条は、次の3つの部分から成っている。

①　「特定の建設資材について、その分別解体等及び再資源化等を促進するための措置を講ずるとともに、解体工事業者について登録制度を実施すること等により」（本法に基づき講じられる措置）

②　「再生資源の十分な利用及び廃棄物の減量等を通じて、資源の有効な利用の確保及び適正な処理を図り」（直接の目的）

③　「生活環境の保全及び国民経済の健全な発展に寄与する」（究極の目的）

すなわち本法は、直接的には、「再生資源の十分な利用及び廃棄物の減量等を通じて、資源の有効な利用の確保及び適正な処理を図」ることを目的とするものであるが、それにより、「生活環境の保全及び国民経済の健全な発展に寄与する」ことを究極の目的としている。

そのための措置として、「特定の建設資材について、その分別解体等及び再資源化等を促進するための措置を講ずるとともに、解体工事業者について登録制度を実施する」等の措置が講じられることになっている。

なお、本法の究極の目的は、容器包装に係る分別収集及び再商品化の促進等に関する法律（容器包装リサイクル法）、特定家庭用機器再商品化法（家電リサイクル法）及び食品循環資源の再生利用等の促進に関する法律（食品リサイクル法）と同一のものとなっている。これは、本法が、これらの法律と同様の観点に立って、建設廃棄物という特定の廃棄物について、建設工事の実態や建設業の産業特性を踏まえつつ、そのリサイクルに関する仕組みを一体的かつ総合的に整備するものであり、環境基本法や循環型社会形成推進基本法等の基本法に対する個別法としての位置付けを有するものであることを示している。

条文の内容

1　本法に基づき講じられる措置

(1)　「特定の建設資材について、その分別解体等及び再資源化等を促進するための措置を講ずる」

本法は、建設工事によって生じる建設廃棄物の再資源化という個別のリサイクル分野で、建設工事の施工過程に沿った形でその特性に応じた実効性のあるシステムを構築するため制定されたものである。

「特定の建設資材について、その分別解体等及び再資源化等を促進するための措置」とは、対象建設工事（第９条参照）の受注者に対する分別解体等及び再資源化等の義務付けを中心としつつ、当該義務付けを実効性あらしめる措置として、発注者や元請業者の役割分担と責任の明確化を図り、また、分別解体等に係る建設工事の請負契約について、建設業法の特例的な措置を講じることなどをいう。なお、「再資源化等を促進するための措置」には、特定建設資材廃棄物の再資源化により得られた物の利用を促進するための措置も含まれる。

(2)　「解体工事業者について登録制度を実施すること等」

解体工事業者の登録制度は、技術力を持たない業者が行ういわゆる「ミンチ解体」（※）が建設廃棄物のリサイクルの妨げになっているという状況にかんがみ導入されたもので、分別解体等及び再資源化等の義務付けを実効性あらしめるための中心となる措置の１つである。本登録制度に基づき、解体工事業者について最低限必要な資質や技術力をチェックすることにより、不良業者を排除し、解体工事の適正な施工を確保しようとするものである。

なお、「整備すること等」の「等」は、廃棄物の発生の抑制等に関する責務規定の整備等を指す。

※　ミンチ解体とは、建築物等を内装や瓦など躯体と異質の材質からなる建設資材の多くを事前に取り外さずに重機により一気に解体することであり、これにより混合廃棄物を生じせしめる行為である。本法により分別解体等が義務付けられると、対象建設工事についてはミンチ解体が認められなくなる。

2　直接の目的

「再生資源の十分な利用及び廃棄物の減量等を通じて、資源の有効な利用の確保及び廃棄物の適正な処理を図り」

上記1の措置を講じることにより、

①　最低限の資質や技術力を担保された解体工事業者による解体工事の適正な施工、分別解体等の実施

②　特定建設資材廃棄物の再資源化等の実施

③　再資源化により得られた物の利用

などが確保され、再生資源の十分な利用及び廃棄物の減量が可能になり、建設廃棄物のリサイクルに係る一連の流れが実効的に確保されることになる。また、これらを通じて「資源の有効な利用の確保及び廃棄物の適正な処理」が確保されることになる。

「再生資源」とは、資源の有効な利用の促進に関する法律（資源有効利用促進法：平成12年の改正で改称）第2条第4項で規定する再生資源を意味し、「原材料として利用できるもの又はその可能性のあるもの」である。したがって、原材料として利用するのではなく、いわゆる熱回収を行うことは、「再生資源の利用」には含まれず、「再生資源の十分な利用…等」の「等」に含まれることになる。

「資源の有効な利用の確保」とは、再資源化の実施等により、建設資材若しくはその原材料として、又はエネルギー源（燃焼チップ又は熱回収）として一層有効に活用されることを意味し、「廃棄物の適正な処理」とは、廃棄物の処理が生活環境の保全の観点から支障がないように行われることを意味している。

3　究極の目的

「生活環境の保全及び国民経済の健全な発展に寄与する」

本規定は、上記２の「資源の有効な利用の確保及び廃棄物の適正な処理」が、究極的には、

① リサイクルを含めた廃棄物の適正な処理による生活環境の保全

② リサイクル材の活用を通じて、新たな資源投入が抑制されることなどによる国民経済の健全な発展に寄与すること

を意味するものである。

なお、「生活環境の保全」及び「国民経済の健全な発展」は、ともに廃棄物・リサイクル関係諸法で共通に用いられている用語であり、その語義もこれらの法律と共通のものである。

●第２条●

（定義）

第二条　この法律において「建設資材」とは、土木建築に関する工事（以下「建設工事」という。）に使用する資材をいう。

2　この法律において「建設資材廃棄物」とは、建設資材が廃棄物（廃棄物の処理及び清掃に関する法律（昭和四十五年法律第百三十七号）第二条第一項に規定する廃棄物をいう。以下同じ。）となったものをいう。

3　この法律において「分別解体等」とは、次の各号に掲げる工事の種別に応じ、それぞれ当該各号に定める行為をいう。

一　建築物その他の工作物（以下「建築物等」という。）の全部又は一部を解体する建設工事（以下「解体工事」という。）　建築物等に用いられた建設資材に係る建設資材廃棄物をその種類ごとに分別しつつ当該工事を計画的に施工する行為

二　建築物等の新築その他の解体工事以外の建設工事（以下「新築工事等」という。）　当該工事に伴い副次的に生ずる建設資材廃棄物をその種類ごとに分別しつつ当該工事を施工する行為

4　この法律において建設資材廃棄物について「再資源化」とは、次に掲げる行為であって、分別解体等に伴って生じた建設資材廃棄物の運搬又は処分（再生することを含む。）に該当するものをいう。

一　分別解体等に伴って生じた建設資材廃棄物について、資材又は原材料として利用すること（建設資材廃棄物をそのまま用いることを除く。）ができる状態にする行為

二　分別解体等に伴って生じた建設資材廃棄物であって燃焼の用に供することができるもの又はその可能性のあるものについて、熱を得ることに利用することができる状態にする行為

5　この法律において「特定建設資材」とは、コンクリート、木材その他建設資材のうち、建設資材廃棄物となった場合におけるその再資源化が資源の有効な利用及び廃棄物の減量を図る上で特に必要であり、かつ、その再資源化が経済性の面において制約が著しくないと認められるものとして政令で定めるものをいう。

6　この法律において「特定建設資材廃棄物」とは、特定建設資材が廃棄物となったものをいう。

7　この法律において建設資材廃棄物について「縮減」とは、焼却、脱水、圧縮その他の方法により建設資材廃棄物の大きさを減ずる行為をいう。

8　この法律において建設資材廃棄物について「再資源化等」とは、再資源化及び縮減をいう。

9　この法律において「建設業」とは、建設工事を請け負う営業（その請け負った建設工事を他の者に請け負わせて営むものを含む。）をいう。

10　この法律において「下請契約」とは、建設工事を他の者から請け負った建設業を営む者と他の建設業を営む者との間で当該建設工事の全部又は一部について締結される請負契約をいい、「発注者」とは、建設工事（他の者から請け負ったものを除く。）の注文者をいい、「元請業者」とは、発注者から直接建設工事を請け負った建設業を営む者をいい、「下請負人」とは、下請契約における請負人をいう。

11　この法律において「解体工事業」とは、建設業のうち建築物等を除却するための解体工事を請け負う営業（その請け負った解体工事を他の者に請け負わせて営むものを含む。）をいう。

12　この法律において「解体工事業者」とは、第二十一条第一項の登録を受けて解体工事業を営む者をいう。

施行令

（特定建設資材）

第一条　建設工事に係る資材の再資源化等に関する法律（以下「法」という。）第二条第五項のコンクリート、木材その他建設資材のうち政令で定めるものは、次に掲げる建設資材とする。

一　コンクリート

二　コンクリート及び鉄から成る建設資材

三　木材

四　アスファルト・コンクリート

条文の趣旨

第２条は、本法において用いられている用語の定義を定めている。

条文の内容

1　「建設資材」（第１項）

「建設資材」とは、道路・河川・港湾・鉄道・上下水道等の土木工作物や住宅・ビル等の建築物に関する工事を行う場合に使用する資材であり、具体的には、コンクリート、アスファルト、木材、金属、プラスチック等である。

2　「建設資材廃棄物」（第２項）

「建設資材廃棄物」とは、建設資材が廃棄物となったものをいう。ここで「廃棄物」とは、廃棄物処理法第２条第１項に規定する廃棄物をいい、一般廃棄物と産業廃棄物の両者を含む概念である。具体的には、解体工事によって生じたコンクリート塊、建設発生木材等や新築（新設）工事によって生じたコンクリート、木材の端材等である。

建設資材廃棄物のうち、建設業に係るものは産業廃棄物に分類されるが、請負契約によらないで建設工事を自ら施工する者（自主施工者）が排出する廃棄物は一般廃棄物に分類される。

なお、土砂については、工事において使用する資材という意味で建設資材であるが、土砂そのものは、一般に土地造成の材料等として使用されている有用物であるため、廃棄物処理法上の廃棄物ではなく、したがって建設資材廃棄物には該当しない。

3　「分別解体等」（第３項）

「分別解体等」とは、

①　建築物等の解体工事を施工する場合

建築物等に用いられた建設資材に係る建設資材廃棄物をその種類ごとに分別しつつ当該工事を計画的に施工する行為

②　建築物等の新築その他の解体工事以外の建設工事を施工する場合

当該工事に伴い副次的に生じる建設資材廃棄物をその種類ごとに分別しつつ当該工事を施工する行為

をいう。工事に伴い副次的に生じる建設資材廃棄物としては、木材の端材や型枠、使用されなかったコンクリート等が考えられる。

なお、「分別解体等」は、建設工事の施工行為であり、廃棄物処理法上の「廃棄物の処理」には当たらない。すなわち、本法の「分別解体等」は、建設資材を建設工事の過程で分別することをいい（したがって、建設資材が分別された時点で直ちに廃棄物となるものではない)、その義務付け(第9条参照)は、建設工事の適正な施工の観点から行われるものとなっている。

4 「再資源化」(第4項)

建設資材廃棄物について「再資源化」とは、次に掲げる行為であって、分別解体等に伴って生じた建設資材廃棄物の運搬又は処分(再生することを含む)に該当するものをいう。

① 分別解体等に伴って生じた建設資材廃棄物について、資材又は原材料として利用すること(建設資材廃棄物をそのまま用いることを除く)ができる状態にする行為(第1号)

② 分別解体等に伴って生じた建設資材廃棄物であって燃焼の用に供することができるもの又はその可能性のあるものについて、熱を得ることに利用することができる状態にする行為(第2号)

第1号中「資材又は原材料として利用すること…ができる状態にする行為」とは、分別解体等によって生じた建設資材廃棄物を、誰かが資材又は原材料として利用することができる状態にする行為のことである。

ただし、廃棄物処理業者にとっては廃棄物が自らの営業行為の原材料(廃棄物を原材料として有価物を産み出す)となるため、廃棄物処理業者にとっては廃棄物を受け取ることが「資材又は原材料として利用することができる状態」となる。逆に排出事業者からみると、廃棄物処理業者に廃棄物をそのまま渡すことで再資源化されたことと解釈できるため、廃棄物処理業者の再生処理行為を「建設廃棄物をそのまま用いること」と定義してこれを除したものである。

第2号中「燃焼の用に供することができるもの」とは、熱エネルギーを得る目的を持って、焼却設備において、通常の技術等で燃焼させることができるものであり、「その可能性のあるもの」とは、そのものが化学的性質からすれば熱エネルギーを発するはずであるが、それを燃焼させ熱を得るためには、特別な技術や装置が必要で、一般的には燃焼の用に供しないものである。

「熱を得ることに利用」とは、用途・形態を問わず建設資材廃棄物を燃焼させることにより熱エネルギーを得ることであり、得られた熱エネルギーを熱として直接利用すること(例えば、温水利用等)も、熱エネルギーを用いて発電を行い、その電力を使用・販売することも「利用」に含まれる。

「熱を得ることに利用することができる状態にする行為」とは、誰かが上記の「利用」をすることができる状態にする行為のことである。

「再資源化」とは、第１号又は第２号に該当する行為であって、「建設資材廃棄物の運搬又は処分（再生することを含む）」に該当するものである。「廃棄物の運搬又は処分（再生することを含む）」とは、廃棄物処理法上の廃棄物の処理行為に当たるものであり、「運搬」とは必要に応じて廃棄物を移動させること、「処分」とは廃棄物の形態、外観、内容等を変化させること、「再生」とは廃棄物を再び製品の原材料等の有用物とするため必要な操作をすることをいう。

5　「特定建設資材」（第５項）

「特定建設資材」とは、

① 再資源化が、資源の有効な利用及び廃棄物の減量に大きく寄与するものであること

② 再資源化をすることの経済的コストが多大になり（極めて高度の技術が必要な場合や技術的に多くの操作が必要な場合、再資源化施設への運搬に多大な費用を要する場合など）、かえって全体としては資源の有効利用につながらないようなものでないこと

等の条件に該当する建設資材であり、政令でコンクリート、コンクリート及び鉄から成る建設資材、木材、アスファルト・コンクリートの４品目が定められている。

6　「特定建設資材廃棄物」（第６項）

「特定建設資材廃棄物」とは、特定建設資材が廃棄物となったものをいう。一般廃棄物であるか産業廃棄物であるかを問わない概念である。

7　「縮減」（第７項）

「縮減」とは、建設廃棄物の大きさ、体積を減少させる行為であり、その方法としては焼却、脱水、圧縮、乾燥等（廃棄物処理法上の処理行為として、処理基準に従った行為）がある。木材の場合、焼却によりその体積の約98％を減ずることが可能であり、汚泥も焼却、脱水等によりその縮減が可能である。

本法では、「減量」は廃棄物の発生量を総体として減らす意味で用いており、「縮減」は個々の廃棄物について嵩（見かけ上の体積）を減ずる意味で用いている（実務上は「減容」を用いている例もある）。

8　「再資源化等」（第８項）

再資源化と縮減とは、資源の有効利用につながるか否かの違いはあるが、廃棄物の減量（最終処分量の減少）につながるという点では共通しており、廃棄

物の減量のための手段を表すため「再資源化等」という。

9　「建設業」（第９項）

「建設業」とは、建設工事を請け負う営業（その請け負った建設工事を他の者に請け負わせて営むものを含む）をいい、元請・下請を問わず、建設工事を請け負う営業であれば、建設業に該当する。

10　「下請契約」「発注者」「元請業者」「下請負人」（第10項）

「下請契約」とは、建設工事を他の者から請け負った建設業を営む者と他の建設業を営む者との間で当該建設工事の全部又は一部について締結される請負契約をいい、「発注者」とは、建設工事（他の者から請け負ったものを除く）の注文者をいい、「元請業者」とは、建設工事の受注者のうち、発注者から直接工事を請け負った建設業を営む者をいい、「下請負人」とは、下請契約における請負人をいう。

ここで「建設業を営む者」とは、建設業法の許可を受けた建設業者に限られるものではなく、建設業許可の対象外である軽微な建設工事のみを請け負うことを営業とする者を含む概念である。

11　「解体工事業」（第11項）

「解体工事業」とは、建設業のうち建築物等を除却するための解体工事を請け負う営業をいう。建築物等の除却を伴わない工事については、建設廃棄物の発生状況等の相違から、維持修繕工事等として、その特性に応じた対応をすることが考えられる。建築物等の除却を伴わない電気工事、設備工事、維持修繕工事、舗装工事等の工事を行う事業は含まれない。

12　「解体工事業者」（第12項）

解体工事業を営もうとする者は、その業を行おうとする区域を管轄する都道府県知事の登録を受けなければならず（第21条第１項）、その登録を受けて解体工事業を営む者を解体工事業者としている。

Q＆A

（建設資材の定義）

Q1　伐採木やコンクリート型枠、梱包材等は分別解体等・再資源化等の対象となるのか？

A　法第2条第1項において、建設資材とは「土木建築に関する工事に使用する資材」と定義されており、伐採木、伐根材、梱包材等は建設資材ではないので、建設リサイクル法による分別解体等・再資源化等の義務付けの対象とはならない。

また、特定建設資材のリース材（例えば木製コンクリート型枠等）については、工事現場で使用している間は建設資材であるものの、使用後リース会社に引き取られる場合は、建設資材廃棄物として排出されるものではない。このため、対象建設工事となる工事現場から直接廃棄物として排出される場合は、分別解体等・再資源化等が必要であるが、リース会社から廃棄物として排出される場合は、分別解体等・再資源化等の義務付け対象とはならない。

なお、分別解体等・再資源化等の義務付け対象とならないものについても、廃棄物処理法の規定に従って適正な処理が必要である。

Q2　建設資材を材木工場等でプレカットする場合も分別解体等・再資源化等の対象となるのか？

A　建設資材を材木工場等においてプレカットする行為は、建設工事に該当しないので、分別解体等・再資源化等の義務付け対象とはならない。

（建設工事の定義）

Q3　ボーリング調査など調査業務で道路のアスファルトを削る場合も対象建設工事となるのか？

A　これらは建設工事に当たらないので対象建設工事にはならない。

（建設資材廃棄物の定義）

Q4　廃棄物になるかならないかはどのように判断すればいいのか？

A　廃棄物処理法の規定に基づいて判断すればよい。

参考：廃棄物処理法（抄）

（定義）

第二条　この法律において「廃棄物」とは、ごみ、粗大ごみ、燃え殻、汚泥、ふん尿、廃油、廃酸、廃アルカリ、動物の死体その他の汚物又は不要物であつて、固形状又は液状のもの（放射性物質及びこれによつて汚染された物を除く。）をいう。
2　この法律において「一般廃棄物」とは、産業廃棄物以外の廃棄物をいう。
3　この法律において「特別管理一般廃棄物」とは、一般廃棄物のうち、爆発性、毒性、感染性その他の人の健康又は生活環境に係る被害を生ずるおそれがある性状を有するものとして政令で定めるものをいう。
4　この法律において「産業廃棄物」とは、次に掲げる廃棄物をいう。
一　事業活動に伴つて生じた廃棄物のうち、燃え殻、汚泥、廃油、廃酸、廃アルカリ、廃プラスチック類その他政令で定める廃棄物
二　輸入された廃棄物（前号に掲げる廃棄物、船舶及び航空機の航行に伴い生ずる廃棄物（政令で定めるものに限る。第十五条の四の五第一項において「航行廃棄物」という。）並びに本邦に入国する者が携帯する廃棄物（政令で定めるものに限る。同項において「携帯廃棄物」という。）を除く。）

参考：廃棄物処理法施行令（抄）
（産業廃棄物）
第二条　法第二条第四項第一号の政令で定める廃棄物は、次のとおりとする。
一　紙くず（建設業に係るもの（工作物の新築、改築又は除去に伴つて生じたものに限る。）、パルプ、紙又は紙加工品の製造業、新聞業（新聞巻取紙を使用して印刷発行を行うものに限る。）、出版業（印刷出版を行うものに限る。）、製本業及び印刷物加工業に係るもの並びにポリ塩化ビフェニルが塗布され、又は染み込んだものに限る。）
二　木くず（建設業に係るもの（工作物の新築、改築又は除去に伴つて生じたものに限る。）、木材又は木製品の製造業（家具の製造業を含む。）、パルプ製造業、輸入木材の卸売業及び物品賃貸業に係るもの、貨物の流通のために使用したパレット（パレットへの貨物の積付けのために使用したこん包用の木材を含む。）に係るもの並びにポリ塩化ビフェニルが染み込んだものに限る。）
三　繊維くず（建設業に係るもの（工作物の新築、改築又は除去に伴つて生じたものに限る。）、繊維工業（衣服その他の繊維製品製造業を除く。）に係るもの及びポリ塩化ビフェニルが染み込んだものに限る。）
四　食料品製造業、医薬品製造業又は香料製造業において原料として使用した動物又は植物に係る固形状の不要物
四の二　と畜場法（昭和二十八年法律第百十四号）第三条第二項に規定すると畜場においてとさつし、又は解体した同条第一項に規定する獣畜及び食鳥処理の事業の規制及び食鳥検査に関する法律（平成二年法律第七十号）第二条第六号に規定する食鳥処理場において食鳥処理をした同条第一号に規定する食鳥に係る固形状の不要物
五　ゴムくず
六　金属くず

七　ガラスくず、コンクリートくず（工作物の新築、改築又は除去に伴つて生じたものを除く。）及び陶磁器くず
八　鉱さい
九　工作物の新築、改築又は除去に伴つて生じたコンクリートの破片その他これに類する不要物
十　動物のふん尿（畜産農業に係るものに限る。）
十一　動物の死体（畜産農業に係るものに限る。）
十二　大気汚染防止法（昭和四十三年法律第九十七号）第二条第二項に規定するばい煙発生施設、ダイオキシン類対策特別措置法第二条第二項に規定する特定施設（ダイオキシン類（同条第一項に規定するダイオキシン類をいう。以下同じ。）を発生し、及び大気中に排出するものに限る。）又は次に掲げる廃棄物の焼却施設において発生するばいじんであつて、集じん施設によつて集められたもの
　イ　燃え殻（事業活動に伴つて生じたものに限る。第二条の四第七号及び第十号、第三条第三号ヲ並びに別表第一を除き、以下同じ。）
　ロ　汚泥（事業活動に伴つて生じたものに限る。第二条の四第五号ロ(1)、第八号及び第十一号、第三条第二号ホ、第三号ヘ及び第四号イ並びに別表第一を除き、以下同じ。）
　ハ　廃油（事業活動に伴つて生じたものに限る。第二十四条第二号ハ及び別表第五を除き、以下同じ。）
　ニ　廃酸（事業活動に伴つて生じたものに限る。第二十四条第二号ハを除き、以下同じ。）
　ホ　廃アルカリ（事業活動に伴つて生じたものに限る。第二十四条第二号ハを除き、以下同じ。）
　ヘ　廃プラスチック類（事業活動に伴つて生じたものに限る。第二条の四第五号ロ(5)を除き、以下同じ。）
　ト　前各号に掲げる廃棄物（第一号から第三号まで及び第五号から第九号までに掲げる廃棄物にあつては、事業活動に伴つて生じたものに限る。）
十三　燃え殻、汚泥、廃油、廃酸、廃アルカリ、廃プラスチック類、前各号に掲げる廃棄物（第一号から第三号まで、第五号から第九号まで及び前号に掲げる廃棄物にあつては、事業活動に伴つて生じたものに限る。）又は法第二条第四項第二号に掲げる廃棄物を処分するために処理したものであつて、これらの廃棄物に該当しないもの

なお、廃棄物であるか否かの判定に当たっては、以下の総合判断説を採用しており、この解釈は最高裁判所の見解においても示されているので注意が必要である。

平成12年７月24日
厚生省水道環境部環境整備課長通知

①廃棄物とは、占有者自ら利用し、又は他人に有償で売却することができないために不要になった物をいい、これらに該当するか否かは、その物の性状、排出の状況、通常の取扱い形態、取引価値の有無及び占有者の意思等を総合的に勘案して判断すべきものであること。
②占有者の意思とは、客観的要素からみて社会通念上合理的に認定し得る占有者の意思であること。
③占有者において自ら利用し、又は他人に有償で売却することができるものであると認識しているか否かは、廃棄物に該当するか否かを判断する際の決定的な要素になるものではないこと。
④占有者において自ら利用し、又は他人に有償で売却することができるものであるとの認識がなされている場合には、占有者にこれらの事情を客観的に明らかにさせるなどして、社会通念上合理的に認定し得る占有者の意思を判断すること。

（分別解体等の定義）

Q5 解体工事の実施に当たり、現場ではミンチ解体を行って別の場所で分別してはいけないのか？

A 法第２条第３項において、分別解体とは、解体工事の場合「建築物等に用いられた建設資材に係る建設資材廃棄物をその種類ごとに分別しつつ当該工事を計画的に施工する行為」と定義されており、現場で分別しつつ解体工事を行うことが必要である。

（建築物等の定義）

Q6 建築物に該当するかどうかはどのように判断すればいいのか？

A 建築基準法第２条第１号に規定する建築物に該当するものについては建築物として取り扱う。

参考：建築基準法（抄）
第二条　この法律において次の各号に掲げる用語の意義は、それぞれ当該各号に定めるところによる。
一　建築物　土地に定着する工作物のうち、屋根及び柱若しくは壁を有するもの（これに類する構造のものを含む。）、これに附属する門若しくは塀、観覧のための工作物又は地下若しくは高架の工作物内に設ける事務所、店舗、興行場、倉庫その他これらに類する施設（鉄道及び軌道の線路敷地内の運転保安に関する施設並びに跨線橋、プラットホームの上家、貯蔵槽その他これらに類する施設を除く。）をいい、建築設備を含むものとする。

（以下略）

Q7 建築物以外の工作物とは何を指すのか？

A 土木工作物、木材の加工又は取り付けによる工作物、コンクリートによる工作物、石材の加工又は積方による工作物、れんが・コンクリートブロック等による工作物、形鋼・鋼板等の加工又は組み立てによる工作物、機械器具の組み立て等による工作物及びこれらに準ずるものなどが該当する。

Q8 フェンスやブロック塀は建築物となるのか？

A 建築物本体に付属するフェンスやブロック塀は建築物となるが、建築物本体に付属していないフェンスやブロック塀は建築物以外の工作物となる。

Q9 建築設備は建築物と考えるのか建築物以外の工作物と考えるのか？

A 建築設備は建築基準法第２条第１号の建築物の定義において、「建築設備を含むものとする」とされているため、建築物として扱う必要がある。

Q10 水道管やガス管などは、建築設備と建築物以外の工作物の境界はどこになるのか？

A 建築物の敷地内の部分については建築設備、敷地外の部分については建築物以外の工作物と考えればよい。

（解体工事の定義）

Q11 解体工事とは何を指すのか？

A ①　建築物

建築物のうち、建築基準法施行令第１条第３号に定める構造耐力上主要な部分の全部又は一部を取り壊す工事。

参考：建築基準法施行令（抄）

第一条　この政令において次の各号に掲げる用語の意義は、それぞれ当該各号に定めるところによる。
（中略）
三　構造耐力上主要な部分　基礎、基礎ぐい、壁、柱、小屋組、土台、斜材（筋かい、方づえ、火打材その他これらに類するものをいう。）、床版、屋根版又は横架材（はり、けたその他これらに類するものをいう。）で、建築物の自重若しくは積載荷重、積雪荷重、風圧、土圧若しくは水圧又は地震その他の震動若しくは衝撃を支えるものをいう。
（以下略）

②　建築物以外の工作物

建築物以外の工作物の全部又は一部を取り壊す工事。

Q12　リフォーム工事は解体工事か？また、解体工事業者の登録は必要か？

A　建築物の構造耐力上主要な部分である壁や柱等を取り壊す工事を伴う場合は解体工事となるため、解体工事業者の登録は必要となる。

（再資源化の定義）

Q13　再資源化とは何を指すのか？

A　法第２条第４項において、再資源化とは、

・分別解体等に伴って生じた建設資材廃棄物について、資材又は原材料として利用すること（建設資材廃棄物をそのまま用いることを除く）ができる状態にする行為

・分別解体等に伴って生じた建設資材廃棄物であって燃焼の用に供することができるもの又はその可能性のあるものについて、熱を得ることに利用することができる状態にする行為

とされており、例えば木材の場合ボード化まで行わなくても、ボード化を前提としたチップ化であれば原材料として利用できるので、チップ化することで再資源化を行ったこととなる。また同様に熱回収を前提とした木材のチップ化も再資源化に含まれる。ただし最初から単なる焼却を前提にチップ化することは再資源化には当たらない。

Q14　熱を得ることに利用することができる状態にするとは何を指すのか？

A

少なくとも、以下の３つの条件を全て満たすことが必要である。

・原則として熱を得て、その熱を何らかに利用することを目的としているものであり、熱を何らかに利用するための設備を有していること。

・廃棄物処理法第12条第１項の規定による産業廃棄物処理基準に従う焼却であること。

・廃棄物処理法及びダイオキシン特措法の対象施設である場合には、当該規制を満足する施設であること。

上記に基づき、以下に例を挙げる。

・廃棄物発電での利用

・セメント工場での助燃材として利用

・ボイラー燃料としての利用

なお、逆有償で利用される場合も再資源化に含まれるが、その際には利用先で廃棄物処理法の適用があることに留意のこと。

木材の焼却関係の規定

参考：廃棄物処理法（抄）

（焼却禁止）

第十六条の二　何人も、次に掲げる方法による場合を除き、廃棄物を焼却してはならない。

一　一般廃棄物処理基準、特別管理一般廃棄物処理基準、産業廃棄物処理基準又は特別管理産業廃棄物処理基準に従つて行う廃棄物の焼却

二　他の法令又はこれに基づく処分により行う廃棄物の焼却

三　公益上若しくは社会の慣習上やむを得ない廃棄物の焼却又は周辺地域の生活環境に与える影響が軽微である廃棄物の焼却として政令で定めるもの

参考：廃棄物処理法施行令（抄）

（産業廃棄物の収集、運搬、処分等の基準）

第六条（略）

二　産業廃棄物の処分（埋立処分及び海洋投入処分を除く。以下この号において同じ。）又は再生に当たつては、次によること。

イ　第三条第一号イ及びロ並びに第二号イ及びロの規定の例によること。

（略）

（一般廃棄物の収集、運搬、処分等の基準）

第三条（略）

二　一般廃棄物の処分（埋立処分及び海洋投入処分を除く。以下この号において同じ。）又は再生に当たつては、前号イ及びロの規定の例によるほか、次によるこ

と。

イ　一般廃棄物を焼却する場合には、環境省令で定める構造を有する焼却設備を用いて、環境大臣が定める方法により焼却すること。

（略）

（焼却禁止の例外となる廃棄物の焼却）

第十四条　法第十六条の二第三号の政令で定める廃棄物の焼却は、次のとおりとする。

一　国又は地方公共団体がその施設の管理を行うために必要な廃棄物の焼却

二　震災、風水害、火災、凍霜害その他の災害の予防、応急対策又は復旧のために必要な廃棄物の焼却

三　風俗慣習上又は宗教上の行事を行うために必要な廃棄物の焼却

四　農業、林業又は漁業を営むためにやむを得ないものとして行われる廃棄物の焼却

五　たき火その他日常生活を営む上で通常行われる廃棄物の焼却であつて軽微なもの

参考：廃棄物処理法施行規則（抄）

（一般廃棄物を焼却する焼却設備の構造）

第一条の七　令第三条第二号イの環境省令で定める構造は、次のとおりとする。

一　空気取入口及び煙突の先端以外に焼却設備内と外気とが接することなく、燃焼室において発生するガス（以下「燃焼ガス」という。）の温度が摂氏八百度以上の状態で廃棄物を焼却できるものであること。

二　燃焼に必要な量の空気の通風が行われるものであること。

三　燃焼室内において廃棄物が燃焼しているときに、燃焼室に廃棄物を投入する場合には、外気と遮断された状態で、定量ずつ廃棄物を燃焼室に投入することができるものであること。

四　燃焼室中の燃焼ガスの温度を測定するための装置が設けられていること。ただし、製鋼の用に供する電気炉、銅の第一次製練の用に供する転炉若しくは溶解炉又は亜鉛の第一次製練の用に供する焙焼炉を用いた焼却設備にあつては、この限りでない。

五　燃焼ガスの温度を保つために必要な助燃装置が設けられていること。ただし、加熱することなく燃焼ガスの温度を保つことができる性状を有する廃棄物のみを焼却する焼却設備又は製鋼の用に供する電気炉、銅の第一次製練の用に供する転炉若しくは溶解炉若しくは亜鉛の第一次製練の用に供する焙焼炉を用いた焼却設備にあつては、この限りでない。

（特定建設資材の定義）

Q15　モルタルや木質ボードは特定建設資材となるのか？

A　特定建設資材の範囲は、以下のとおりとする。

分類	例示
特定建設資材であるもの	木材（繊維板等を含む）、コンクリート、アスファルト・コンクリート等
特定建設資材ではないもの	モルタル、アスファルト・ルーフィング等

（具体例）

資　材　名	規　格	判定	特定建設資材
ＰＣ版	JIS A 5372	○	コンクリート及び鉄から成る建設資材
無筋コンクリート、有筋コンクリート		○	コンクリート
コンクリートブロック	JIS A 5406	○	コンクリート
コンクリート平板・U字溝等二次製品		○	コンクリート、コンクリート及び鉄から成る建設資材
コンクリート製インターロッキングブロック		○	コンクリート
間知ブロック		○	コンクリート
テラゾブロック	JIS A 5411	○	コンクリート
軽量コンクリート		○	コンクリート
セメント瓦	JIS A 5401	×	
モルタル		×	
ＡＬＣ版	JIS A 5416	×	
窯業系サイディング（押し出し形成版）	JIS A 5422	×	
普通れんが	JIS R 1250	×	
繊維強化セメント板（スレート）	JIS A 5430	×	
粘土瓦	JIS A 5208	×	
タイル		×	
セメント処理混合物・粒度調整砕石・再生粒度調整砕石・クラッシャラン・再生クラッシャラン		×	

アスファルト混合物・再生加熱アスファルト混合物・改質再生アスファルト混合物		○	アスファルト・コンクリート
アスファルト処理混合物・再生加熱アスファルト処理混合物		○	アスファルト・コンクリート
アスファルト・ルーフィング		×	
木材		○	木材
合板	JAS	○	木材
パーティクルボード	JIS A 5908	○	木材
集成材（構造用集成材）	JAS	○	木材
繊維板（インシュレーションボード）	JIS A 5905	○	木材
繊維板（MDF）	JIS A 5905	○	木材
繊維板（ハードボード）	JIS A 5905	○	木材
木質系セメント板（木毛・木片）	JIS A 5404	×	
竹		×	
樹脂混入木質材（ハウスメーカー製品）		×	

○：特定建設資材
×：特定建設資材ではないもの

Q16 モルタルだけを使用する工事は、対象建設工事になるのか？

A モルタルだけを使用する工事は、対象建設工事にはならない。

Q17 パーティクルボードだけを使用する工事は、対象建設工事になるのか？

A パーティクルボードだけを使用する工事は、その規模が建設工事の規模に関する基準以上の工事であれば対象建設工事となる。

Q18 建築物等を新築する際に現場で使用せず持ち帰ったコンクリートも、分別解体等・再資源化等の対象となるのか？

A 現場で使用しなかったコンクリートをコンクリート会社が持ち帰った場合は、特定建設資材にはならないが、対象建設工事となる工事現場で直接排出される場合には、特定建設資材として分別解体等・再資源化等が義務付けられる。

第 2 章　基本方針等

第 3 条

（基本方針）

第三条　主務大臣は、建設工事に係る資材の有効な利用の確保及び廃棄物の適正な処理を図るため、特定建設資材に係る分別解体等及び特定建設資材廃棄物の再資源化等の促進等に関する基本方針（以下「基本方針」という。）を定めるものとする。

2　基本方針においては、次に掲げる事項を定めるものとする。

一　特定建設資材に係る分別解体等及び特定建設資材廃棄物の再資源化等の促進等の基本的方向

二　建設資材廃棄物の排出の抑制のための方策に関する事項

三　特定建設資材廃棄物の再資源化等に関する目標の設定その他特定建設資材廃棄物の再資源化等の促進のための方策に関する事項

四　特定建設資材廃棄物の再資源化により得られた物の利用の促進のための方策に関する事項

五　環境の保全に資するものとしての特定建設資材に係る分別解体等、特定建設資材廃棄物の再資源化等及び特定建設資材廃棄物の再資源化により得られた物の利用の意義に関する知識の普及に係る事項

六　その他特定建設資材に係る分別解体等及び特定建設資材廃棄物の再資源化等の促進等に関する重要事項

3　主務大臣は、基本方針を定め、又はこれを変更したときは、遅滞なく、これを公表しなければならない。

条文の趣旨

建設廃棄物のリサイクルを総合的かつ計画的に推進していくためには、国がそのための基本的な方向を示し、建設工事の発注者、受注者、地方公共団体等の関係者の適切な取組みを促していくことが必要である。このため、特定建設資材に係る分別解体等及び特定建設資材廃棄物の再資源化等に関し、国全体の

基本的方向を示すものとして、主務大臣が基本方針の策定・公表を行うこととし、平成13年1月17日に告示された。

なお、基本方針の策定・公表に係る主務大臣は、国土交通大臣、環境大臣、農林水産大臣及び経済産業大臣である（第44条第1項第1号）。

条文の内容

1　第1項

主務大臣が、特定建設資材に係る分別解体等及び特定建設資材廃棄物の再資源化等の促進等を総合的かつ計画的に推進するため、これらに関する基本方針を定めるものとしている。

2　第2項

(1)　「特定建設資材に係る分別解体等及び特定建設資材廃棄物の再資源化等の促進等の基本的方向」（第1号）

特定建設資材廃棄物の適正処理及び資源の有効利用の確保を図るためには、建築物等の設計、施工から利用、解体、廃棄物の処理等に至る各段階において、廃棄物の排出の抑制（リデュース）、再使用（リユース）、原材料等としての利用（リサイクル）を図ることが重要であり、廃棄物の減量という観点を持った社会システムを構築することが必要である。

第1号は、このような社会全体として目指すべき基本的方向を明らかにすることで、関係者の取組みの方向性を一致させ、建設廃棄物に関するリサイクルシステムの構築を円滑に推進するための基本的方向を定めるものであり、その内容として建設業者、発注者、国・地方公共団体等の関係者の役割分担のあり方に関する基本的考え方等について記述するものである。

なお、「再資源化等の促進」には再資源化により得られた物の利用が含まれ、また、「促進等」の「等」は、特定建設資材の排出の抑制及び再使用、適正な分別解体等を担う解体工事業者の登録等に関する事項が含まれる。

(2)　「建設資材廃棄物の排出の抑制のための方策に関する事項」（第2号）

建設廃棄物は産業廃棄物の中で大きな排出割合を占めており、その減量が特に重要である。建設廃棄物の減量の推進に当たっては、まず、廃棄物の排出をできる限り抑制することが必要であり、建設業者はもとより、国、地方公共団体、発注者等がそれぞれの立場で積極的な取組みを行うことが求められる。

具体的には、建設業者には耐久性の高い建築物等の設計・建設や維持修繕体制の整備等、国・地方公共団体には調査研究や普及啓発活動、耐久性の高い建築物等の積極的利用等が考えられる。第2号では、このような建設資材廃棄物の排出の抑制のための方策を示し、各主体による取組みの促進を図ろうとするものである。

なお、本号において、「特定建設資材廃棄物」とせずに「建設資材廃棄物」としているのは、建築物等は特定建設資材とそれ以外の資材が一体となって構成されているものであるため、特定建設資材とそれ以外の資材とを一体として捉える必要がある（特定建設資材廃棄物とそれ以外の廃棄物とを分けて考える必要性に乏しい）ことによるものである。

本法では、建設廃棄物の排出抑制は直接の義務付け対象とはなっていないが、国全体として積極的に取り組むべき事項として排出抑制を基本方針に明記する点で、本号は重要な意味を持つ規定である。

(3)　「特定建設資材廃棄物の再資源化等に関する目標の設定その他特定建設資材廃棄物の再資源化等の促進のための方策に関する事項」（第3号）

①　「特定建設資材廃棄物の再資源化等に関する目標の設定」

本法の基本方針においては、特定建設資材廃棄物の再資源化等に関する目標を設定することとしている。これは、発生量の特に多い建設廃棄物の再資源化等を積極的に促進するためには、その目標水準（例えば国全体における再資源化等の率）を目に見える形で国民に示すことで、建設業者等の再資源化等に向けた適切な努力を引き出していくことが重要と考えられるからである。

具体的に設定される目標については、特定建設資材ごとに設定され、基本方針策定から10年後の平成22年度に、コンクリート塊、建設発生木材及びアスファルト・コンクリート塊の3品目について再資源化等率（工事現場から排出された特定建設資材廃棄物の重量に対する再資源化等されたものの重量の百分率をいう。）95％を達成することが目標とされている。また、国の直轄工事においては、再資源化等を先導する観点から、コンクリート塊、建設発生木材及びアスファルト・コンクリート塊について、平成17年度までに最終処分する量をゼロにすることを目指すこととしている。

②　「特定建設資材廃棄物の再資源化等の促進のための方策」

特定建設資材廃棄物の再資源化等の着実な実施を図るためには、再資源化等に関する目標を定めることはもとより、当該目標に向けて、建設業者、発注者、国・地方公共団体等がそれぞれの立場からその再資源化等のための具体的な措置を講じていくことが必要である。例えば、建設業者にあっては建築物等の設計や資材を工夫することによって、解体時に分別しやすくする、あるいは、再資源化しやすくすることを通じて、再資源化等に要する費用の低減等を、発注者にあっては必要な費用の適正な負担等を、国・地方公共団体にあっては再資源化等の促進に資する技術開発や情報提供等を積極的に行っていくことが必要であり、このような特定建設資材廃棄物の再資源化等のための具体的な方策を示し、各主体による取組みの促進を図ろうとするものである。

(4)　「特定建設廃棄物の再資源化により得られた物の利用の促進のための方策に関する事項」(第4号)

特定建設資材廃棄物の再資源化を着実に実施し、リサイクルの環を確実なものとしていくためには、再資源化により得られた物の利用を積極的に促進し、再資源化の推進を市場ベースで支えていく必要がある。

特定建設資材に関しては、国等の公共発注者が公共事業を通じて大量に利用する主体であり、我が国の社会全体でのリサイクルを牽引していくためには、国等によるリサイクル資材の積極的な利用の目標を示し、実行していくことが重要である。

また、建設業者及び建設工事の発注者にあっては再資源化により得られた物の積極的な利用を、国・地方公共団体にあっては再資源化により得られた物の積極的な利用を促進するとともに、広報活動等、利用に関する積極的な支援措置を講じていくことが重要であり、これらの事項を定めるものである。

(5)　「環境の保全に資するものとしての特定建設資材の分別解体等、特定建設資材廃棄物の再資源化等及び特定建設資材廃棄物の再資源化により得られた物の利用の意義に関する知識の普及に係る事項」(第5号)

特定建設資材の分別解体等、特定建設資材廃棄物の再資源化等及び特定建設資材廃棄物の再資源化により得られた物の利用を促進することは、新規資源投入量の節減、廃棄物の減量、不適正処理の防止等を通じて、環境への負荷を低減させ、環境への負荷の少ない循環型経済システムを構築していくという意義を有する。

第５号は、このような環境の保全に資する本法の施策の実現には国民の広範な協力が必要であることにかんがみ、国・地方公共団体が、本法の施策の意義に関し、その知識の普及・啓発を図るべきこと、またその内容等について定めるものである。

(6)　「その他特定建設資材に係る分別解体等及び特定建設資材廃棄物の再資源化等の促進等に関する重要事項」（第６号）

第１号から第５号に定める事項のほか、特定建設資材に係る分別解体等、特定建設資材廃棄物の再資源化等及び特定建設資材廃棄物の再資源化により得られた物の利用を促進する上で重要な事項について定めるものである。

3　第３項

主務大臣は、基本方針を定め、又はこれを変更したときには、遅滞なくこれを公表しなければならないものとしている。公表は、主務大臣の告示により行われる。〔平成13年１月17日農林水産省・経済産業省・国土交通省・環境省告示第１号〕

第４条

（実施に関する指針）

第四条　都道府県知事は、基本方針に即し、当該都道府県における特定建設資材に係る分別解体等及び特定建設資材廃棄物の再資源化等の促進等の実施に関する指針を定めることができる。

2　都道府県知事は、前項の指針を定め、又はこれを変更したときは、遅滞なく、これを公表するよう努めなければならない。

条文の趣旨

都道府県知事は、基本方針に即して、当該都道府県における特定建設資材に係る分別解体等及び特定建設資材廃棄物の再資源化等の促進等の実施に関する指針を定めることができるとしている。

第３条の基本方針は、都道府県知事が本法に基づき実施する各種の措置（助言・勧告、命令、条例の制定等）に関し、全国一律の基本的な方向を示すものとなっている。

ただし、基本方針は国全体に係る事項を定めるものであるが故に地域の特性や実情に対応することは難しい面もあると考えられる。さらに、分別解体等や再資源化等の促進に関し主体的な役割を担う都道府県知事は、発注者としても、再資源化により得られた物の利用の促進を図ることが必要と考えられる。

このため、主務大臣の定める基本方針に即し、都道府県知事においても、必要に応じ、特定建設資材の分別解体等及び特定建設資材廃棄物の再資源化等の促進等の実施に関する指針を定めることができることとし、各都道府県における分別解体等や再資源化等の具体的方策に係る事項、再資源化により得られた物の利用の促進のための具体的方策に関する事項等を自主的に明らかにすることが可能とされている。

この指針は分別解体等及び再資源化等の促進等の実施に関する都道府県の考え方を示すものであり、当該指針が定められた場合には、都道府県知事が第14条及び第19条に基づき行う助言・勧告や第15条及び第20条に基づき行う命令は、この指針を勘案して行われることとなる。

条文の内容

「基本方針に即し」は、基本方針に完全に適合することまでは必要でなく、ある程度の幅は認めつつ、各都道府県の置かれた状況に応じて、しかしながら基本方針には矛盾しない形で指針を定めるべきこと意味する。

この指針は、上に述べたとおり、本法の実施に関する具体的事項を定めるものであり、指針が定められた場合には特に、都道府県知事が助言・勧告、命令を行う際の勘案事項となるものであることから、国民の権利義務に関する取扱いの平等性を担保する観点からは、各都道府県の自主性を尊重しつつも、国全体の基本的方向を示す基本方針に則って定められる必要がある。

指針に定められる事項の例は、以下のとおりである。

①　特定建設資材に係る分別解体等及び特定建設資材廃棄物の再資源化等の方向
- 地域の特性（自然的、経済的、社会的特性）
- 建築物等の現状（構造別の分布状況等）及び建築物等の解体工事等の状況
- 特定建設資材廃棄物の発生量の見込み
- 再資源化施設の立地状況及び稼動状況
- 最終処分場の立地状況及び残存容量
- 地域の実情に応じた分別解体等及び再資源化等の方向
- 条例により定める建設工事の規模に関する基準の考え方
- 条例により定める距離に関する基準の考え方

②　建設廃棄物の排出抑制のための方策
- 地域の社会経済情勢等を踏まえた関係者の役割分担の在り方
- 排出抑制について特に配慮すべき地域

③　特定建設資材廃棄物の再資源化等の促進のための方策
- 地域の状況を踏まえた再資源化等の目標等
- 再資源化施設の立地を特に促進すべき地域

④　再資源化により得られた物の利用の促進のための方策
- 公共事業における利用の目標
- 地域の産業における利用の方向

⑤　分別解体等、再資源化等及び再資源化により得られた物の利用の意義に関する知識の普及
- 地域での学校・社会教育における普及方策
- 地域での広報・啓発活動に関する方策

建設リサイクル法に基づく都道府県の指針概要一覧表（H19.10現在）

NO	都道府県名	1．基本的方向			2．排出抑制のための方策に関する特記事項	3．再資源化等促進のための方策				
		特記事項（法に基づく実施事項を除く）	対象建設工事規模	建設発生木材の再資源化距離		H22再資源化等数値目標（%）			直轄工事での3品目のゼロ・エミッション目標設定	再資源化施設整備に関する特記事項
						Co塊	建設発生木材	As塊		
0	国の基本方針及び施行令による規定		解体80㎡ 新築500㎡ リフォーム1億円 土木500万円	50km		95	95	95	国直轄工事ではH17最終処分量ゼロ	
1	北海道		施行令に同じ			95	95	95	道事業ではH17最終処分量ゼロ	
2	青森県		施行令に同じ			95	95	95	県事業ではH17最終処分量ゼロ	
3	岩手県		施行令に同じ			95	95	100	県事業ではH17最終処分量ゼロ	
4	宮城県		施行令に同じ			95	95	95	県事業ではH17最終処分量ゼロ	
5	秋田県	市町村の役割として県と連携した分別解体実施状況確認、不適正処理に関する巡回調査	施行令に同じ			95	95	95	県事業に関する数値目標の設定無し	
6	山形県	「山形県建設リサイクル推進計画'06」に基づき必要な措置を実施	施行令に同じ（ただし、県事業では工事規模、距離にかかわらず再資源化を実施。伐採木についても再資源化）			99以上	95	99以上	県事業のH22再資源化等率目標、As殻、Co殻:99%以上、建設発生木材（伐採木含む）:95%	
7	福島県		施行令に同じ			100	95	100	県事業ではH17最終処分量ゼロ	
8	茨城県	県は、特定建設資材以外のものも対象に計画的に再資源化実施	施行令に同じ			100	100	95	県事業では最終処分量ゼロを目指す	
9	栃木県		施行令に同じ			95	95	95	県事業では再資源化を原則とし最終処分量ゼロを目指す	
10	群馬県		施行令に同じ			95	95	95	県事業ではH17最終処分量ゼロ	
11	埼玉県	「彩の国建設リサイクル実施指針」に基づき必要な措置を実施	施行令に同じ			95	95	95	県事業ではH17最終処分量ゼロ	

	4．再生資材利用促進のための方策に関する特記事項	5．知識の普及に関する特記事項	6．その他事項		
その他特記事項			有害物質の扱いに関する特記事項	その他の特記事項（法に基づく必要な措置は除く）	指標策定日（最新）
木くずの敷料利用	道事業では「北海道グリーン購入基本方針」に基づく率先利用				平成14年４月１日
					平成14年５月29日
	■県内製造の再生資材の利用促進 ■県事業では「岩手県グリーン購入基本方針」に基づく率先利用			指針の見直しを記述	平成14年５月17日
					平成14年５月８日
					平成14年５月28日
		再資源化施設におけるストック量情報の提供（県のHPで提供）			平成19年２月１日
	県事業ではISO14001及び「ふくしまエコオフィス実践計画」に基づき率先利用				平成14年５月17日
	県事業では「茨城県建設リサイクルガイドライン」に基づき率先利用				平成14年３月25日
	県事業では「栃木県グリーン調達推進方針」に基づき率先利用				平成14年３月18日
	群馬県では「群馬県行動計画及びリサイクルガイドライン」に基づく率先利用				平成14年３月22日
	県事業では「埼玉県グリーン調達推進方針」に基づき率先利用	講習の実施、資料の提供	フロン及びアスベスト、CCA処理木材並びにPCB含有物の適正処理	■国、都県、市町との連携協力 ■埼玉県建設リサイクル実施要領及び取扱要領を定める	平成14年３月18日

NO	都道府県名	1．基本的方向			2．排出抑制のための方策に関する特記事項	3．再資源化等促進のための方策				
		特記事項（法に基づく実施事項を除く）	対象建設工事規模	建設発生木材の再資源化距離		H22再資源化等数値目標（%）			直轄工事での3品目のゼロ・エミッション目標設定	再資源化施設整備に関する特記事項
						Co塊	建設発生木材	As塊		
12	千葉県	県・市町村事業では「千葉県建設リサイクル推進計画」「千葉県建設リサイクルガイドライン」に基づき必要な措置を実施	施行令に同じ			100	95	100	県事業ではH17最終処分量ゼロ	
13	東京都	都事業では「東京都建設リサイクル推進計画」「東京都建設リサイクルガイドライン」に基づき必要な措置を実施	施行令に同じ			99以上	99以上	99以上	都事業に関する数値目標の設定無し	■都内再資源化施設の活用による都内処理比率の向上 ■民間活力による新たな再資源化施設整備や既存施設の効率的な稼働の促進
14	神奈川県	県の役割として建設資材廃棄物不法投棄等不適正処理の未然防止及び原状回復を規定	施行令に同じ（規模基準、距離基準に関する記述無し）		県管理施設の長期的使用	100	95	100	県事業ではH17までに左記目標を達成	
15	新潟県	■新潟県長期総合計画における「資源再生・ごみ半減戦略」に基づく取り組み ■発生実態・将来動向の記述詳細	施行令に同じ			95	95	95	県事業に関する数値目標の設定無し	
16	富山県		施行令に同じ		持ち家率が高く延床面積も大きいことから個人住宅所有者の役割重要	95	95	95	県事業に関する数値目標の設定無し	県環境施設整備資金の積極的活用
17	石川県		施行令に同じ		県は建築物、公共施設等の長期的使用に積極的に取り組む	97	95	97	県事業に関する数値目標の設定無し	
18	福井県	県はISO14001、「福井県公共工事環境配慮ガイドライン」「福井県建設リサイクルガイドライン」に基づき必要な措置を実施	施行令に同じ			95	95	95	県事業ではH17までに再資源化等率100%	
19	山梨県		施行令に同じ			95	95	95	県事業に関する数値目標の設定無し	
20	長野県	県は解体工事の適正な施工を確保するためのマニュアルを作成・公表	施行令に同じ			100	95	100	県事業ではH17最終処分量ゼロ	
21	岐阜県	■県としての廃棄物対策5原則（安全第一、公共関与、リサイクルの徹底、複合行政、自己完結）を念頭 ■発生実態、将来動向に関する記述詳細	施行令に同じ		木くずについては中濃、郡上、中津川恵那、飛騨地域の一部地域で一層排出抑制に取り組む必要有	95	95	95	県事業ではH17最終処分量ゼロ	建設発生木材の再資源化施設については中濃、郡上、中津川恵那、飛騨地域の一部地域で施設整備する必要有

	４．再生資材利用促進のための方策に関する特記事項	５．知識の普及に関する特記事項	６．その他事項		
その他特記事項			有害物質の扱いに関する特記事項	その他の特記事項（法に基づく必要な措置は除く）	指標策定日（最新）
最終処分場の延命化、埋立に依存しない処理システムの構築	県事業では推進計画及びガイドラインに基づき率先利用			■近隣都県、市町村との連携協力 ■建設リサイクル実施要領を定める ■指針の見直しを記述	平成14年５月23日
ガラス、金属、ロックウール等に関する記述を追加	都事業では推進計画及びガイドラインに基づく率先利用		■ PCB に関する記述は詳細 ■蓄電池、クロルデン類、クレオソート、ハロンに関する記述を追加	■周辺県、区市町村との協力 ■民間工事を対象として手引等を別途策定 ■指針の見直しを記述	平成16年５月24日
				■国、周辺都県、市町村との連携推進 ■指針の見直しを記述	平成14年５月28日
混合廃棄物の適正処理に関する記述を追加	県内廃棄物を県内で再資源化し積極利用するよう配慮。県事業では「新潟県グリーン購入調達方針」に基づく率先利用				平成14年５月８日
■木くずのセメント工場での燃料利用 ■畳、瓦について追加記述	県ではリサイクル製品などの認定制度を設ける				平成14年３月29日
木材のリユース促進	県事業では「石川県リサイクル製品利用推進要綱」に基づき率先利用				平成14年５月24日
県研究機関による積極的なリサイクル技術開発	県事業では「福井県認定リサイクル製品」を積極的活用			■「福井県廃棄物処理計画」に基づき関連施策と連携強化 ■指針の見直しを記述	平成14年４月１日
					平成14年４月24日
				■３品目以外も含めた推進計画の内容を記述 ■H22の再資源化等率目標、建設汚泥60％、建設混合廃棄物60％、建設発生土100％ ■指針の見直しを記述	平成14年５月23日
混廃、畳、瓦について追加記述	■県事業では「岐阜県廃棄物リサイクル認定製品」を優先利用 ■「岐阜県循環型社会形成推進協議会」において各界各層の協働により必要な措置を講じる	■岐阜県環境教育基本方針に基づく環境教育・環境学習の実施 ■地域の婦人連合会等の市民組織の協力による広報・啓発			平成14年３月７日

NO	都道府県名	1．基本的方向 特記事項（法に基づく実施事項を除く）	1．基本的方向 対象建設工事規模	1．基本的方向 建設発生木材の再資源化距離	2．排出抑制のための方策に関する特記事項	3．再資源化等促進のための方策 H22再資源化等数値目標（%） Co塊	3．再資源化等促進のための方策 H22再資源化等数値目標（%） 建設発生木材	3．再資源化等促進のための方策 H22再資源化等数値目標（%） As塊	3．再資源化等促進のための方策 直轄工事での３品目のゼロ・エミッション目標設定	3．再資源化等促進のための方策 再資源化施設整備に関する特記事項
22	静岡県		施行令に同じ			99	95	99	県事業では再資源化を原則とし最終処分量ゼロを目指す	
23	愛知県	発生実態、将来動向に関する記述詳細	施行令に同じ			100	95	100	県事業ではH17までに再資源化等率100%	
24	三重県		施行令に同じ			95	95	95	県事業ではH17最終処分量ゼロ	
25	滋賀県	発生実態、将来動向に関する記述詳細	施行令に同じ			95	95	95	県事業ではH17までに再資源化等率100%	
26	京都府		施行令に同じ		府全域において建設発生木材の排出抑制が必要	96	95	96	府事業ではH17最終処分量ゼロ	HPで再資源化施設の許可・稼働情報等を積極的に公開
27	大阪府	■「大阪府廃棄物処理計画」と整合 ■「建設工事等における産業廃棄物に係る元請業者の処理責任に関する指導指針」「建設工事等における産業廃棄物の処理に関する要綱」に基づく業者への指導徹底 ■府は建設リサイクル実施要領を定めるとともに、府事業では「大阪府建設リサイクル行動計画」に基づき必要な措置を実施	施行令に同じ		■府事業では「府営住宅ストック総合活用計画」を推進 ■排出抑制等の情報をHP等で周知	95	95	95	府事業ではH17までに再資源化等率100%	「大阪エコエリア構想」策定による施設整備
28	兵庫県	■阪神・淡路大震災の経験を踏まえた措置を講じる ■兵庫県におけるリサイクル計画体系図による指針の位置づけの明確化	施行令に同じ			99	95	99	県事業ではH17最終処分量ゼロ	建設発生木材の再資源化施設については瀬戸内海地域に集中立地、その他地域では不足
29	奈良県	県事業ではISO14001に基づく必要な措置を実施	施行令に同じ			95	95	95	県事業に関する数値目標の設定無し	
30	和歌山県	「和歌山県建設副産物対策基本計画」に基づく必要な措置の実施	施行令に同じ			95	95	95	県事業ではH17までに再資源化等率100%	

	4．再生資材利用促進のための方策に関する特記事項	5．知識の普及に関する特記事項	6．その他事項		
その他特記事項			有害物質の扱いに関する特記事項	その他の特記事項（法に基づく必要な措置は除く）	指標策定日（最新）
					平成14年３月26日
	県事業では「愛知県建設副産物リサイクルガイドライン」「愛知県環境物品等の調達の推進を図るための基本方針」及び「リサイクル資材評価制度」に基づき率先利用				平成14年３月28日
	県事業では「三重県リサイクル製品利用推進条例」に基づき率先利用				平成14年３月31日
				■琵琶湖浚渫底土、下水汚泥、ガラス、アルミ製建具枠、配管材に関する記述を追加 ■再生資材利用促進のための環（ネットワーク）づくり、他のゴミ問題との連携について記述	平成14年３月８日
古材のリユース促進	再生資材の内容・特徴・利用例・価格・販売場所等の情報を利用者へ積極的に提供	発注者への再生資材利用工法・業者等の推奨・情報提供			平成14年５月22日
再資源化施設受入価格調査を実施し情報提供	■府事業では「大阪府グリーン調達方針」により率先利用 ■再生資材の規格を検討し国に対して統一基準の策定を要望	廃棄物フォーラム開催、廃棄物処理施設見学会等体験型・参加型の環境学習の実施			平成14年３月29日
		■「出前講座」等の環境学習の実施 ■ NPO 等民間団体と連携した普及啓発	建設資材のシックハウス、火災時の有害ガスについて留意が必要		平成14年４月10日
塩ビ管・継ぎ手の中間受入施設を明記				「奈良県産業廃棄物有効利用情報交換制度」の活用推進	平成14年３月29日
					平成14年５月28日

NO	都道府県名	1．基本的方向			2．排出抑制のための方策に関する特記事項	3．再資源化等促進のための方策				
		特記事項（法に基づく実施事項を除く）	対象建設工事規模	建設発生木材の再資源化距離		H22再資源化等数値目標（%）			直轄工事での3品目のゼロ・エミッション目標設定	再資源化施設整備に関する特記事項
						Co塊	建設発生木材	As塊		
31	鳥取県		施行令に同じ			95	95	95	県事業のH17再資源化等率目標、As、Co：100%、木材：75%	
32	島根県		施行令に同じ（具体の数値の記述無）		建設発生木材については全県での取り組みが必要、再資源化施設の立地が進んでいない隠岐地区では一層の取り組みが必要	95	95	95	県事業ではH17最終処分量ゼロ	
33	岡山県		施行令に同じ			100	95	100	県事業ではH17最終処分量ゼロ	
34	広島県		施行令に同じ			95	95	95	県事業ではH17最終処分量ゼロ	
35	山口県	「やまぐち環境創造プラン」に基づく取り組み	施行令に同じ			95	95	95	県事業に関する数値目標の設定無し	
36	徳島県		施行令に同じ（具体の数値の記述無）			95	95	95	県事業に関する数値目標の設定無し	
37	香川県	建設廃棄物の発生を抑制し、再生利用等を促進するため、県において平成15年3月に「香川県建設廃棄物等リサイクル指針」を策定し、運用	施行令に同じ		県事業では「環境配慮指針」等に基づき必要な措置を実施	95	95	95	県事業に関する数値目標の設定無し	再資源化施設の都市施設としての位置付け明確化・適正配置計画、島しょ地域等での再資源化施設整備、偏在している木くず再資源化施設の適切な立地
38	愛媛県		施行令に同じ（具体の数値の記述無）			95	95	95	県事業ではH17最終処分量ゼロ	
39	高知県		施行令に同じ			95	95	95	県事業に関する数値目標の設定無し	
40	福岡県		施行令に同じ（具体の数値の記述無）			95	95	95	県事業ではH17最終処分量ゼロ	

その他特記事項	4．再生資材利用促進のための方策に関する特記事項	5．知識の普及に関する特記事項	6．その他事項 有害物質の扱いに関する特記事項	6．その他事項 その他の特記事項（法に基づく必要な措置は除く）	指標策定日（最新）
■木くずの敷きわら利用 ■建設汚泥、下水汚泥、ガラス、金属くずについて追加記述	■県事業では「鳥取県グリーン購入基本方針」に基づき率先利用 ■建設汚泥、下水汚泥、溶融スラグ、ガラスについても積極的利用	地場リサイクル関連企業の育成			平成14年5月28日
					平成13年9月14日
				■実施要領、事務手続きの手引きの作成 ■指針の見直しを記述	平成14年3月22日
■木くずの炭利用促進 ■再資源化実績報告のセンサスへの活用				■規則制定、実施要領、事務手続きの手引きの作成 ■指針の見直しを記述	平成14年3月28日
				指針の見直しを記述	平成14年5月20日
					平成14年3月29日
	県内製造の再生資材の利用促進			■国、市町との連携協力 ■指針の見直しを記述	平成14年5月24日
	県事業では「愛媛県グリーン購入推進方針」に基づき率先利用				平成14年5月24日
再資源化実績報告のセンサスへの活用				■規則制定 ■指針の見直しを記述	平成14年5月29日
■木材のリユース促進 ■建設汚泥、建設発生土について追加記述	県事業では「福岡県環境物品等調達方針」に基づき率先利用				平成14年3月5日

NO	都道府県名	1．基本的方向			2．排出抑制のための方策に関する特記事項	3．再資源化等促進のための方策				
		特記事項（法に基づく実施事項を除く）	対象建設工事規模	建設発生木材の再資源化距離		H22再資源化等数値目標（%）			直轄工事での3品目のゼロ・エミッション目標設定	再資源化施設整備に関する特記事項
						Co塊	建設発生木材	As塊		
41	佐賀県		施行令に同じ			95	95	95	県事業ではH17最終処分量ゼロ	
42	長崎県		施行令に同じ			95	95	95	県事業に関する数値目標の設定無し	
43	熊本県		施行令に同じ（具体の数値の記述無）			95	95	95	県事業では今後ゼロエミッションを目指す	
44	大分県	「大分県生活環境の保全等に関する条例」に基づく関係者の責務遵守	施行令に同じ（具体の数値の記述無）			95	95	95	県事業に関する数値目標の設定無し	
45	宮崎県	県事業では「宮崎県建設リサイクル推進計画」「建設リサイクルガイドライン」に基づく必要な措置を実施	施行令に同じ			95	95	95	県事業に関する数値目標の設定無し	
46	鹿児島県		施行令に同じ			96以上	65	98以上	県事業ではH17最終処分量ゼロ	
47	沖縄県	県・市町村事業では「土木建築部建設リサイクルガイドライン」「市町村建設リサイクルガイドライン」に基づく必要な措置を実施	施行令に同じ		離島地域での発生抑制への十分な配慮	95	95	95	県事業に関する数値目標の設定無し	宮古島、石垣島での再生合材施設の立地促進が必要

その他特記事項	4．再生資材利用促進のための方策に関する特記事項	5．知識の普及に関する特記事項	6．その他事項		指標策定日（最新）
			有害物質の扱いに関する特記事項	その他の特記事項（法に基づく必要な措置は除く）	
	県事業では「佐賀県廃棄物リサイクル製品認定制度」に基づき率先利用			指針の見直しを記述	平成14年５月29日
	県産品資材については公共工事で優先使用			リサイクル事例を掲載	平成14年５月29日
	県事業では「熊本県グリーン購入指針」「建設発生材の再生利用指針」に基づき率先利用			■国との連携 ■指針の見直しを記述	平成14年５月29日
				■県と市町村との連携協力 ■指針の見直しを記述	平成14年４月12日
木くずの敷き材利用促進				指針の見直しを記述	平成14年３月29日
					平成17年２月８日
■木くずの敷き材利用促進 ■最終処分場の延命化とともに処分場の検討が必要	県事業ではガイドライン等に基づき率先利用			■国、市町村との連携協力 ■離島における努力義務を記述 ■指針の見直しを記述 ■届出書等の関連様式添付	平成14年５月30日

第5条

（建設業を営む者の責務）

第五条　建設業を営む者は、建築物等の設計及びこれに用いる建設資材の選択、建設工事の施工方法等を工夫することにより、建設資材廃棄物の発生を抑制するとともに、分別解体等及び建設資材廃棄物の再資源化等に要する費用を低減するよう努めなければならない。

2　建設業を営む者は、建設資材廃棄物の再資源化により得られた建設資材（建設資材廃棄物の再資源化により得られた物を使用した建設資材を含む。次条及び第四十一条において同じ。）を使用するよう努めなければならない。

条文の趣旨

本条は、分別解体等及び建設資材廃棄物の再資源化等を促進するために、建設業を営む者が果たすべき責務を明確化するものである。

条文の内容

1　「建築物等の設計及びこれに用いる建設資材の選択、建設工事の施工方法等を工夫することにより、建設資材廃棄物の発生を抑制するとともに、分別解体等及び建設資材廃棄物の再資源化等に要する費用を低減するよう努め」ること（第1項）

環境への負荷の少ない循環型社会システムを構築するためには、まず、建設資材廃棄物の発生そのものの抑制を図るとともに、次に、建設資材廃棄物がやむなく発生する場合にも、分別解体等及び再資源化等の着実な実施により、可能な限りその減量・再資源化を図っていくことが重要である。

しかしながら、現在、建築物等の建設に際しては、利用者が長く使うことができるようにすることが必ずしも十分に考慮されておらず、これが結果として比較的短期間での建替え等を余儀なくさせ、建設資材廃棄物の発生量の増大を招くとともに、解体するときの分別の容易性や再資源化の容易性が考慮されていないため、分別解体等及び再資源化等に要する費用を増大させ、リサイクルの円滑な実施を困難にしている。

このため、実際に建設工事を施工する者である建設業を営む者に対し、建築物等の設計、使用資材の選択、施工方法等を工夫することにより、建設資材廃棄物の発生抑制や分別解体等及び再資源化等に要する費用の低減といった責務を課すことで、建築物等の長期間使用やリサイクルを促進するものである。

2　「建設資材廃棄物の再資源化により得られた建設資材（建設資材廃棄物の再資源化により得られた物を使用した建設資材を含む。…）を使用するよう努め」ること（第2項）

建設資材廃棄物の再資源化を円滑かつ着実に実施するためには、単に再資源化を推進するだけでなく、再資源化により得られた物の利用を拡大していくことが必要である。この点に関し、建設業を営む者は、直接建設資材を使用する者であり、また、使用資材の選択に関しある程度の裁量を持っていることから、自らの施工する建設工事では積極的にリサイクル材を使用することが適切であり、本項はその責務について規定している。

「建設資材廃棄物の再資源化により得られた建設資材」とは、例えばコンクリート塊を破砕して得られる再生砕石等をいい、「建設資材廃棄物の再資源化により得られた物を使用した建設資材」とは、建設発生木材を破砕して得られる木材チップ等を使用して製造されるパーティクルボード等をいう。

第６条

（発注者の責務）

第六条　発注者は、その注文する建設工事について、分別解体等及び建設資材廃棄物の再資源化等に要する費用の適正な負担、建設資材廃棄物の再資源化により得られた建設資材の使用等により、分別解体等及び建設資材廃棄物の再資源化等の促進に努めなければならない。

条文の趣旨

本条は、分別解体等及び建設資材廃棄物の再資源化等を促進するために、発注者が果たすべき責務を明確化するものである。

条文の内容

１　「分別解体等及び建設資材廃棄物の再資源化等に要する費用の適正な負担…により、分別解体等及び建設資材廃棄物の再資源化等の促進に努め」ること

分別解体等及び建設資材廃棄物の再資源化等が適切に実施されるためには、発注者からそれらに要する費用が受注者に適切に支払われ、分別解体等や再資源化等の実施が資金面から支えられることが重要である。

もとより、建設業者にとって建設工事の請負は営業活動そのものであり、請負代金も契約当事者間の自由意思に基づく合意によって決められるべきものであるが、これまでは発注者の分別解体等及び再資源化等に対する認識は必ずしも高くなく、ややもすると建設廃棄物の適正処理に必要な金額さえ支払われていない場合も見受けられていたようである。

このため、発注者は、費用を適正に負担することで、分別解体等及び建設資材廃棄物の再資源化等が着実に実施されるよう努めるべきこととするものである。

なお、「費用の適正な負担」とは、発注者が負担する額の絶対的水準を問題とするものではなく、発注者の費用負担がその額も含め当事者双方の適正な合意に基づいて行われることを意味するものである。すなわち、請負代金額の決

定が見積りや協議等を経て当事者双方の対等な立場における合意に基づいて適正に行われ、当該決定に係る額の代金が適正に支払われることをいうものである。

2　「建設資材廃棄物の再資源化により得られた建設資材の使用等により、分別解体等及び建設資材廃棄物の再資源化等の促進に努め」ること

第3条第2項の4でも述べたとおり、建設資材廃棄物の再資源化を円滑かつ着実に実施するためには、再資源化により得られた建設資材の利用を拡大し、リサイクル市場を整備していくことが必要である。

この点に関し、発注者は、

① 単品受注生産の特質を持つ建設工事においてその使用資材等の決定に大きな影響力を有していること

② 既に資源有効利用促進法上、「建設工事の発注者は、…その建設工事の発注を行うに際して再生資源…を利用するよう努める」こととされている（第4条）が、本法において受注者に再資源化を義務付けてまでリサイクルを促進しようとするからには、発注者においても、従前にも増してリサイクルに協力すべきであると考えられること

から、発注者に建設資材廃棄物の再資源化により得られた建設資材を積極的に利用すべき責務を課すこととするものである。

なお、「等により」の「等」は、例えば工期や建設資材の選択等について、受注者のリサイクル努力の妨げとなるような条件を付けないことをいう。

第７条

（国の責務）

第七条　国は、建築物等の解体工事に関し必要な情報の収集、整理及び活用、分別解体等及び建設資材廃棄物の再資源化等の促進に資する科学技術の振興を図るための研究開発の推進及びその成果の普及等必要な措置を講ずるよう努めなければならない。

2　国は、教育活動、広報活動等を通じて、分別解体等、建設資材廃棄物の再資源化等及び建設資材廃棄物の再資源化により得られた物の利用の促進に関する国民の理解を深めるとともに、その実施に関する国民の協力を求めるよう努めなければならない。

3　国は、建設資材廃棄物の再資源化等を促進するために必要な資金の確保その他の措置を講ずるよう努めなければならない。

条文の趣旨

本条は、分別解体等及び建設資材廃棄物の再資源化等を促進するために国が果たすべき責務を明確化するものである。

建設廃棄物のリサイクルの推進に当たっては、建設工事の受注者はもとより、発注者、地方公共団体、国がそれぞれの役割を積極的に果たしていくことが必要である。この中でも国は、本法の策定主体として、各主体が担っている役割を積極的に果たすことができるよう、各種の条件整備を行うことが期待されており、特に重要なものを法律に明記しているものである。

条文の内容

1　「建築物等の解体工事に関し必要な情報の収集、整理及び活用、分別解体等及び建設資材廃棄物の再資源化等の促進に資する科学技術の振興を図るための研究開発の推進及びその成果の普及等必要な措置を講ずるよう努め」ること（第1項）

(1)　「情報の収集、整理及び活用」

分別解体等や再資源化等を適切に実施していくためには、近年ますます多様化する建築物等の構造や使用される建設資材、それらに応じた適切な分別解体の方法等に関する情報が収集・整理され、発注者や受注者に活用されることが必要であるため、規定するものである。

(2)　「研究開発の推進及びその成果の普及等」

分別解体等や再資源化等を促進し、また、それに要する費用を低減させていくためには、分別解体等や再資源化等に関する技術開発や再資源化により得られる物の新規用途の開発を含めた所要の研究開発を進展させていくことが不可欠となる。このため、こうした研究開発の推進やその成果の普及に国が努めるべきことを定めている。

具体的には、国において、

①　木造建築物の解体施工方法について、従来の建築工法はもとより、新しい建築工法や建材に応じた解体施工技術に関する解体施工マニュアルを整備するとともに、解体工事に従事する者の資質の向上を図るための解体技術者育成プログラムを整備する

②　建設発生木材の再利用を促進するための木質複合建築構造技術の開発や、様々なリサイクル材の公共事業での利用を促進するための試験施工マニュアルを整備する

などの取組みが考えられる。

２　「教育活動、広報活動等を通じて、分別解体等、建設資材廃棄物の再資源化等及び建設資材廃棄物の再資源化により得られた物の利用の促進に関する国民の理解を深めるとともに、その実施に関する国民の協力を求めるよう努め」ること（第２項）

分別解体等や建設資材廃棄物の再資源化等を適切に実施するためには、分別解体等に要する費用の適正な負担や発注者による都道府県知事への届出制度等について、国民の十分な理解と協力を得ることが不可欠である。このため、国が広く教育活動、広報活動等を通じて、国民の理解と協力を求めることに努めるべきことを定めている。

既に、現在「建設副産物リサイクル広報推進会議」（※）を通じて、リサイクル推進月間（毎年10月）を中心に、ポスター・小冊子の作成・配布、シンポジウム、見学会・講習会の開催等を全国で実施しており、こうした取組みを更に発展させていくことが考えられる。

※「建設副産物リサイクル広報推進会議」…国土交通省、各公団、地方公共団

体、建設業者団体等により、建設副産物のリサイクルに関する普及啓発活動を推進するために設立された団体

3　「建設資材廃棄物の再資源化等をするために必要な資金の確保その他の措置を講ずるよう努め」ること（第３項）

本法は、建設工事に関係する各主体の適切な役割分担と積極的な取組みにより、建設資材廃棄物の再資源化等の促進が図られることを目的として制定されたものであるが、こうした各主体の取組みを資金面等で国が助成することなどにより、一層確実に再資源化等が行われるようにすることを定めている。

具体的には、解体工事の適正な実施やリサイクル材の利用を促進するための低利融資の実施などの取組みが考えられる。

第８条

（地方公共団体の責務）

第八条　都道府県及び市町村は、国の施策と相まって、当該地域の実情に応じ、分別解体等及び建設資材廃棄物の再資源化等を促進するよう必要な措置を講ずることに努めなければならない。

条文の趣旨

第８条は、分別解体等及び建設資材廃棄物の再資源化等を促進するために地方公共団体が果たすべき責務を明確化するものである。

国は、研究開発の推進、教育・広報活動、資金の確保等といった施策を講じることとされているが、都道府県及び市町村においても、地域住民に身近な存在として、それぞれの地域の実情に応じた形で、国が講ずる措置に見合った措置を構ずべきことを定めている。

条文の内容

(1)　「国の施策と相まって」

「国の施策と相まって」とは、具体的な行政施策は個々の都道府県や市町村がそれぞれの地域の実情、特性等に応じて講じるべきものであることを前提に、当該施策が国の施策と連携して行われることにより、国全体として効果的に行われることを期待した表現である。

(2)　「当該地域の実情に応じ」とは、

①　当該地域の人口及び産業の状況、土地の自然的条件及び土地利用の動向などの基礎的状況

②　建設廃棄物の発生状況及びその将来見通し

③　当該地域における再資源化等を行う施設の状況や廃棄物の最終処分場の状況

④　解体工事業者の状況

⑤　分別解体等及び再資源化等の状況

⑥　建設資材廃棄物の再資源化により得られた物の利用状況

⑦　都道府県及び市町村の行財政状況

など、建築物等の分別解体等及び建設資材廃棄物の再資源化等の促進に影響を及ぼす各般の事情をいうものであり、都道府県や市町村は、これらの事項を勘案しながら適切な措置を講じていくべきことを意味するものである。

第3章　分別解体等の実施

第9条

（分別解体等実施義務）

第九条　特定建設資材を用いた建築物等に係る解体工事又はその施工に特定建設資材を使用する新築工事等であって、その規模が第三項又は第四項の建設工事の規模に関する基準以上のもの（以下「対象建設工事」という。）の受注者（当該対象建設工事の全部又は一部について下請契約が締結されている場合における各下請負人を含む。以下「対象建設工事受注者」という。）又はこれを請負契約によらないで自ら施工する者（以下単に「自主施工者」という。）は、正当な理由がある場合を除き、分別解体等をしなければならない。

2　前項の分別解体等は、特定建設資材廃棄物をその種類ごとに分別することを確保するための適切な施工方法に関する基準として主務省令で定める基準に従い、行わなければならない。

3　建設工事の規模に関する基準は、政令で定める。

4　都道府県は、当該都道府県の区域のうちに、特定建設資材廃棄物の再資源化等をするための施設及び廃棄物の最終処分場における処理量の見込みその他の事情から判断して前項の基準によっては当該区域において生じる特定建設資材廃棄物をその再資源化等により減量することが十分でないと認められる区域があるときは、当該区域について、条例で、同項の基準に代えて適用すべき建設工事の規模に関する基準を定めることができる。

施行令

（建設工事の規模に関する基準）

第二条　法第九条第三項の建設工事の規模に関する基準は、次に掲げるとおりとする。

一　建築物（建築基準法（昭和二十五年法律第二百一号）第二条第一号に規定する建築物をいう。以下同じ。）に係る解体工事については、当該建築物（当該解体工事に係る部分に限る。）の床面積の合計が八十平方メートルであるもの

二　建築物に係る新築又は増築の工事については、当該建築物（増築の工事

にあっては、当該工事に係る部分に限る。）の床面積の合計が五百平方メートルであるもの

三　建築物に係る新築工事等（法第二条第三項第二号に規定する新築工事等をいう。以下同じ。）であって前号に規定する新築又は増築の工事に該当しないものについては、その請負代金の額（法第九条第一項に規定する自主施工者が施工するものについては、これを請負人に施工させることとした場合における適正な請負代金相当額。次号において同じ。）が一億円であるもの

四　建築物以外のものに係る解体工事又は新築工事等については、その請負代金の額が五百万円であるもの

2　解体工事又は新築工事等を同一の者が二以上の契約に分割して請け負う場合においては、これを一の契約で請け負ったものとみなして、前項に規定する基準を適用する。ただし、正当な理由に基づいて契約を分割したときは、この限りでない。

施行規則

（分別解体等に係る施工方法に関する基準）

第二条　法第九条第二項の主務省令で定める基準は、次のとおりとする。

一　対象建設工事に係る建築物等（以下「対象建築物等」という。）及びその周辺の状況に関する調査、分別解体等をするために必要な作業を行う場所（以下「作業場所」という。）に関する調査、対象建設工事の現場からの当該対象建設工事により生じた特定建設資材廃棄物その他の物の搬出の経路（以下「搬出経路」という。）に関する調査、残存物品（解体する建築物の敷地内に存する物品で、当該建築物に用いられた建設資材に係る建設資材廃棄物以外のものをいう。以下同じ。）の有無の調査、吹付け石綿その他の対象建築物等に用いられた特定建設資材に付着したもの（以下「付着物」という。）の有無の調査その他対象建築物等に関する調査を行うこと。

二　前号の調査に基づき、分別解体等の計画を作成すること。

三　前号の分別解体等の計画に従い、作業場所及び搬出経路の確保並びに残存物品の搬出の確認を行うとともに、付着物の除去その他の工事着手前における特定建設資材に係る分別解体等の適正な実施を確保するための措置を講ずること。

四　第二号の分別解体等の計画に従い、工事を施工すること。

2　前項第二号の分別解体等の計画には、次に掲げる事項を記載しなければならない。

一　建築物以外のものに係る解体工事又は新築工事等である場合においては、工事の種類

二　前項第一号の調査の結果

三　前項第三号の措置の内容
四　解体工事である場合においては、工事の工程の順序並びに当該工程ごとの作業内容及び分別解体等の方法並びに当該順序が次項本文、第四項本文及び第五項本文に規定する順序により難い場合にあってはその理由
五　新築工事等である場合においては、工事の工程ごとの作業内容
六　解体工事である場合においては、対象建築物等に用いられた特定建設資材に係る特定建設資材廃棄物の種類ごとの量の見込み及びその発生が見込まれる当該対象建築物等の部分
七　新築工事等である場合においては、当該工事に伴い副次的に生ずる特定建設資材廃棄物の種類ごとの量の見込み並びに当該工事の施工において特定建設資材が使用される対象建築物等の部分及び当該特定建設資材廃棄物の発生が見込まれる対象建築物等の部分
八　前各号に掲げるもののほか、分別解体等の適正な実施を確保するための措置に関する事項

3　建築物に係る解体工事の工程は、次に掲げる順序に従わなければならない。ただし、建築物の構造上その他解体工事の施工の技術上これにより難い場合は、この限りでない。
一　建築設備、内装材その他の建築物の部分（屋根ふき材、外装材及び構造耐力上主要な部分（建築基準法施行令（昭和二十五年政令第三百三十八号）第一条第三号に規定する構造耐力上主要な部分をいう。以下同じ。）を除く。）の取り外し
二　屋根ふき材の取り外し
三　外装材並びに構造耐力上主要な部分のうち基礎及び基礎ぐいを除いたものの取り壊し
四　基礎及び基礎ぐいの取り壊し

4　前項第一号の工程において内装材に木材が含まれる場合には、木材と一体となった石膏ボードその他の建設資材（木材が廃棄物となったものの分別の支障となるものに限る。）をあらかじめ取り外してから、木材を取り外さなければならない。この場合においては、前項ただし書の規定を準用する。

5　建築物以外のもの（以下「工作物」という。）に係る解体工事の工程は、次に掲げる順序に従わなければならない。この場合においては、第三項ただし書の規定を準用する。
一　さく、照明設備、標識その他の工作物に附属する物の取り外し
二　工作物のうち基礎以外の部分の取り壊し
三　基礎及び基礎ぐいの取り壊し

6　解体工事の工程に係る分別解体等の方法は、次のいずれかの方法によらなければならない。
一　手作業
二　手作業及び機械による作業

7　前項の規定にかかわらず、建築物に係る解体工事の工程が第三項第一号の

工程又は同項第二号の工程である場合には、当該工程に係る分別解体等の方法は、手作業によらなければならない。ただし、建築物の構造上その他解体工事の施工の技術上これにより難い場合においては、手作業及び機械による作業によることができる。

条文の趣旨

1　分別解体等の義務付け

建設資材廃棄物の再資源化等を行うためには、その前提として当該建設資材廃棄物がその種類ごとに他の廃棄物と分別されていることが必要である。この分別の方法としては、建設工事の現場において当該建設工事の施工過程の一環として行う分別と、工事現場からは混合廃棄物として搬出し中間処理施設で廃棄物処理の一環として行う分別の2通りがあるが、リサイクル率やトータルコストを勘案すれば、前者を選択することが効果的かつ効率的なリサイクルにつながることになる。

しかしながら、現状では、建設資材廃棄物の分別の方法に関する制度的担保がない中で、リサイクルの重要性に対する関係者の認識不足、工期短縮や省力化の要請等から、現場での分別が進んでいないのが実態である。

第9条は、こうした現状を打開し、特定建設資材廃棄物の再資源化等の効果的かつ効率的な実施を確保するとともに、廃棄物の適正処理にもつなげていくため、特定建設資材について、分別解体等により工事現場で分別することを義務付けるものであり、本法の措置の中で中心的な位置付けを有するものである。

2　条例による上乗せ

第9条第3項では、分別解体等実施義務の対象となる建設工事（対象建設工事）の規模の基準を政令で定めることとしているが、政令による全国一律の基準では建設廃棄物のリサイクルが十分に推進できない地域が存在することが予想される。このため、本条第4項では、都道府県の条例により上乗せ基準を設定することができる旨を明示したものである。この規定の適切な運用により、地域の実情を勘案したきめ細かなリサイクルの推進が期待される。

条文の内容

1　第 1 項

(1)　「対象建設工事」

「対象建設工事」は、「特定建設資材を用いた建築物等に係る解体工事又はその施工に特定建設資材を使用する新築工事等であって、その規模が第 3 項又は第 4 項の政令で定める基準以上のもの」であり、本法の中心的な義務付けである分別解体等の対象を定める重要な概念である。なお、対象建設工事以外の建設工事を行う者は、分別解体等を義務付けられるものではないが、この場合であっても、できる限り分別解体等を行い、建設資材廃棄物のリサイクルを推進する努力を怠ってはならないことはいうまでもない。

(2)　義務付け対象者

分別解体等の義務付け対象者は、対象建設工事の受注者又は自主施工者である。

「受注者」には、「当該対象建設工事の全部又は一部について下請契約が締結されている場合における各下請負人を含む」とされており、単に元請業者のみならず、当該対象建設工事に下請負人として参加する者を含む概念である。

受注者に分別解体等を義務付けているのは、

①　分別解体等の実施は建設工事の施工方法に関する法律上の規制であり、そのような法令の規制に従い建設工事を適正に施工する義務は、当該建設工事の施工に携わる建設業を営む者全てが負うべきものであること

②　建設工事の施工は元請業者と下請負人との共同作業であるから、その双方に義務を課すことにより、実効的な指導監督を行い得ると考えられること

などによるものであり、これにより、個々の建設工事の実情に応じた分別解体等を確保することが可能となると考えられるからである。

また、自主施工者は自ら所有する建築物等の建設工事を請負契約によらず自ら施工する者であるが、これについても分別解体等の義務付け対象とするのは、

①　特定建設資材廃棄物の再資源化等を促進する必要性は、自主施工の場合でも変わらないこと

② 自主施工者に義務付けたとしても、当該自主施工者はいつでも自主施工を中止し建設業を営む者に請け負わせることができるため、過大な義務付けとはならないこと

などによるものであり、建設工事の実施主体の如何を問わず、対象建設工事については分別解体等を実施しなければならない仕組みとなっている。

(3) 義務が免除される場合（「正当な理由がある場合」）

分別解体等は、再資源化等の義務を履行する前提として必要となるものであり、通常の対象建設工事の施工に当たっては、その実施は技術的にも経済的にも十分に可能と考えられるものである。

しかし、建設工事の施工条件によっては、ごく例外的に分別解体等を実施しないこともやむを得ないと考えられる場合が想定される。本条では、このような場合を「正当な理由がある場合」として、分別解体等の義務を免除している。

「正当な理由がある場合」としては、有害物質により建築物等が汚染されている場合、地震等により建築物等が倒壊した場合、また、廃棄物処理法における産業廃棄物広域認定制度により認定され、工事現場で分別解体をせずともメーカーによりリサイクルされることが担保されている場合（例：ユニット住宅）が想定される。

なお、「正当な理由がある場合」として分別解体等の実施義務が免除された場合においても、建設工事に伴う廃棄物については、廃棄物処理法等に従って、適正に処理することが必要である。

(4) 廃棄物の処理との関係

分別解体等は、第２項第３項に規定されているとおり、建設「工事を…施工する行為」であり、廃棄物処理法上の「廃棄物の処理」を含む概念ではない。したがって、解体工事業者が下請負人として分別解体等を実施する場合であっても、廃棄物処理法に基づく廃棄物処理業の許可を取得している必要はない。

2 第２項

第２項は、分別解体等は一定の基準に従って行わなければならないことを定めるものである。この基準は「特定建設資材廃棄物をその種類ごとに分別することを確保するための適切な施工方法に関する基準」であり、主務省令で定められる。その内容は、従来から一般的に行われている適正な分別解体工事の手

順に準拠したものであり、工作物の種類、構造、使用資材等により一定の類型化が行われる。

具体的には、解体工事の施工に先立ち、まず、①対象となる建築物等、その周辺状況、作業場所、搬出経路、残存物品（家具や家電製品等発注者の責任において処理しなければならないもの等）の有無等の調査を行い、②その調査に基づいて分別解体等の計画を作成し、③その計画に従い、作業場所及び搬出経路の確保並びに残存物品の搬出の確認を行うとともに、付着物の除去など工事着手前における特定建設資材に係る分別解体等の適正な実施を確保するための措置を講じたうえで、④分別解体等の計画に基づいて解体工事を施工することが必要である。なお、②の分別解体等の計画には、例えば建築物に係る解体工事の場合、(1)対象建築物に関する調査の結果及び工事着手前に講じる措置の内容、(2)工事の工程の順序及び工程ごとの作業内容と分別解体等の方法、(3)対象建築物等に用いられた特定建設資材廃棄物の種類ごとの量の見込み及びその発生が見込まれる場所、(4)その他分別解体等の適正な実施を確保するための措置に関する事項等を記載する必要がある。

実際の解体工事の施工の順序も、建築物の構造上その他解体工事の施工の技術上やむをえない場合を除き、主務省令に定められる順序に従わなければならない。建築物に係る解体工事の工程は、①建築設備・内装材等の取り外し（内装材に木材がある場合は、ⅰ）木材と一体となった石膏ボード等の建設資材、ⅱ）木材の順序で取り外すこと）、②屋根ふき材の取り外し、③外装材並びに上部構造部分（構造耐力上主要な部分のうち、基礎・基礎ぐいを除いた部分）の取り壊し、④基礎・基礎ぐいの取り壊し、の順序となり、土木構造物に係る解体工事の工程は、①さく、照明設備、標識その他土木構造物の付属物の取り外し、②土木構造物本体の取り壊し、③基礎・基礎ぐいの取り壊し、という順序になる。また、これらの工程に係る分別解体の方法は、手作業又は手作業及び機械による作業によらなければならない。特に、建築物の解体工事の施工の際、建築設備・内装材等の取り外し、屋根ふき材の取り外しの工程においては、建築物の構造上その他解体工事の施工の技術上やむをえない場合を除いて、手作業によらなければならない。

なお、主務省令は、その時々の解体工事の技術水準を踏まえつつ、対象建設工事の受注者等にとって実施可能なものとして定められる。

3　第3項

第１項で分別解体等の義務付け対象工事とされた「対象建設工事」について、その具体的な規模を政令で定めるものである。

対象建設工事を一定規模以上の建設工事としているのは、解体工事等においては、重機の使用や施工準備等に関して工事規模によらない固定的な経費がかかるほか、小さな建築物等にまで分別解体等を義務付けると、分別された廃棄物の輸送等が非効率となるなど、これに要する費用や労力に対して得られる効果が相対的に小さくなることから、規模の小さな建設工事を義務付けの対象外とするためである。この規模は、全国一律のものとして、工事の種類ごとに政令で定められている。

具体的には、

① 建築物の解体工事の場合は、床面積の合計が80㎡のもの

② 建築物の新築・増築工事の場合は、床面積の合計が500㎡のもの

③ 建築物の修繕・模様替等（リフォーム工事等）の場合は、請負代金が１億円のもの

④ その他の工作物に関する工事（土木工事等）の場合は請負代金が500万円のもの

であり、これらの基準を上回る規模の工事は分別解体等の義務付け対象となる。

また、資源の有効な利用の確保及び廃棄物の適正な処理を図ることとする本法の目的を達成するため、工事を２以上の契約して分割しても、正当な理由がある場合を除き、１の契約で請け負ったものとみなして上記の基準が適用される。

4　第4項

条例による上乗せが認められるのは、「当該都道府県の区域のうちに、特定建設資材廃棄物の再資源化等をするための施設及び廃棄物の最終処分場における処理量の見込みその他の事情から判断して」、政令で定める基準によっては、「当該区域において生じる特定建設資材廃棄物をその再資源化等により減量することが十分でないと認められる区域があるとき」である。

これは、政令の基準が、国民への過度な負担とならないこと等を勘案して設定されるものであることにかんがみ、条例による上乗せを行おうとする場合には、より厳しい基準を定めるだけの公益上の必要性が客観的に存することが求められるためである。

(1)　「特定建設資材廃棄物の再資源化等をするための施設及び廃棄物の最終処分場における処理量の見込みその他の事情」

「特定建設資材廃棄物の再資源化等をするための施設及び廃棄物の最終処分場における処理量の見込みその他の事情」とは、再資源化等により特定建設資材廃棄物の減量を一層促進すべきとの判断につながる事情である。具体的には、例えば、当該区域において再資源化施設が比較的数多く立地し、また、将来的にも立地の動きが見られる一方、最終処分場の立地が当面見込まれずその逼迫が危惧される場合には、縮減より再資源化の方がより効果的な減量につながると考えられるため、条例で、対象建設工事の規模を引き下げることができることとなる。ここで「処理量の見込み」としているのは、現に最終処分場等が逼迫していても、その新規立地が比較的容易な場合には再資源化による廃棄物の減量を一層促進すべきとの判断には必ずしもつながらないことから、将来の処理量の見込みに基づいて条例による上乗せの是非が判断されるべきことを明らかにしたものである。

(2)　「同項の基準に代えて適用すべき建設工事の規模に関する基準」

都道府県が独自に定めることができる基準は、政令で定める基準では特定建設資材廃棄物の縮減が「十分でない」と認められる場合に定められるものである。したがって、政令で定める基準より厳しい基準（いわゆる「上乗せ基準」）に限られる。

第9条第4項においては、この上乗せ基準を、政令で定める基準に「代えて適用すべき建設工事の規模に関する基準」と規定している。政令で定める基準は、上記3で述べたとおり、新築工事、解体工事等の種類ごとに定められるものであるが、「同項の基準に代えて適用すべき建設工事の規模に関する基準」は、この建設工事の種類ごとの基準のうち上乗せ基準が設定されたもののみが、当該上乗せ基準によって代替されることを意味する。

Q & A

（分別解体等実施義務）

Q19 わずかしか特定建設資材廃棄物が発生しないような工事も対象となるのか？

A 特定建設資材を用いた建築物等に係る解体工事又はその施工に特定建設資材を使用する新築工事等であって、その規模が建設工事の規模に関する基準以上のものであれば、特定建設資材廃棄物の発生量に関わらず対象建設工事となる。

Q20 コンクリート及び鉄から成る建設資材については、コンクリートと鉄を分離する必要があるのか？

A 必ずしも工事現場で全てを分離する必要はないが、再資源化等をするための施設における受入れ条件等を勘案し、可能な限り現場で分離することが望ましい。

(自主施工者)

Q21 建設会社が自社ビルを請負契約によらずに自ら新築・解体等する場合は、自主施工と考えてよいのか？

A よい。なお自主施工者が施工する対象建設工事については分別解体等実施義務のみ課せられているが、再資源化等義務についても可能な限り果たすよう努力することが必要である。なお、工事の一部を他社に請け負わせる場合は、自主施工には該当しない。

Q22 所有者が知人等に無償で解体工事を実施してもらう場合、自主施工と考えてよいのか。また、その知人等は解体工事業者の登録が必要か？

A 請負契約を締結しないならば、自主施工として扱ってよい。また、解体工事業を営もうとするものでなければ解体工事業者の登録は不要。なお、自主施工であっても対象工事規模以上であるならば法第10条の届出は必要である。

(対象建設工事の考え方)

Q23 解体工事のうち、対象建設工事となる工事はどのようなものか？

A ① 建築物

建設リサイクル法による対象建設工事となる建築物の解体工

事は、特定建設資材を用いた建築物に関する解体工事であって、建築物の構造耐力上主要な部分（建築基準法施行令第1条第3号）の全部又は一部について、床面積の合計で80㎡以上を解体する工事である。

また、構造耐力上主要な部分を解体する工事であっても、柱・壁等床面積の測定できない部分のみを解体する場合は、床面積をゼロとしてもよい。

建築物の一部を解体する工事であっても、構造耐力上主要な部分の解体を行わない工事については、建築物の修繕・模様替等工事として取り扱う。

なお、主たる他の工事の実施に伴う附帯工事として構造耐力上主要な部分を解体する場合にあっても、特定建設資材を用いた建築物に関する解体工事であって、建築物の構造耐力上主要な部分（建築基準法施行令第1条第3号）の全部又は一部について、床面積の合計で80㎡以上を解体する工事であれば、対象建設工事となる。

② 建築物以外の工作物

建設リサイクル法による対象建設工事となる建築物以外の工作物の解体工事は、特定建設資材を用いた建築物以外の工作物に関する解体工事であって、請負金額が500万円以上となる工事である。

Q24 **建築設備が対象建設工事となるのかどうかはどう判断すればいいのか？**

A 建築設備については、建築物として扱うものの建築基準法でいう構造耐力上主要な部分に当てはまらないため、建築設備単独で行う工事については全て修繕・模様替等工事とみなし請負金額が1億円以上であれば対象建設工事となる。

ただし、建築物本体と建築設備の新築工事又は解体工事を1つの工事として併せて発注する場合については、建築物本体が対象建設工事であれば建築設備に係る部分についても新築工事又は解体工事として対象建設工事になるので注意が必要である。

工事の種類	発注形態	工事契約の内容	対象建設工事の規模の基準
新築工事	一括発注	建築物の新築工事 （設備工事を含む）	500㎡以上 （設備工事を含む）
	分割発注	建築物本体の新築工事	500㎡以上

		新築に伴う設備の新設	請負金額1億円以上
修繕・模様替等工事	一括発注	建築物の修繕・模様替等工事（設備工事を含む）	請負金額1億円以上（設備工事を含む）
	分割発注	建築物の修繕・模様替等工事	請負金額1億円以上
		設備工事（設備の維持修繕、更新、新設、撤去）	請負金額1億円以上
	設備単独発注	設備工事（設備の維持修繕、更新、新設、撤去）	請負金額1億円以上
解体工事	一括発注	建築物の解体工事（設備撤去を含む）	床面積80m²以上（設備工事を含む）
	分割発注	設備の撤去	請負金額1億円以上
		建築物本体のみの解体	床面積80m²以上

※設備単独発注工事とは、既存建築物の設備の維持修繕、更新、新設、撤去のことをいう。

Q25 対象建設工事となるかならないか、詳細はどのように判断すればいいのか？

A ①　発注者又は受注者が異なる場合

発注者又は受注者が異なる工事は、当然契約も別契約であるので、契約単位ごとに対象建設工事となるかどうかを判断する。

②　発注者も受注者も同じ場合

工事箇所	契約	判断基準
別の工事箇所	同一契約	1箇所当たりの工事ごとに対象建設工事であるかどうか判断
	別契約	
同一工事箇所	同一契約	全体の工事規模で判断
	別契約	施行令第2条第2項ただし書きの正当な理由に該当するかどうかで判断

なお、建築物以外の工作物の工事で同一路線上において複数の箇所の工事を行う場合（道路工事等）は、一連の工事単位ごとに判断する。

③　工種について

複数の工種（建築物の解体工事、建築物の新築・増築工事、建築物の修繕・模様替等工事、建築物以外の工作物の工事）にまたがる工事の場合は、それぞれの工種単位で対象建設工事であるかどうかを判断する。

ただし、建築物の修繕・模様替等工事については、建築物の新築工事又は建築物の解体工事と同一契約により行う工事については、建築物の修繕・模様替等工事に係る部分も含めて、工事全体を建築物の新築工事又は建築物の解体工事として扱うこととする。

④　下請工事の扱いについて

元請工事が対象建設工事であれば、その下請工事は規模の如何に関わらず全て対象建設工事である（ただし、特定建設資材を扱わない下請工事を除く）。

（具体例）

工事内容	扱い
同じ場所に100m²の住宅を10戸同一業者と一の契約により新築する場合	対象建設工事
同じ場所で100m²の住宅の解体工事と請負金額が100万円の擁壁の解体工事を同一業者と一の契約により同時に行う場合	住宅の解体のみ対象建設工事
同じ場所で100m²の住宅の解体工事と請負金額が700万円の擁壁の解体工事を同一業者と一の契約により同時に行う場合	住宅の解体も擁壁の解体も対象建設工事
100m²の住宅を解体し、同じ場所に100m²の住宅の新築工事を同一業者と一の契約により行う場合	住宅の解体のみ対象建設工事
全国各地の全て異なる場所に、同一契約により１箇所当たり100万円の看板を100箇所設置する場合	対象建設工事ではない

Q26　単価契約で工事を実施する場合は対象建設工事となるのか？

A　単価契約による工事については、工事を実施する度に、１箇所で行う工事あるいは一連の道路上などで行う工事の規模が、建設工事の規模に関する基準以上であれば、対象建設工事となる。

Q27 請負契約ではなく委託契約で解体工事を発注した場合は、分別解体等の義務は免除されるのか？

A 契約形態の如何を問わず、建設工事の完成を請け負う工事で対象建設工事の基準を満たす工事については、全て対象となるため、免除されない。

Q28 建築物本体は既に解体されており、建築物の基礎・基礎ぐいのみを解体する場合は対象建設工事となるのか？

A 建築物の本体が既に解体され相当の期間が経過した後に、基礎・基礎ぐいのみを解体する場合は、基礎・基礎ぐいは建築物以外の工作物として扱い、特定建設資材を用いた基礎・基礎ぐいに係る解体工事であって請負金額が500万円以上であれば対象建設工事となる。

これは、既に建築物本体が解体されている場合には、基礎・基礎ぐいのみでは建築物とはいえないため、このような取扱いを行うものであり、基礎・基礎ぐいのみの解体工事を行う場合においても、建築物本体の解体工事と連続してあるいは短期間のうちに分離発注によって施工する場合には、基礎・基礎ぐいについても建築物として取扱い、直上の階の床面積が80㎡以上であり、かつ特定建設資材を用いた基礎・基礎ぐいであれば対象建設工事となる。

Q29 コンクリートのはつり工事や造園工事は対象建設工事となるのか？

A コンクリートのはつり工事や造園工事は建設工事であるが、建築物の新築工事や解体工事、修繕・模様替等工事のどの工事に伴って行うかで対象建設工事に該当するか、それぞれの規模の基準により個別に判断する必要があるため、具体的には都道府県の窓口に確認されたい。

Q30 特定建設資材（コンクリート）を用いた鉄骨造の建築物で、上屋部分（鉄骨しかない）のみを解体する場合、届出は必要か？

A 届出は必要。基準を超える規模の特定建設資材を用いた建築物を解体する工事は、特定建設資材廃棄物の発生量に関わらず対象建設工事となるため。届出の際は、別表の廃棄物発生見込量をゼロと記入して提出する。

Q31 門・塀の解体工事は、建築物の解体工事となるのか？

A 門・塀については、建築基準法の規定により建築物に付属するものについては建築物として扱うこととされている。

よって、建築物に付属する門・塀については建築物として取扱い、建築物に付属しない門•塀については建築物以外の工作物として取扱う必要がある。

なお、建築物に付属する門・塀のみの解体工事を行う場合にはこれらが構造耐力上主要な部分に該当しないため、修繕•模様替等工事として取り扱う。

（正当な理由）

Q32 離島で行う工事についても分別解体等、再資源化等は必要か？

A 当該離島内に、再資源化を行う施設が全くない場合は、対象建設工事であっても法第９条第１項の「正当な理由」に該当するものとして取り扱ってよい。この場合は、分別解体等、再資源化等実施義務は免除されるが、可能な限り分別解体等、再資源化等に努めることが重要である。

またこのような場合についても、廃棄物については廃棄物処理法に基づいて適正に処理する必要がある。

Q33 法第９条第１項の「正当な理由」とはどんな場合か？

A
・有害物で建築物が汚染されている場合
・災害で建築物が倒壊しそうな場合等、分別解体を実施することが危険な場合
・災害の緊急復旧工事（単なる災害復旧工事は除く）など緊急を要する場合

などが該当すると考えられる。具体的には個々の事例に則して個別に判断が必要となるので、都道府県等の窓口に相談されたい。

（分別解体等に係る施工方法に関する基準）

Q34 施行規則第２条第３項の「建築物の構造上その他解体工事の施工の技術上これにより難い場合」とはどんな場合か？

A 屋根が腐っており屋根に登るのが危険なため、屋根ふき材と上部構造部分をいっしょに取り壊す場合等が考えられる。具体的には個々の事例に則して個別に判断が必要となるので、都道府県等の窓口に相談

されたい。

Q35 施行規則第２条第４項の、あらかじめ取り外さなければならない「木材と一体となった石膏ボードその他の建設資材（木材が廃棄物となったものの分別の支障となるものに限る）」について、石膏ボード以外にどのような建設資材が対象となるのか？また、あらかじめ取り外す必要のない、分別の支障とならないものとはどんなものか？

A 対象となり得る建設資材としては、石膏ボードの他、タイル、壁紙として用いられる塩化ビニル、窓枠として用いられる金属等が考えられる。

また、分別の支障とならないものについては、例えば、木質ボードと一体となっている石膏ボードのうち、木質ボードがその表面にあり、木材と混合廃棄物とならないように取り外すことが可能なものが考えられる。

Q36 施行規則第２条第４項の「構造上その他解体工事の施工の技術上これにより難い場合」（同条第３項ただし書の準用）とはどんな場合か？

A 石膏ボード等の建設資材と木材が完全に一体となっていて分別することが不可能な場合等が考えられる。具体的には個々の事例に則して個別に判断が必要となるので、都道府県等の窓口に相談されたい。

Q37 施行規則第２条第７項の「建築物の構造上その他解体工事の施工の技術上これにより難い場合」（同条第３項ただし書の準用）とはどんな場合か？

A トタン屋根で、手作業により取り外しができないため取り外しに機械を使用する場合、ビルにおける屋根スラブで屋根ふき材がない場合などが考えられる。具体的には個々の事例に則して個別に判断が必要となるので、都道府県等の窓口に相談されたい。

Q38 解体する建築物内に家具や家電製品などの残存物品が残されている場合はどのようにすればよいのか？

A 家具や家電製品については、工事の発注者が、その排出者として事前に処分しておくべきものである。このため、事前調査の段階で残存物品の有無の調査を行うこととなっており、残存物品が建築物内に残されている場合には、発注者に対して事前に撤去するよう依頼しなければならない。また、この場合には、事前措置の段階で残存物品が搬出されたかどうか確認することが必要である。

（対象建設工事の規模に関する基準）

Q39 床面積の定義は？

A 建築物の各階又はその一部で壁その他の区画の中心線で囲まれた部分の水平投影面積である。

Q40 屋根のみを解体、壁のみを解体する場合などの床面積の算定方法は？

A 屋根のみの解体工事については、屋根の直下の階の床面積とする。柱・壁など床面積の概念がないものは、床面積をゼロとしてもよい。

Q41 建設工事の規模に関する基準のうち、請負金額で規模が定められているもの（建築物以外の工作物の工事、建築物の修繕・模様替等工事）は税込か税抜きか？

A 税込である。

Q42 建設工事の規模に関する基準のうち、請負金額で規模が定められている工事で、発注者が材料を支給し、施工者とは設置手間のみの契約を締結した場合、請負金額をどのように判断すればよいのか？

A 建設業法施行令第１条の２第３項に準じ、発注者が支給する材料の金額（市場価格等）を請負金額に加算した金額で対象建設工事であるかどうかを判断する。

Q43 施行令第２条第２項の正当な理由とはどのような場合を指すのか？

A 例えば、住宅を建てかえる際に仮移転先がない等のために、住宅を半分壊してそこに新しい家を建て、新しい家に移ってから残りを壊す場合や、分譲住宅を１棟売れるごとに次の１棟を新築する場合などが考えられる。具体的には個々の事例に則して個別に判断が必要となるので、都道府県等の窓口に相談されたい。

第10条

（対象建設工事の届出等）

第十条　対象建設工事の発注者又は自主施工者は、工事に着手する日の七日前までに、主務省令で定めるところにより、次に掲げる事項を都道府県知事に届け出なければならない。

一　解体工事である場合においては、解体する建築物等の構造

二　新築工事等である場合においては、使用する特定建設資材の種類

三　工事着手の時期及び工程の概要

四　分別解体等の計画

五　解体工事である場合においては、解体する建築物等に用いられた建設資材の量の見込み

六　その他主務省令で定める事項

2　前項の規定による届出をした者は、その届出に係る事項のうち主務省令で定める事項を変更しようとするときは、その届出に係る工事に着手する日の七日前までに、主務省令で定めるところにより、その旨を都道府県知事に届け出なければならない。

3　都道府県知事は、第一項又は前項の規定による届出があった場合において、その届出に係る分別解体等の計画が前条第二項の主務省令で定める基準に適合しないと認めるときは、その届出を受理した日から七日以内に限り、その届出をした者に対し、その届出に係る分別解体等の計画の変更その他必要な措置を命ずることができる。

分別解体等省令

（対象建設工事の届出）

第二条　法第十条第一項第六号の主務省令で定める事項は、次のとおりとする。

一　商号、名称又は氏名及び住所並びに法人にあっては代表者の氏名

二　工事の名称及び場所

三　工事の種類

四　工事の規模

五　請負契約によるか自ら施工するかの別

六　対象建設工事の元請業者の商号、名称又は氏名及び住所並びに法人にあっては代表者の氏名

七　対象建設工事の元請業者が建設業法（昭和二十四年法律第百号）第三条

第一項の許可を受けた者である場合においては、次に掲げるもの
イ　当該許可をした行政庁の名称及び許可番号
ロ　当該元請業者が置く同法第二十六条に規定する主任技術者又は監理技術者の氏名
八　対象建設工事の元請業者が法第二十一条第一項の登録を受けた者である場合においては、次に掲げるもの
イ　当該登録をした行政庁の名称及び登録番号
ロ　当該元請業者が置く法第三十一条に規定する技術管理者の氏名
九　対象建設工事の元請業者から法第十二条第一項の規定による説明を受けた年月日
2　法第十条第一項の規定による届出は、別記様式第一号による届出書を提出して行うものとする。
3　前項の届出書には、対象建設工事に係る建築物等の設計図又は現状を示す明瞭な写真を添付しなければならない。
（変更の届出）
第三条　法第十条第二項の主務省令で定める事項は、法第十条第一項第二号から第五号までに規定する事項並びに前条第一項第一号及び第四号から第九号までに規定する事項とする。
2　法第十条第二項の規定による届出は、別記様式第二号による届出書を提出して行うものとする。

条文の趣旨

本法においては、分別解体等の実施義務の履行を確保する手段として、後述するように、都道府県知事が必要に応じ助言・勧告及び命令を行うことができるものとしている。しかし、解体工事は通常極めて短期間で行われる（戸建住宅の解体工事は、分別解体を行った場合でも通常5日から7日で終わるといわれている。）ことから、都道府県知事による現場の監督を実効性あらしめるためには、少なくとも、いつどこでどのような解体工事が行われるかについての情報が事前に都道府県知事に届いており、不適正な施工の疑いのある工事に対し迅速かつ的確に監督を行い得るような体制を構築しておく必要がある。

また、いったんミンチ解体をしてしまうと、分別解体等により確保できる水準の分別を行うことが物理的に不可能となり、効果的な再資源化等につながらないことから、不適正な施工計画については極力工事着手前の段階で所要の改善措置を講じさせ、廃棄物の適正な分別水準を確保していく必要がある。

このため、第10条においては、分別解体等実施義務の適正な履行を確保するため、発注者又は自主施工者に対し、工事の着手前に、分別解体等の計画など一定の事項を都道府県知事に届け出ることを義務付けているものである。

条文の内容

1　第1項

(1)　届出主体

届出義務を負うのは対象建設工事の発注者又は自主施工者である。

対象建設工事の発注者に届出義務を課すこととしているのは、

①　単品受注生産という特徴を持つ建設工事においては、具体的な建設工事の施工方法等についても発注者の意向が強く作用する

②　このため発注者を届出主体とすれば、受注者による分別解体等の実施が円滑に進むとともに、行政としても必要な措置を効果的に講じていくことが可能である

③　また、発注者には建設工事の発意者及び建設廃棄物の排出原因者として再資源化等に協力する責務がもともとある（資源有効利用促進法第4条、廃棄物処理法第2条の3等）

などの理由によるものである。

また、自主施工者に届出義務を課すのは、自主施工者も分別解体等実施義務を負うからである。

(2)　届出の具体的内容

①　「解体工事である場合においては、解体する建築物等の構造」

分別解体等の実施方法は、対象となる建築物等の構造により大きく異なるため、都道府県知事が分別解体等の実施方法を審査する上で必要となる基礎的な情報として「建築物等の構造」の記載を求めている。

②　「新築工事等である場合においては、使用する特定建設資材の種類」

分別解体等により分別が行われるべき資材を確認する上で必要となる情報として、「使用する特定建設資材の種類」の記載を求めている。

③　「工事着手の時期及び工程の概要」

分別解体等の実施の監督を行うに当たり必要となる情報として、当該対象建設工事の「工事着手の時期及び工程の概要」の記載を求めている。

④　「分別解体等の計画」

対象建設工事に係る工事計画が実際に分別解体等が行われる施工方法となっているかどうかを確認する上で必要となる情報として、「分別解体等の計画」の記載を求めている。

⑤　「解体工事である場合においては、解体する建築物等に用いられた建設資材の量の見込み」

解体工事によって発生する建設廃棄物の発生量を把握する上で必要となる情報として、「建築物等に用いられた建設資材の量の見込み」の記載を求めている。

⑥　「その他主務省令で定める事項」

「届出者の氏名（法人の場合は商号又は名称及び代表者の氏名）、住所、工事の名称及び場所、工事の種類、工事の規模、請負契約によるか自主施工によるかの別、対象建設工事の元請業者の商号、名称又は氏名及び住所並びに法人にあっては代表者の氏名、対象建設工事の元請業者が建設業許可業者である場合は、当該許可をした行政庁の名称及び許可番号と当該元請業者が置く建設業法第26条に規定する主任技術者又は監理技術者の氏名、対象建設工事の元請業者が法第21条第１項に規定する解体工事業の登録を受けた者である場合は、当該登録をした行政庁の名称及び登録番号と法第31条に規定する技術管理者の氏名、そして、対象建設工事の元請業者から発注者に対して行う法第12条第１項に規定される説明を受けた年月日」の記載を求め、さらに、これらの事項を記載した届出書には、対象建設工事に係る建築物等の設計図又は現状を示す明瞭な写真を添付する必要がある。

なお、様式については、特定建設資材に係る分別解体等に関する省令中様式第一号に、分別解体等の計画等については工事の種類に応じて別表１～３によるものとする。

⑶　罰則

本項の規定による届出をせず、又は虚偽の届出をした者は、20万円以下の罰金に処せられる（第51条第１号）。

2　第２項

第１項に基づき届けられた事項の変更は、都道府県知事の審査により適切と認められていた分別解体等の計画等が一転して不適切なものとなる可能性のある行為であることから、その変更に係る内容を改めて届け出ることとし、都道府県知事による再度のチェックを受けることとするものである。

なお、変更届出書の様式は同省令中様式第二号に、分別解体等の計画に変更のある場合は工事の種類に応じて別表1～3によるものとする。

本項の規定による届出をせず、又は虚偽の届出をした者は、20万円以下の罰金に処せられる（第51条第1号）。

3　第3項

届出制度の趣旨は、対象建設工事における分別解体等が主務省令で定める基準に従い適切に実施されることを担保することにあることから、届出に係る分別解体等の方法が本法に基づく分別解体等の実施基準に適合しないと認めるときには、都道府県知事が必要な命令を行い得ることとするものである。

(1)　「その届出を受理した日から7日以内に限り」

「その届出を受理した日から7日以内に限り」変更命令をすることができることとしているのは、届出は工事着手の7日前までに行うものであるから、届出から7日間の経過後は発注者は工事着手を自由に行い得ることに対応するものである。

(2)　「その他必要な措置」

「その他必要な措置」とは、例えば、適正な分別解体等を行うために必要な工期の確保や工程の変更等を命じること等が考えられる。

(3)　罰則

本項の規定による命令に違反した者は、30万円以下の罰金に処せられる（第50条第1号）。

Q＆A

Q44　複数の届出先にまたがる工事の場合、どこに届出・通知すればいいのか？

A　必要な届出・通知先全てに提出する必要がある。ただし、宛先は同一であるが窓口が異なるもの（都道府県知事宛に提出するもので土木事務所や市町村経由などで窓口が複数にまたがっているもの）については、代表する窓口に提出すればよい。

（具体例）

工事の内容	提出先
A県とB県の県境を流れる河川に架かる橋の工事	A県とB県の双方に提出
A県内のB市（特定行政庁）とC市（特定行政庁でない）にまたがる道路工事	A県とB市の双方に提出
A県内のB市（書類の宛先はA県知事で提出先はC土木事務所）とD市（書類の宛先はA県知事で提出先はE土木事務所）にまたがる道路工事	C土木事務所かE土木事務所のいずれかに提出

Q45 届出や通知は代理人が行ってもよいか？

A 行政書士は代行・代理を業として行うことができる。また建築士は建築物についての代行・代理を業として行うことができる。

Q46 代理人が届出や通知を行う場合は委任状は必要か？

A 都道府県、市区町村ごとに取扱いが異なるので、届出窓口に確認されたい。

Q47 届出や通知をしたあと工事が中止になった場合などはどのようにすればいいのか？

A 届出あるいは通知をした先に、工事が中止になった旨連絡すればよい。具体的には都道府県等の窓口に確認されたい。

Q48 対象建設工事でなかった工事が、変更等により対象建設工事となった場合はどうすればいいのか？

A 工事の規模が建設工事の規模に関する基準以上となることがわかった時点、あるいは特定建設資材の使用が判明した時点で速やかに届出を行う必要がある。なおこの場合、工事を一時中止する必要はない。

（対象建設工事の届出）

Q49 対象建設工事の工事の契約前に届出を提出してもいいのか？

A 届出書には、対象建設工事の元請業者の商号、名称又は氏名及び住所並びに法人にあっては代表者の氏名を記載することとなっているが、契約を締結していない段階では元請業者は存在しないので、元請業者について記載することができない。このため、工事の契約前に届出書を提出することができない。

Q50 届出は工事着手の７日前までとあるが、工事着手とはどの時点をさすのか？

A 実際に現場で新築・解体等の工事を始める日（新築・解体等の工事のための仮設が必要な場合は仮設工事を始める日）である。現場での除草などの準備工事については、工事着手に含まなくてもよい。また、工事着手の日は契約書に記載されている工期通りでなくても差し支えない。

Q51 デベロッパーが施主から頼まれて工事を依頼され、業務委託契約あるいは工事請負契約を締結し、実際の工事はデベロッパーがゼネコンに発注した場合、届出は誰が行うのか？

A 施主が発注者として届出を行う必要がある。

（届出書類）

Q52 建築物の解体工事と新築工事を同時に行うような場合には、どの様式を提出すればよいのか？

A 解体工事（様式第一号の表紙と別表１）と、新築工事（様式第一号の表紙と別表２）とを分けて提出してもよいし、一括して（様式第一号の表紙と別表１及び別表２）提出してもよい。

Q53 工事完了予定日とはどの時点をさすのか？

A 本体工事が完了する予定日。後片付け等については含まなくてもよい。なお、複数の工事を一括して提出する場合は、一番最後の工事の完了予定日。

Q54 様式第一号の別表１及び別表３中の「建設資材の量の見込み」及び別表１～３中の「廃棄物発生見込量」の数量について、どのように記載すればよいのか？

A 別表1の「建築物に用いられた建設資材の量の見込み」と別表3の「工作物に用いられた建設資材の量の見込み（解体工事のみ）」については、特定建設資材だけではなく全ての建設資材の見込み数量を記入すればよい。また、別表1～3中の「廃棄物発生見込量」については、特定建設資材廃棄物（端材等を含む。）の発生量の見込み数量を記入すればよい。

Q55 届出に添付する設計図又は現状を示す明瞭な写真はどのようなものが必要か？

A 審査の際にどのような建築物や建築物以外の工作物を新築・解体しようとしているのか、理解を助けるために提出を求めているので、建築物等の全体がわかるもの（平面図、立面図や全景写真）であればよい。

（変更命令）

Q56 届出に対して変更命令がない場合は、連絡をもらえるのか？

A 変更命令がないという連絡は行わない。届出の受理から7日以内に変更命令がない場合は、変更命令はないものと理解していただいてよい。

Q57 変更命令を受けた場合、その後の手続きはどうなるのか？

A 法第10条第3項に基づき分別解体等の計画の変更命令を受けた場合は、命令に従い計画を変更のうえ、工事着手の7日前までに法第10条第2項に基づく変更届出を行う必要がある。

（変更届出）

Q58 どのような場合に変更届出を行うのか？

A 分別解体省令第3条に定める項目について変更を行う場合は変更届出が必要である。

Q59 工事着手後に廃棄物の発生量が変わった場合でも変更届出が必要か？

A 変更届出は、工事着手前に限って該当項目に変更がある場合に提出するものである。よって工事着手後は変更届出を提出する必要はないが、法第９条第１項の分別解体等の実施義務、法第９条第２項の主務省令で定める基準などは当然適用されており、必要に応じて随時分別解体等の計画を変更しながら、適正に分別解体等を実施する必要がある。

Q60 工事着手後、同一契約上で新たに対象建設工事が増えた場合、変更届出を提出すればよいか？

A 新たに対象となった工事の場所や種類によって個別に判断を行う。同一の場所や一連の工事とみなせる場合は必要ないが、工事の場所や種類に追加や変更が生じた場合など、工事の前提条件が変わったときは、変更届出ではなく、改めて届出を提出する必要がある。

（その他）

Q61 建設リサイクル法に定められた事前届出を行えば、建築基準法で定められている除却届は提出しなくてもよいのか？

A 建築基準法で提出が義務付けられている除却届は、これまで通り提出する必要がある。

参考：建築基準法（抄）

（届出及び統計）

第十五条　建築主が建築物を建築しようとする場合又は建築物の除却の工事を施工する者が建築物を除却しようとする場合においては、これらの者は、建築主事を経由して、その旨を都道府県知事に届け出なければならない。ただし、当該建築物又は当該工事に係る部分の床面積の合計が十平方メートル以内である場合においては、この限りでない。

2　前項の規定にかかわらず、同項の建築物の建築又は除却が第一号の耐震改修又は第二号の建替えに該当する場合における同項の届出は、それぞれ、当該各号に規定する所管行政庁が都道府県知事であるときは直接当該都道府県知事に対し、市町村の長であるときは当該市町村の長を経由して行わなければならない。

一　建築物の耐震改修の促進に関する法律（平成七年法律第百二十三号）第八条第一項の規定により建築物の耐震改修（増築又は改築に限る。）の計画の認定を同法第二条第三項の所管行政庁に申請する場合の当該耐震改修

二　密集市街地整備法第四条第一項の規定により建替計画の認定を同項の所管行政庁に申請する場合の当該建替え

3　市町村の長は、当該市町村の区域内における建築物が火災、震災、水災、風災その他の災害により滅失し、又は損壊した場合においては、都道府県知事に報告しなければならない。ただし、当該滅失した建築物又は損壊した建築物の損壊した部分の床面積の合計が十平方メートル以内である場合においては、この限りでない。

4　都道府県知事は、前三項の規定による届出及び報告に基づき、建築統計を作成し、これを国土交通大臣に送付し、かつ、関係書類を国土交通省令で定める期間保存しなければならない。

5　前各項の規定による届出、報告並びに建築統計の作成及び送付の手続は、国土交通省令で定める。

第11条

（国等に関する特例）

第十一条　国の機関又は地方公共団体は、前条第一項の規定により届出を要する行為をしようとするときは、あらかじめ、都道府県知事にその旨を通知しなければならない。

条文の趣旨

国の機関及び地方公共団体は、

① 公的主体であることから、本法の要請と調和した形で対象建設工事の発注を行うと期待できること

② また、対象建設工事において分別解体等する上で必要となる専門知識や契約内容について決定力を有していると考えられること

から、これらの者が対象建設工事の発注者となる場合には、これらの者により分別解体等の実施が適切に計画されるとともに、それが請負契約の内容に盛り込まれると考えられ、届出制度により、都道府県知事が分別解体等の計画等について逐一審査する必要性に乏しい。

一方、国の機関又は地方公共団体の発注工事といっても、それらは常にその国の機関又は地方公共団体の管轄区域で行われるとは限らないことから、工事現場における受注者に対する指導が不十分又は困難となる場合が考えられる。

このため、国の機関及び地方公共団体については、分別解体等の計画等の届出は不要としつつも、いつどこでどのような対象建設工事を行うかに関する通知を行わせることとし、これにより、工事現場の存する都道府県知事が現場を実効的に監督できるようにすることとしている。

国等と密接な関係を有する公団、公社、事業団等（以下「公団等」という。）で、上記の考え方に沿い国等に準ずるものと考えられる場合は、その設立根拠法により国等とみなしている。公団等は①を満たしており、②については、対象建設工事の届出等の事務を特定行政庁である市町村等の長が行うこととした考え方と同様、建築物の構造や使用資材に関する十分な知見を有しているものであれば、対象建設工事において分別解体等をする上で必要となる専門知識等を有するものと考えられる。

建築基準法第18条においては、国等については建築確認に代えて計画通知で足りる旨規定されているが、公団等のうち一定のものは、建築物の構造や使用資材に関する十分な知見を有している者として、その設置根拠法令において国等とみなされるものがある（例：独立行政法人水資源機構法施行令第57条第1項第17号）。

Q＆A

Q62　法第11条に基づく通知はいつすればいいのか？

A　「あらかじめその旨通知」すればよいこととされており、工事着手前であれば時期は問わない。

Q63　通知の様式は定められているのか？

A　定められていない（国土交通省の直轄工事については別途様式を通知済み）。ただし最低限でも、

・工事の種類
・工事の場所
・発注者
・受注者
・工期

については通知すべきである。

Q64　通知は公文書で行う必要があるのか？

A　「国の機関又は地方公共団体」として通知するものであるから、当然公文書として決裁・押印のうえ公文書での通知が必要である（ただし、地方公共団体の規則などで押印が省略できる場合は省略してもよい）。

Q65　国の機関又は地方公共団体が行う工事は、通知のほかに届出は必要か？

A　通知のみすればよい。届出は必要ない。

Q66 公共工事は変更の通知は必要なのか？

A 法第11条には、法第10条第１項の規定により「届出を要する行為をしようとするときは」「その旨を通知する」とされており、行為をする旨の通知で足りるため、変更通知は必要ない。

Q67 独立行政法人などについては届出が必要か？

A 以下の独立行政法人等については、届出に代えて通知で足りることとなっている。

- 日本下水道事業団
- 独立行政法人水資源機構
- 独立行政法人鉄道建設・運輸施設整備支援機構
- 地方住宅供給公社
- 地方道路公社
- 独立行政法人都市再生機構
- 国立大学法人
- 独立行政法人国立高等専門学校機構
- 独立行政法人国立病院機構

（平成24年８月現在）

Q68 地方自治法第１条の３第３項に規定する特別地方公共団体は届出が必要か？

A 特別地方公共団体（組合、財産区、地方開発事業団など）は第11条の通知をすれば足りる。

Q69 独立行政法人は届出が必要か？

A Ｑ67において通知でよいとされている独立行政法人以外は、届出が必要である。

第12条

（対象建設工事の届出に係る事項の説明等）

第十二条　対象建設工事（他の者から請け負ったものを除く。）を発注しようとする者から直接当該工事を請け負おうとする建設業を営む者は、当該発注しようとする者に対し、少なくとも第十条第一項第一号から第五号までに掲げる事項について、これらの事項を記載した書面を交付して説明しなければならない。

2　対象建設工事受注者は、その請け負った建設工事の全部又は一部を他の建設業を営む者に請け負わせようとするときは、当該他の建設業を営む者に対し、当該対象建設工事について第十条第一項の規定により届け出られた事項（同条第二項の規定による変更の届出があった場合には、その変更後のもの）を告げなければならない。

条文の趣旨

対象建設工事の発注者はその工事内容等について行政に届け出る義務を課されているが、発注者（特に個人発注者等）は分別解体等や再資源化等に関する知識が乏しいのが通常であり、専門知識を有する建設業者の適切な協力が得られなければ、自らに課せられた届出義務の円滑な履行が困難となるおそれがある。

また、下請負人として当該工事に参加しようとする建設業者は、通常は当該工事の一部のみを請け負うこととなるため、自らでは当該工事の全体像がわからず、当該工事が対象建設工事に該当するか否かの判断が困難である。さらに、下請負人は、発注者が届け出た分別解体等の方法の詳細がわからなければ、当該工事を適正に施工し得ず、また、契約に先立ちそのような情報を入手できなければ請負金額の適正な見積り等にも支障が生じることが予想される。

このため、第12条では、対象建設工事の元請業者等に対し、請負契約の締結に際しては分別解体の方法等の一定の重要事項を発注者に説明し、また、下請負人にも発注者が届け出た分別解体の計画等を告げる義務を課し、本法に基づく届出、分別解体等の実施が関係者により円滑に行われることを確保することとしている。

条文の内容

1 第1項

第1項は、発注者に対する元請業者の説明義務を定めている。

(1) 「当該工事を請け負おうとする建設業を営む者は、当該発注をしようとする者に対し」

本法に基づき行われる分別解体等は、受注者全体にその実施義務が課せられているが、発注者に対しては、受注者の中でも特に元請業者が責任をもって対象建設工事の届出事項の説明を行うべきことを定めているものである。なお、「当該工事を請け負おうとする建設業を営む者は、当該発注をしようとする者に対し」説明しなければならないこととされていることから、当該説明は対象建設工事の請負契約の締結前になされることを要する。

(2) 「少なくとも第10条第1項第1号から第5号までに掲げる事項」

第1項に基づく説明事項として「少なくとも…」としているのは、第10条第1項第1号から第5号までに掲げる事項以外にも、例えば、

① 技術管理者の氏名及び経歴
② 発生が予想される廃棄物等の品目と処分先及び処理方法
③ 使用する重機、車両
④ 残存物品、樹木等の処理
⑤ 特殊な処理を必要とする廃棄物とその処理

に関する事項などについても説明することが望まれるからである。

(3) 「書面を交付して説明」

本法では、対象建設工事の届出義務者は発注者であるが、実際に分別解体等を実施するのは受注者という仕組みとなっている。こうした仕組みに基づき分別解体等を適正に実施するためには、第10条による届出の内容と発注者・受注者間の請負契約の内容とが一致していることが必要である。このため、これを担保する手段として、「書面を交付して説明」することとしているものである。

2 第2項

第2項は、下請負人に対する元請負業者等の告知義務を定めている。本条に基づく告知は、例えば第2次の下請負人まで存在する場合、1次下請負人に対しては元請業者が、2次下請負人に対しては1次下請負人が、それぞれ対象建

設工事について都道府県知事に届け出られた事項を告げることになる。

なお、本項において「説明しなければならない」と規定するのでなく、「告げなければならない」としているのは、下請負人は、発注者とは異なり建設業を営む者であり、分別解体等に関する専門知識や技術を有しているため、説明までは要せず届出事項の告知で足りることによるものである。

Q＆A

（事前説明）

Q70 法第12条に基づく説明はいつすればいいのか？

A 法第12条第１項では「対象建設工事を発注しようとする者」に対し、「直接当該工事を請け負おうとする建設業を営む者」から説明することとなっており、契約前に説明することが求められている。

Q71 事前説明の様式は定められているのか？

A 定められていない。

- 解体工事である場合においては、解体する建築物等の構造
- 新築工事等である場合においては、使用する特定建設資材の種類
- 工事着手の時期及び工程の概要
- 分別解体等の計画
- 解体工事である場合においては、解体する建築物等に用いられた建設資材の量の見込み

について事前説明を行えばよい。なお、法第10条の届出様式には、これらの項目が網羅されているので、これを用いて事前説明を行ってもよい。

Q72 公共工事については、いつ、どのような形で事前説明をすればいいのか？

A 公共工事についても、入札等により受注者が決定した後、契約前に発注者に対して文書で説明を行う必要がある。また、説明内容については、法第12条第１項で定められた内容について説明することが必要である。

（下請負人への告知）

Q73 下請負人に告知するとあるが、告知の方法は決まっているのか？

A 口頭によって行っても構わないし文書によって行っても構わないが、届出書の写しを交付して説明することが望ましい。

Q74 国や地方公共団体が発注する工事の場合、下請負人へは何を告知すればいいのか？

A 法第11条に基づいて発注者が都道府県知事に対して通知した内容を告知すればよい。

Q75 下請契約において、下請負人が労務のみ提供する場合は、告知は必要か？

A 労務のみ提供する場合も告知は必要である。

第13条

（対象建設工事の請負契約に係る書面の記載事項）

第十三条　対象建設工事の請負契約（当該対象建設工事の全部又は一部について下請契約が締結されている場合における各下請契約を含む。次項において同じ。）の当事者は、建設業法（昭和二十四年法律第百号）第十九条第一項に定めるもののほか、分別解体等の方法、解体工事に要する費用その他の主務省令で定める事項を書面に記載し、署名又は記名押印をして相互に交付しなければならない。

2　対象建設工事の請負契約の当事者は、請負契約の内容で前項に規定する事項に該当するものを変更するときは、その変更の内容を書面に記載し、署名又は記名押印をして相互に交付しなければならない。

3　対象建設工事の請負契約の当事者は、前二項の規定による措置に代えて、政令で定めるところにより、当該契約の相手方の承諾を得て、電子情報処理組織を使用する方法その他の情報通信の技術を利用する方法であって、当該各項の規定による措置に準ずるものとして主務省令で定めるものを講ずることができる。この場合において、当該主務省令で定める措置を講じた者は、当該各項の規定による措置を講じたものとみなす。

施行令

（対象建設工事の請負契約に係る情報通信の技術を利用する方法）

第三条　対象建設工事の請負契約の当事者は、法第十三条第三項の規定により同項に規定する主務省令で定める措置（以下この条において「電磁的措置」という。）を講じようとするときは、主務省令で定めるところにより、あらかじめ、当該契約の相手方に対し、その講じる電磁的措置の種類及び内容を示し、書面又は電子情報処理組織を使用する方法その他の情報通信の技術を利用する方法であって主務省令で定めるもの（次項において「電磁的方法」という。）による承諾を得なければならない。

2　前項の規定による承諾を得た対象建設工事の請負契約の当事者は、当該契約の相手方から書面又は電磁的方法により当該承諾を撤回する旨の申出があったときは、法第十三条第一項又は第二項の規定による措置に代えて電磁的措置を講じてはならない。ただし、当該契約の相手方が再び前項の規定による承諾をした場合は、この限りでない。

分別解体等省令

（対象建設工事の請負契約に係る書面の記載事項）

第四条　法第十三条第一項の主務省令で定める事項は、次のとおりとする。

一　分別解体等の方法

二　解体工事に要する費用

三　再資源化等をするための施設の名称及び所在地

四　再資源化等に要する費用

（対象建設工事の請負契約に係る情報通信の技術を利用する方法）

第五条　法第十三条第三項の主務省令で定める措置は、次に掲げる措置とする。

一　電子情報処理組織を使用する措置のうちイ又はロに掲げるもの

イ　対象建設工事の請負契約（当該対象建設工事の全部又は一部について下請契約が締結されている場合における各下請契約を含む。以下この条において同じ。）の当事者の使用に係る電子計算機（入出力装置を含む。以下同じ。）と当該契約の相手方の使用に係る電子計算機とを接続する電気通信回線を通じて送信し、受信者の使用に係る電子計算機に備えられたファイルに記録する措置

ロ　対象建設工事の請負契約の当事者の使用に係る電子計算機に備えられたファイルに記録された同条第一項に規定する事項又は請負契約の内容で同項に規定する事項に該当するものの変更の内容（以下「契約事項等」という。）を電気通信回線を通じて当該契約の相手方の閲覧に供し、当該契約の相手方の使用に係る電子計算機に備えられたファイルに当該契約事項等を記録する措置

二　磁気ディスク、シー・ディー・ロムその他これらに準ずる方法により一定の事項を確実に記録しておくことができる物（以下「磁気ディスク等」という。）をもって調製するファイルに契約事項等を記録したものを交付する措置

2　前項に掲げる措置は、次に掲げる技術的基準に適合するものでなければならない。

一　当該契約の相手方がファイルへの記録を出力することによる書面を作成することができるものであること。

二　ファイルに記録された契約事項等について、改変が行われていないかどうかを確認することができる措置を講じていること。

3　第一項第一号の「電子情報処理組織」とは、対象建設工事の請負契約の当事者の使用に係る電子計算機と、当該契約の相手方の使用に係る電子計算機とを電気通信回線で接続した電子情報処理組織をいう。

第六条　建設工事に係る資材の再資源化等に関する法律施行令（以下「令」という。）第三条第一項の規定により示すべき措置の種類及び内容は、次に掲げる事項とする。

一　前条第一項に規定する措置のうち対象建設工事の請負契約の当事者が講じるもの

二　ファイルへの記録の方式

第七条　令第三条第一項の主務省令で定める方法は、次に掲げる方法とする。

一　電子情報処理組織を使用する方法のうちイ又はロに掲げるもの

イ　対象建設工事の請負契約の当事者の使用に係る電子計算機と当該契約の相手方の使用に係る電子計算機とを接続する電気通信回線を通じて送信し、受信者の使用に係る電子計算機に備えられたファイルに記録する方法

ロ　対象建設工事の請負契約の当事者の使用に係る電子計算機に備えられたファイルに記録された法第十三条第三項の承諾に関する事項を電気通信回線を通じて当該契約の相手方の閲覧に供し、当該対象建設工事の請負契約の当事者の使用に係る電子計算機に備えられたファイルに当該承諾に関する事項を記録する方法

二　磁気ディスク等をもって調製するファイルに当該承諾に関する事項を記録したものを交付する方法

2　前項第一号の「電子情報処理組織」とは、対象建設工事の請負契約の当事者の使用に係る電子計算機と、当該契約の相手方の使用に係る電子計算機とを電気通信回線で接続した電子情報処理組織をいう。

条文の趣旨

建設工事の請負契約については、既に建設業法第19条により、建設工事の請負契約の当事者は、契約の締結に際しては、契約の内容となる一定の重要事項を書面に記載し、相互に交付しなければならないこととされている。

本法第13条においては、分別解体等の適正な実施の確保が特に重要であるとの認識に基づき、建設業法に定めるもののほか、分別解体等の方法、解体工事に要する費用等を記載しなければならない旨を定めているが、これにより、契約当事者が、当該工事において分別解体等の実施が義務付けられていることを明確に意識し、また、それに対して相応の代金を支払う契機となることを期待してのものである。

なお、分別解体等については、発注者と元請業者間、元請業者と解体工事業者間等のそれぞれの段階で、分別解体等の方法が明確にされ、かつ、それに要する費用が適正に支払われなければ、結果として、より安価なミンチ解体が選択されたり、ともすれば不法投棄等の不適正処理が行われることになることか

ら、発注者と元請業者間のみならず、元請業者と下請負人との間においても、これらの事項を書面に記載させることとしているところである。

条文の内容

1　第1項

対象建設工事に係る請負契約の当事者は、建設業法第19条第1項に定めるところにより相互に交付する書面において、分別解体等の方法、解体工事に要する費用その他の主務省令で定める事項を記載しなければならないものとされている。

具体的な記載事項については、主務省令で定められており、「分別解体等の方法」については、手作業であるか、手作業と機械作業の併用であるかどうかなどを、「解体工事に要する費用」については、第2条第3項第1号に規定する「解体工事」に要する費用を記載することになる。

また、上記の記載事項に加えて省令で記載が求められているものとしては、「再資源化をするための施設の名称及び所在地」、「再資源化等に要する費用」である。

ただし、廃棄物処理法第21条の3において、建設工事に伴い生ずる廃棄物の処理責任を有する事業者は元請業者であることが明文化されたことから、廃棄物処理業許可を有していない下請負人が再資源化等を請け負うことは廃棄物処理法に抵触するおそれがあるため、注意が必要である。また、下請負人が廃棄物処理業許可を有する場合であっても、建設工事に係る契約と廃棄物処理に係る契約は別契約とすることが望ましい。なお、元請業者と下請負人との間の請負契約に再資源化等が含まれない場合、書面上、「再資源化をするための施設の名称及び所在地」、「再資源化等に要する費用」については「該当無し」等と記載することで足りる。

2　第2項

第1項各号に掲げる事項を変更したときも、契約締結の際と同様にその変更の内容を書面に記載して、署名又は記名押印して相互に交付することになる。

3　第3項

対象建設工事の請負契約の当事者は、第1項及び第2項に規定される書面による手続きに代えて、e-mail、web サイト、フロッピーディスク、CD-ROM

等の情報通信技術を利用した措置（以下「電磁的措置」という。）を講ずることができる。

その際には、令第3条第1項の規定に従い、あらかじめ当該契約の相手方に、講じることとする電磁的措置の種類及び内容について、書面又は情報通信技術を利用した方法により承諾を得る必要があり、講じる電磁的措置は、e-mail、CD-ROM等を利用した措置のうち、①契約の相手方がファイルへの記録を出力することによる書面を作成すること及び②改変が行われていないかどうかを確認することができるという技術的な基準を満たすものでなければならない。また、令第3条第2項の規定により、当該契約の相手方から電磁的措置を講ずることについての承諾を撤回する旨の申出があった場合は、電磁的措置を講じてはならないこととされ（電磁的措置を再開するときも含め）、請負契約の両当事者が合意した場合においてのみ、書面の交付に代えて電磁的措置が認められる。

参照条文

○建設業法（抄）

（建設工事の請負契約の内容）

第十九条　建設工事の請負契約の当事者は、前条の趣旨に従つて、契約の締結に際して次に掲げる事項を書面に記載し、署名又は記名押印をして相互に交付しなければならない。

一　工事内容

二　請負代金の額

三　工事着手の時期及び工事完成の時期

四　請負代金の全部又は一部の前金払又は出来形部分に対する支払の定めをするときは、その支払の時期及び方法

五　当事者の一方から設計変更又は工事着手の延期若しくは工事の全部若しくは一部の中止の申出があつた場合における工期の変更、請負代金の額の変更又は損害の負担及びそれらの額の算定方法に関する定め

六　天災その他不可抗力による工期の変更又は損害の負担及びその額の算定方法に関する定め

七　価格等（物価統制令（昭和二十一年勅令第百十八号）第二条に規定する価格等をいう。）の変動若しくは変更に基づく請負代金の額又は工事内容の変更

八　工事の施工により第三者が損害を受けた場合における賠償金の負担に関する定め

九　注文者が工事に使用する資材を提供し、又は建設機械その他の機械を貸与するときは、その内容及び方法に関する定め

十　注文者が工事の全部又は一部の完成を確認するための検査の時期及び方法並びに引渡しの時期
十一　工事完成後における請負代金の支払の時期及び方法
十二　工事の目的物の瑕疵を担保すべき責任又は当該責任の履行に関して講ずべき保証保険契約の締結その他の措置に関する定めをするときは、その内容
十三　各当事者の履行の遅滞その他債務の不履行の場合における遅延利息、違約金その他の損害金
十四　契約に関する紛争の解決方法
2　請負契約の当事者は、請負契約の内容で前項に掲げる事項に該当するものを変更するときは、その変更の内容を書面に記載し、署名又は記名押印をして相互に交付しなければならない。
3　建設工事の請負契約の当事者は、前二項の規定による措置に代えて、政令で定めるところにより、当該契約の相手方の承諾を得て、電子情報処理組織を使用する方法その他の情報通信の技術を利用する方法であつて、当該各項の規定による措置に準ずるものとして国土交通省令で定めるものを講ずることができる。この場合において、当該国土交通省令で定める措置を講じた者は、当該各項の規定による措置を講じたものとみなす。

Q & A

(書面の様式)

Q76　契約書面の様式は定められているのか？

A　定められていない。建設業法第19条第1項で定められている事項及び以下の事項が記載されていればよい。

・分別解体等の方法
・解体工事に要する費用
・再資源化等をするための施設の名称及び所在地
・再資源化等に要する費用

(書面の記載内容)

Q77　契約書面における「分別解体等の方法」には何を記載すればいいのか？

A 施行規則第2条第2項第4号に掲げる分別解体等の方法を記載すればよい。具体的には工程ごとに「手作業」なのか「手作業及び機械による作業」なのかを記載すればよい。

例：

（建築物の解体工事の場合）

工程	作業内容	分別解体等の方法
①建築設備・内装材等	建築設備・内装材等の取り外し □有　□無	□　手作業 □　手作業・機械作業の併用 併用の場合の理由（　　　）
②屋根ふき材	屋根ふき材の取り外し □有　□無	□　手作業 □　手作業・機械作業の併用 併用の場合の理由（　　　）
③外装材・上部構造部分	外装材・上部構造部分の取り壊し □有　□無	□　手作業 □　手作業・機械作業の併用
④基礎・基礎ぐい	基礎・基礎ぐいの取り壊し □有　□無	□　手作業 □　手作業・機械作業の併用
⑤その他 （　　　　）	その他の取り壊し　□有　□無	□　手作業 □　手作業・機械作業の併用

（建築物の新築工事等の場合）

工程	作業内容	分別解体等の方法
①造成等	造成等の工事　□有　□無	□　手作業 □　手作業・機械作業の併用
②基礎・基礎ぐい	基礎・基礎ぐいの工事 □有　□無	□　手作業 □　手作業・機械作業の併用
③上部構造部分・外装	上部構造部分・外装の工事 □有　□無	□　手作業 □　手作業・機械作業の併用
④屋根	屋根の工事　□有　□無	□　手作業 □　手作業・機械作業の併用
⑤建築設備・内装等	建築設備・内装等の工事 □有　□無	□　手作業 □　手作業・機械作業の併用
⑥その他 （　　　　）	その他の工事　□有　□無	□　手作業 □　手作業・機械作業の併用

（建築物以外の工作物）

工程	作業内容	分別解体等の方法
①仮設	仮設工事　□有　□無	□　手作業 □　手作業・機械作業の併用
②土工	土工事　□有　□無	□　手作業 □　手作業・機械作業の併用
③基礎	基礎工事　□有　□無	□　手作業 □　手作業・機械作業の併用
④本体構造	本体構造の工事　□有　□無	□　手作業 □　手作業・機械作業の併用
⑤本体付属品	本体付属品の工事　□有　□無	□　手作業 □　手作業・機械作業の併用
⑥その他 （　　　　　　）	その他の工事　□有　□無	□　手作業 □　手作業・機械作業の併用

Q78　新築工事や修繕・模様替等工事についても、契約書面における「分別解体等の方法」の記載が必要か？

A　必要である。

Q79　契約書面における「解体工事に要する費用」には何を記載すればいいのか？

A　当該工事のうち解体工事に要する費用について、発注者と受注者が合意した金額を記載すればよい（当然当該工事を適正に実施するために必要な金額であることが前提）。なお、解体工事に要する費用の範囲（直接工事費のみか間接費も含めるのか等）についても、発注者と受注者間でその範囲について合意していれば、特段の定めはない。

なお、国土交通省の直轄工事については、解体工事に要する費用の直接工事費（税抜き）について、受注者から申し出があった金額について発注者と協議の上、協議が整った金額を記載することとしている。

Q80　契約書面における「再資源化等をするための施設の名称及び所在地」には全ての建設資材廃棄物について記載が必要か？

A 法の趣旨を踏まえると、特定建設資材について記載すれば十分であると考えている。なお、特定建設資材廃棄物ごとに搬入先が異なる場合は、全ての施設の名称及び所在地を記載する必要がある。

Q81 契約書面における「再資源化等に要する費用」には何を記載すればいいのか？

A 当該工事のうち再資源化等に要する費用について、発注者と受注者が合意した金額を記載すればよい（当然当該再資源化等を適正に実施するために必要な金額であることが前提）。なお、再資源化等に要する費用の範囲（直接工事費のみか間接費も含めるのか等）についても、発注者と受注者間でその範囲について合意していれば、特段の定めはない。

なお、国土交通省の直轄工事については、再資源化等に要する費用の直接工事費（税抜き）について、受注者から申し出があった金額について発注者と協議の上、協議が整った金額を記載することとしている。

Q82 元請業者が下請負人に分別解体等のみを請け負わせ、廃棄物の処理は別の業者に委託する場合等、下請負人との間の契約の内容に再資源化等が含まれない場合には、再資源化等に要する費用はどのように記載すればいいのか？

A 「該当なし」と記載すればよい。

Q83 新築工事において、当初契約では端材の発生量がわからない等の理由で再資源化等に要する費用を見込んでいない場合は、再資源化等に要する費用はどのように記載すればよいのか？

A ゼロと記載すればよい。ただし、実際の工事において端材が発生し、再資源化等を行った場合には変更契約が必要となる。

Q84 工事を単価契約している場合、再資源化等をするための施設の名称及び所在地や再資源化等に要する費用はどのように記載すればよいのか？

A 再資源化等をするための施設の名称及び所在地は、考えられる箇所を記載すればよい。再資源化等に要する費用については、単価で見込んでいる場合にはその単価を記載すればよい。

Q85 下請工事が特定建設資材を扱わない場合、契約書面に分別解体等の方法を記載する必要はあるか？

A 特定建設資材を扱わない下請工事は対象建設工事ではないので、契約書面にこれらの事項を記載する必要はない。

第14条

（助言又は勧告）

第十四条　都道府県知事は、対象建設工事受注者又は自主施工者の分別解体等の適正な実施を確保するため必要があると認めるときは、基本方針（第四条第二項の規定により同条第一項の指針を公表した場合には、当該指針）を勘案して、当該対象建設工事受注者又は自主施工者に対し、分別解体等の実施に関し必要な助言又は勧告をすることができる。

条文の趣旨

第14条は、都道府県知事が受注者又は自主施工者に対し、分別解体等の適正な実施を確保するために必要がある場合には、基本方針（分別解体等及び再資源化等の促進等の実施に関する指針を公表した場合にはその指針）を勘案して、助言又は勧告を行うことができることを定めている。

条文の内容

1　「必要があると認めるとき」

どのような場合が「必要があると認めるとき」に該当するかは、都道府県知事が、基本方針（当該都道府県が「実施に関する指針」を公表した場合にはその指針）を勘案して、判断することになるが、例えば、

届け出た分別解体等の方法によらず、特定建設資材の分別が適正に行われない工法により行われている場合

などが考えられる。

2　「必要な助言又は勧告」

「必要な助言又は勧告」は、都道府県知事が、基本方針または自ら指針を定めている場合にはその指針を勘案して、第９条第２項の主務省令で定める基準に従い、解体工事の施工方法、施工手順等に関して行うものである。この「助言又は勧告」は、分別解体等の適正な実施を確保することを目的とするものに限定される。

この助言・勧告は、個々の分別解体等の施工を見ながら行われるものであ

り、その内容も様々であると考えられる。

いずれにしても、本条に基づく助言・勧告は、多様な建築物等や地域の状況に対応して、適時、きめ細かに行われることが期待されるところである。

なお、本条に基づく「助言又は勧告」は、第15条に基づく「命令」とは異なり、受注者又は自主施工者の自発的な取組みを期待して、強制力を伴わない形で一定の行為を行うことを求めるものである。

第15条

（命令）

第十五条　都道府県知事は、対象建設工事受注者又は自主施工者が正当な理由がなくて分別解体等の適正な実施に必要な行為をしない場合において、分別解体等の適正な実施を確保するため特に必要があると認めるときは、基本方針（第四条第二項の規定により同条第一項の指針を公表した場合には、当該指針）を勘案して、当該対象建設工事受注者又は自主施工者に対し、分別解体等の方法の変更その他必要な措置をとるべきことを命ずることができる。

条文の趣旨

第15条は、正当な理由がなく分別解体等の適正な実施に必要な行為をしない受注者又は自主施工者に対し、都道府県知事が、基本方針（分別解体等及び再資源化等の促進等の実施に関する指針を公表した場合にはその指針）を勘案して、分別解体等の方法の変更その他必要な措置をとるべきことを命じることができることを定めている。

条文の内容

1　「正当な理由がなくて」

分別解体等の適正な実施に必要な行為をしないことにつき「正当な理由」があるときには、受注者又は自主施工者は本条に基づく命令を受けることがないことを定めるものである。

「正当な理由」に当たる場合としては、極めて限定された状況のみを想定しており、例えば、

①　天災等の理由により、その緊急性から分別解体等を行うことができない場合

②　分別解体等の実施義務が課されている工事において、都道府県知事にその届出をした後、事故等の発生により建築物等が崩壊し、分別解体等や再資源化等を行うことが実態上あるいは社会通念上困難となった場合

などが考えられる。

2　「分別解体等の適正な実施に必要な行為」

「分別解体等の適正な実施に必要な行為」とは、第９条第２項に規定する分別解体等の基準に照らして適切に行われる建設工事のことである。また、このような建設工事に必要となる機材、労力等の確保が適切に行われている場合がこれに該当する。

3　「対象建設工事受注者又は自主施工者に対し」

第15条に基づく命令の対象となる者は、分別解体等の義務を負う主体と同一である。すなわち対象建設工事受注者又は自主施工者である。

受注者が複数存在する場合には、基本的には、実際に分別解体等を行っている者（解体工事業者等）に対して命令を行うことになる。しかし、解体工事業者等は、通常は下請負人として元請業者等の指導監督の下で作業を行っていることが多いため、解体工事業者等に対して命令を行うよりも、あるいは解体工事業者等に対して命令を行うのと併せて、当該解体工事業者等を下請として使用している元請業者等に対して命令を行うことが適切な場合がある。

例えば、

①　解体工事業者等の行う分別解体等の実施に元請業者が非協力的である場合（工期内での工事の完成が困難となった場合において、元請業者が、解体工事に係る工期を著しく削減する方向で施工計画を変更した場合など）

②　解体工事業者等にのみ命令を発するのでは分別解体等の適切な実施が確保されない場合（解体工事業者等が事実上倒産し工事に参加していない場合、工事の規模・難易度等から契約関係にある解体工事業者等の施工能力だけでは不十分な場合など）

がこうした場合に当たると考えられ、都道府県知事は、誰にどのような命令を行うことが最も適切かを判断して命令を行うことになる。

4　「その他必要な措置」

「その他必要な措置」としては、例えば、解体工事の一時中止命令等が考えられる。

5　罰則

本条の規定による命令に違反した者は、50万円以下の罰金に処せられる（第49条）。

第 4 章　再資源化等の実施

第16条

（再資源化等実施義務）

第十六条　対象建設工事受注者は、分別解体等に伴って生じた特定建設資材廃棄物について、再資源化をしなければならない。ただし、特定建設資材廃棄物でその再資源化について一定の施設を必要とするもののうち政令で定めるもの（以下この条において「指定建設資材廃棄物」という。）に該当する特定建設資材廃棄物については、主務省令で定める距離に関する基準の範囲内に当該指定建設資材廃棄物の再資源化をするための施設が存しない場所で工事を施工する場合その他地理的条件、交通事情その他の事情により再資源化をすることには相当程度に経済性の面での制約があるものとして主務省令で定める場合には、再資源化に代えて縮減をすれば足りる。

施 行 令

（指定建設資材廃棄物）

第四条　法第十六条ただし書の政令で定めるものは、木材が廃棄物になったものとする。

施行規則

（指定建設資材廃棄物の再資源化をするための施設までの距離に関する基準）

第三条　法第十六条の主務省令で定める距離に関する基準は、五十キロメートルとする。

（地理的条件、交通事情その他の事情により再資源化に代えて縮減をすれば足りる場合）

第四条　法第十六条の主務省令で定める場合は、対象建設工事の現場付近から指定建設資材廃棄物の再資源化をする為の施設までその運搬の用に供する車両が通行する道路が整備されていない場合であって、当該指定建設資材廃棄物の縮減をするために行う運搬に要する費用の額がその再資源化（運搬に該当するものに限る。）に要する費用の額より低い場合とする。

条文の趣旨

第16条では、分別解体等に伴って生じた特定建設資材廃棄物について、再資源化（再資源化が困難な場合には縮減）を行うことを義務付け、建設廃棄物に係る資源の有効利用及び廃棄物の減量を促進していくこととしている。なお、再資源化等は廃棄物処理法上は産業廃棄物の処理に当たる。

廃棄物処理法は、廃棄物の処理に係る一般法として、生活環境の保全及び公衆衛生の向上を図る観点から、建設廃棄物を含む産業廃棄物全般の処理について従うべき基準を定めているが、同法に定める基準に従う限り、建設廃棄物についてどのような処理（埋立てや再資源化等）を行おうと、それは排出者たる事業者の任意の選択に委ねられているところである。

これに対し、本法では、建設廃棄物という個別の廃棄物について、その減量及び資源の有効利用の確保を図る観点から、まずは資源の有効利用にも廃棄物の減量にもつながる「再資源化」を義務付け、それが困難な場合は「縮減」を義務付けるものであり、廃棄物処理の方法を一定のものに限定する点で、同法の特例措置を定めるものとして位置付けられるものである。なお、本法においては、「縮減」は、再資源化をすることには経済性の面での制約がある（コストの著しい増大など受注者に過大な負担がかかる）場合に、いわば次善の策として実施することを許容していることに注意を要する。

条文の内容

1　「対象建設工事受注者」

再資源化等の実施義務を負うのは、対象建設工事受注者である。

受注者に再資源化等を義務付けているのは、

①　建設廃棄物は建設工事の施工過程のあらゆる段階で不可避的に発生するものであり、当該工事の施工に携わる全ての建設業者にその再資源化等の責任を負わせることがもっとも直接的かつ効率的であること

②　建設工事は元請業者と下請負人との共同作業であるから、当該建設工事に伴う再資源化等についてもその双方に義務を課すことにより、個々の建設工事の実情に応じた実効的な指導監督を行い得ると考えられること

などによるものである。

なお、分別解体等実施義務の対象が受注者又は自主施工者であるのに対し、再資源化等実施義務の対象が受注者のみとなっているのは、自主施工に係る建設廃棄物は廃棄物処理法上は一般廃棄物とされ、その処理責任は市町村が負うこととされていることに対応するものである。

2　「再資源化をしなければならない」

「再資源化」の内容は、第２条第４項で述べたとおりである。

本条では、「再資源化」と「縮減」では、資源の有効利用と廃棄物の減量の双方につながる「再資源化」が優先されるべきことを定め、「縮減」は一定の要件に該当する場合にのみ行うべきこととしている。

3　「指定建設資材廃棄物」

「指定建設資材廃棄物」とは、再資源化施設の立地状況に地域偏在がみられ、これが原因で再資源化施設への運搬コストが過大となる場合が生じる特定建設資材廃棄物であり、政令で木材が廃棄物となったもの（建設発生木材）が指定されている。

木材は、他の特定建設資材（コンクリート塊及びアスファルト・コンクリート塊）に比べて再資源化施設の整備が遅れており、また施設の立地に地域的な偏在が見られるため、木材を再資源化施設に運搬する費用は、他の建設資材廃棄物と比べて大きくなることが考えられることから、建設発生木材を指定建設資材廃棄物として指定している。

4　「主務省令で定める距離に関する基準」

分別解体等の実施により生じた特定建設資材廃棄物については、その全量が再資源化されることが基本であるが、廃棄物の処理を他人に委託する場合、一部地域では特定建設資材廃棄物の再資源化施設の整備が必ずしも十分ではなく、分別解体等に伴って生じた特定建設資材廃棄物の全てについて再資源化を義務付けると、再資源化施設までの運搬費用が著しく高くなることが予想される。

本法は、再資源化が技術的にも経済的にも可能な建設廃棄物について再資源化の実施を義務付けようとするものであり、運搬費等を全く考慮せずに義務付けを行うことは本法の趣旨と相容れないものである。このため、工事現場から一定距離内に再資源化をするための施設がない場合には、次善の方法として縮減を行うことで足りるとするものである。

「距離に関する基準」については、建設発生木材に係る再資源化施設の立地状況等を勘案し、再資源化施設への運搬距離が50kmを超える場合は、より近い焼却施設へ運搬して縮減することが安価であることが多いこと、全ての都道府県における廃棄物の平均運搬距離（50km以下）を包括できることから、主務省令で定める距離に関する基準は、これらをカバーできる50kmとされている。

5　「その他地理的条件、交通事情その他の事情により再資源化をすることには相当程度に経済性の面で制約があるものとして主務省令で定める場合」

「その他地理的条件、交通事情その他の事情により再資源化をすることには相当程度に経済性の面で制約があるものとして主務省令で定める場合」とは、離島や山間部といった運搬に要する費用が著しく増大する場合を想定し、次のいずれにも該当する場合が規定されている。

①　工事現場付近から再資源化施設まで運搬車両が通行する道路が整備されていない場合

②　焼却施設までの運搬費用が、再資源化施設までの運搬費用より低い場合

なお、「縮減」の実施に必要な中間処理施設（主として焼却施設）は、全国各地に十分な数が立地しているところであり、再資源化が不可能な場合であっても中間処理施設に持ち込めば、最終処分場での埋立量を減らし、生活環境の保全に十分に資することになる。また、一般的には、最終処分場にそのまま建設資材廃棄物を持ち込むよりも中間処理施設に持ち込み処理を行った方がコストが安く、受注者にとっても大きな負担とはならないものと考えられる。

Q＆A

（再資源化等実施義務）

Q86　特定建設資材廃棄物については、最終処分の方が経済的に有利な場合も再資源化等を行う必要があるのか？

A　特定建設資材廃棄物については、再資源化等を行うより最終処分を行った方が経済的に有利な場合についても、再資源化等を行わなければならない。

Q87　再使用が可能な特定建設資材を現場で再使用することはできないのか？必ず特定建設資材廃棄物として再資源化等を行う必要があるのか？

A 現場で再利用できるものを特定建設資材として再使用する場合は特に問題はない。ただし特定建設資材廃棄物となったものについては、これをそのまま再使用することはできない。

Q88 中間処理施設で破砕処理などを行う場合も再資源化に該当するのか？

A 再資源化の定義である、

・分別解体等に伴って生じた建設資材廃棄物について、資材又は原材料として利用すること（建設資材廃棄物をそのまま用いることを除く。）ができる状態にする行為

・分別解体等に伴って生じた建設資材廃棄物であって燃焼の用に供することができるもの又はその可能性のあるものについて、熱を得ることに利用することができる状態にする行為

が満足されているのであれば、再資源化に該当する。

Q89 建設発生木材を破砕した後に単純焼却している施設に持ち込む場合は再資源化といえるのか？

A 破砕後に単純焼却しているのであれば、再資源化には該当しない。

（縮減）

Q90 対象建設工事の実施に当たって建設発生木材を縮減してもよいのは、どのような場合か？

A ①　工事現場から50km以内に再資源化を行うための施設がない場合

工事現場から再資源化を行うための施設までの距離が半径50kmを超える場合。各工事現場が再資源化しなければならない場所であるか、縮減で足りる場所であるかについて不明の場合は、都道府県に問い合わせること。

②　工事現場から再資源化を行う施設まで道路が整備されていない場合

対象建設工事の現場付近から、建設発生木材の再資源化を行う施設まで、建設発生木材を運搬する道路が整備されていない場合（例えば離島の工事で船舶による輸送が必要な場合、山上の工事で索道、鋼索道による輸送が必要な場合等）において、かつ、建設発生木材の縮減をするために行う運搬費用が再資源化をするための運搬費用より低い場合。なお、このよ

うな場合は都道府県に相談すること。

Q91 木材とパーティクルボードを使用する対象建設工事で、工事現場から50km以内の再資源化を行う施設では木材のみ受け入れている場合は、再資源化等義務はどのように考えればいいのか？

A 木材関係については、個々の品目ごとに再資源化を行う施設で再資源化可能かどうかを調査し、可能なものについては再資源化を行う必要があるが、工事現場から50km以内の再資源化を行う施設で受入を行っていないものについては縮減をすれば足りる。

このため、この場合においては、木材については再資源化義務があり、パーティクルボードについては縮減で足りる。

Q92 対象建設工事の実施に当たって、木材の再資源化を行う施設があっても、建設発生木材を受け入れてない場合や、需給関係などの理由で受入を断られた場合はどうすればいいのか？

A 建設発生木材を受け入れていない場合や、需給関係などの理由で時期によって受入ができない場合は、各都道府県に問い合わせること。

（距離基準）

Q93 中間処理を行ってから再資源化を行う場合、距離基準の50kmはどう考えればよいのか？

A 法第2条第4項に定める再資源化を行う施設までの距離が50kmということである。つまり、中間処理施設で破砕を行った段階で、資材又は原材料として利用することができる状態か、熱を得ることができる状態であれば、中間処理施設までの距離をカウントすればよい。積み替え・保管施設を経由する場合等には、再資源化を行う施設までの距離をカウントする必要がある。

第17条

第十七条　都道府県は、当該都道府県の区域における対象建設工事の施工に伴って生じる特定建設資材廃棄物の発生量の見込み及び廃棄物の最終処分場における処理量の見込みその他の事情を考慮して、当該都道府県の区域において生じる特定建設資材廃棄物の再資源化による減量を図るため必要と認めるときは、条例で、前条の距離に関する基準に代えて適用すべき距離に関する基準を定めることができる。

条文の趣旨

本法において、分別解体等に伴って生じた特定建設資材廃棄物について再資源化等を義務付けている趣旨が、再資源化等を通じた廃棄物の減量の促進であることを考えると、

①　特定建設資材廃棄物の発生量や最終処分場の処理量の見込みは地域ごとに異なるため、特定建設資材廃棄物の減量の要請にも地域差があると考えられること

②　再資源化は縮減に比べて廃棄物の減量により効果があるが、再資源化義務の履行可能性は再資源化施設の立地状況に大きく左右される事項であること

から、地域の実情に応じた距離の設定を許容しなければ、廃棄物の減量という所期の目的を達成し得ないおそれが生じる。

このため、第17条では、このような特定建設資材廃棄物の発生量や最終処分場の処理量の見込み等から判断して、主務省令で定める距離の基準によっては、当該地域における特定建設資材廃棄物の減量が十分でないと認めるときには、条例により、より厳しい基準を定めることができる旨を明示したものである。

条文の内容

1　「特定建設資材廃棄物の発生量の見込み及び廃棄物の最終処分場における処理量の見込み」

「特定建設資材廃棄物の発生量の見込み及び廃棄物の最終処分場における処理量の見込み」とは、その都道府県の区域内でどの程度の特定建設資材廃棄物が発生し、それがどの程度当該都道府県の区域内の最終処分場で処理されるかの見込みである。

都道府県は、その予想を基に判断を行い、例えば特定建設資材廃棄物の発生量の見込みが急激に増加する一方、最終処分場の立地が当面見込まれず、その逼迫が危惧される場合など、主務省令で定める距離の基準によっては、地域における特定建設資材廃棄物の再資源化が十分でないと認めるときには、条例により、より厳しい基準を定めるという判断を行うものである。

2　「その他の事情」

「その他の事情」としては、例えば、

・指定建設資材廃棄物の再資源化施設が十分に立地し、また、その立地件数の伸びが見込まれるような場合

・指定建設資材廃棄物の再資源化施設における再資源化に要する費用が、他県に比べて安価であり、多少運搬費が上がっても過度の義務付けにはならない場合

などが考えられる。

3　「前条の距離に関する基準に代えて適用すべき距離に関する基準」

都道府県が独自に定めることができる基準は、都道府県の区域内において生じる特定建設資材廃棄物の再資源化を図るため必要と認めるときに定められるものであることから、省令で定める基準より厳しい基準（いわゆる「上乗せ基準」。この場合、より長い距離を規定することによって、より遠くの再資源化施設にまで搬入を義務付けることをいう）に限られる。

第17条においては、この上乗せ基準を、主務省令で定める基準に「代えて適用すべき距離に関する基準」と規定している。主務省令で定める基準は、指定建設資材廃棄物の種類ごとに定められるものであるが、「前条の距離に関する基準に代えて適用すべき距離に関する基準」は、この指定建設資材廃棄物の種類ごとの基準のうち上乗せ基準が設定されたもののみが、当該上乗せ基準によって代替されることを意味する。

第18条

（発注者への報告等）

第十八条　対象建設工事の元請業者は、当該工事に係る特定建設資材廃棄物の再資源化等が完了したときは、主務省令で定めるところにより、その旨を当該工事の発注者に書面で報告するとともに、当該再資源化等の実施状況に関する記録を作成し、これを保存しなければならない。

2　前項の規定による報告を受けた発注者は、同項に規定する再資源化等が適正に行われなかったと認めるときは、都道府県知事に対し、その旨を申告し、適当な措置をとるべきことを求めることができる。

3　対象建設工事の元請業者は、第一項の規定による書面による報告に代えて、政令で定めるところにより、同項の発注者の承諾を得て、当該書面に記載すべき事項を、電子情報処理組織を使用する方法その他の情報通信の技術を利用する方法であって主務省令で定めるものにより通知することができる。この場合において、当該元請業者は、当該書面による報告をしたものとみなす。

施行令

（発注者への報告に係る情報通信の技術を利用する方法）

第五条　対象建設工事の元請業者は、法第十八条第三項の規定により同項に規定する事項を通知しようとするときは、主務省令で定めるところにより、あらかじめ、当該工事の発注者に対し、その用いる同項前段に規定する方法（以下この条において「電磁的方法」という。）の種類及び内容を示し、書面又は電磁的方法による承諾を得なければならない。

2　前項の規定による承諾を得た対象建設工事の元請業者は、当該工事の発注者から書面又は電磁的方法により電磁的方法による通知を受けない旨の申出があったときは、当該工事の発注者に対し、同項に規定する事項の通知を電磁的方法によってしてはならない。ただし、当該工事の発注者が再び同項の規定による承諾をした場合は、この限りでない。

施行規則

（発注者への報告）

第五条　法第十八条第一項の規定により対象建設工事の元請業者が当該工事の発注者に報告すべき事項は、次に掲げるとおりとする。

一　再資源化等が完了した年月日

二　再資源化等をした施設の名称及び所在地
三　再資源化等に要した費用
（発注者への報告に係る情報通信の技術を利用する方法）
第六条　法第十八条第三項の主務省令で定める方法は、次に掲げる方法とする。
一　電子情報処理組織を使用する方法のうちイ又はロに掲げるもの
イ　対象建設工事の元請業者の使用に係る電子計算機と当該工事の発注者の使用に係る電子計算機とを接続する電気通信回線を通じて送信し、受信者の使用に係る電子計算機に備えられたファイルに記録する方法
ロ　対象建設工事の元請業者の使用に係る電子計算機の備えられたファイルに記録された同上第一項に規定する書面に記載すべき事項を電気通信回線を通じて当該工事の発注者の閲覧に供し、当該工事の発注者の使用に係る電子計算機に備えられたファイルに当該書面に記載すべき事項を記録する方法（同条第三項前段に規定する方法による通知を受ける旨の承諾又は受けない旨の申出をする場合にあっては、対象建設工事の元請業者の使用に係る電子計算機に備えられたファイルにその旨を記録する方法）
二　磁気ディスク等をもって調整するファイルに同条第一項に規定する書面に記載すべき事項を記録したものを交付する方法
2　前項に掲げる方法は、当該工事の発注者がファイルへの記録を出力することによる書面を作成することができるものでなければならない。
3　第一項第一号の「電子情報処理組織」とは、対象建設工事の元請業者の使用に係る電子計算機と、当該工事の発注者の使用に係る電子計算機とを電気通信回線接続した電子情報処理組織をいう。

条文の趣旨

本法では、発注者が請負契約上建設業者に対して優位な立場に立つという建設業の実態を踏まえて、発注者に対してもリサイクルの推進に向けた一定の役割（対象建設工事の届出義務、費用負担責務等）を担わせている。

第18条は、

①　対象建設工事の発注者は、適正な分別・再資源化等について、その費用の負担者として工事から排出された廃棄物が最終的にどのように処理されていったかを知るべき立場にあること

②　リサイクルや適正処理に対する発注者の意識を向上させるためには、発注者にも建設廃棄物のリサイクルや適正処理の状況に関する情報が届くようにし、発注者にも当事者意識を持ってもらうことが有効と考えられるこ

と

③　発注者が届出事項に係る変更命令を受けた場合には、それに見合う処理が受注者により実際に行われたかどうかについて関心が高いと考えられること

④　建設工事や廃棄物処理に係る知見も有している大規模発注者等は、実質的にも処理の内容を確認できる能力を有しており、受注者の義務履行の確認の一翼を担える立場にあること

から、特定建設資材廃棄物の再資源化等の状況を発注者が把握できるようにするとともに、適正な再資源化等が行われなかった場合には発注者から行政にその旨を申し出ることを可能とすることを規定するものである。

条文の内容

1　第1項

(1)　元請業者による報告

本法においては、再資源化等の義務を受注者に課しているが、これは、建設工事が元請業者と下請負人の双方を含む受注者全体の共同作業であり、その双方に義務を課すことにより、建設産業の実状に応じた形で再資源化等を推進する制度とするためである。

このように受注者全体が再資源化等の実施義務を負っている中で、第18条において、再資源化等の実施報告を元請業者に義務付けているのは、

①　建設産業のように請負関係の中で重層下請構造の強い分野では、工事の施工全体に責任を有し、下請負人に対する指導権限を有する元請業者の役割を制度上明確にすることが、特定建設資材廃棄物の再資源化等を推進する上でも重要であること

②　発注者の再資源化等の促進の責務は、直接的には元請業者との適正な契約を通じて実現されるものであること

から、対象建設工事の発注者と下請負人の間をつなぐ当該工事の最終的責任者としての元請業者に再資源化等に関する情報を集約し、発注者に報告させることが、受注者全体による適正な再資源化等の実施につながると考えられることによる。

(2)　「再資源化等が完了したとき」

「再資源化等が完了したとき」とは、分別解体等に伴って生じた特定建設資材廃棄物が、資材又は原材料として利用することができる状態になったとき、あるいは縮減が完了したときであり、具体的には、再資源化等を中間処理業者に委託した場合には、当該処理業者の施設での処理が完了したときである。コンクリート塊を例にとると、当該コンクリート塊がコンクリートの再資源化施設において破砕機により破砕された後、粒径により分類され、再生骨材となったときのことをいう。

(3)　「主務省令で定めるところにより、その旨を当該工事の発注者に書面で報告する」

以下の事項を発注者に報告することになる。

①　再資源化等が完了した年月日

②　再資源化等をした施設の名称及び所在地

③　再資源化等に要した費用

(4)　「記録を作成し、これを保存しなければならない」

本法においては、再資源化等の適正な実施を確保するため必要がある場合には、都道府県知事が助言・勧告、命令を行うことになっている。また、都道府県知事は、再資源化等の適正な実施を確保するため必要な限度において、報告の徴収及び立入検査を行うことができることとしている。

元請業者による記録の作成・保存は、都道府県知事が行う再資源化等の推進に関する事務の円滑化等に資すると同時に、再資源化等についての元請業者の責任の明確化を図ることを目的として行われるものであり、この趣旨に則り適切に記録を行い、それを保存することが求められる。

(5)　罰則

本項の規定に違反して、記録を作成せず、若しくは虚偽の記録を作成し、又は記録を保存しなかった者は、10万円以下の過料に処される（第53条第1号）。

2　第2項

発注者は、再資源化等が適正に行われなかったと認めるときは、都道府県知事に対し、その旨を申告し、適当な措置をとるべきことを求めることができる。

3　第3項

対象建設工事の元請業者は、第1項に規定される書面による手続きに代えて、e-mail、webサイト、フロッピーディスク、CD-ROM等の情報通信技術を利用した措置（以下「電磁的措置」という。）を講ずることができる。

その際には、令第 5 条第 1 項の規定に従い、あらかじめ当該工事の発注者から、講じることとする電磁的措置の種類及び内容について、書面又は情報通信技術を利用した方法により承諾を得る必要があり、講じる電磁的措置は、当該工事の発注者がファイルへの記録を出力することによる書面を作成することができるものでなければならない。また、令第 5 条第 2 項の規定により、当該工事の発注者から電磁的措置を講ずることについての承諾を撤回する旨の申出があった場合は、電磁的措置を講じてはならないこととされ（電磁的措置を再開するときも含め）、当該工事の発注者と元請業者の両当事者が合意した場合においてのみ、書面による報告に代えて電磁的措置が認められる。

Q & A

（書面の様式）

Q94 法第18条の完了報告の様式は定められているのか？

A 定められていない。

・再資源化等が完了した年月日
・再資源化等をした施設の名称及び所在地
・再資源化等に要した費用

が記載されていればよい。

（書面の記載内容）

Q95 再資源化等が完了した日は、マニフェストに記載されている再資源化を行う施設における処分を終了した年月日と考えてよいか？

A 差し支えない。

Q96 再資源化等をした施設の名称及び所在地、再資源化等に要した費用は、全ての廃棄物が対象となるのか？

A 法の趣旨を踏まえると、特定建設資材廃棄物について記載すればよい。なお、特定建設資材廃棄物ごとに搬入先が異なる場合は、全ての施設の名称及び所在地を記載する必要がある。

第19条

（助言又は勧告）

第十九条　都道府県知事は、対象建設工事受注者の特定建設資材廃棄物の再資源化等の適正な実施を確保するため必要があると認めるときは、基本方針（第四条第二項の規定により同条第一項の指針を公表した場合には、当該指針）を勘案して、当該対象建設工事受注者に対し、特定建設資材廃棄物の再資源化等の実施に関し必要な助言又は勧告をすることができる。

条文の趣旨

第19条は、都道府県知事が受注者又は自主施工者に対し、再資源化等の適正な実施を確保するために必要がある場合には、基本方針（分別解体等及び再資源化等の促進等の実施に関する指針を公表した場合にはその指針）を勘案して、助言又は勧告をすることができることを定めている。

条文の内容

1　「必要があると認めるとき」

どのような場合が「必要があると認めるとき」に該当するかは、都道府県知事が、基本方針（当該都道府県が「実施に関する指針」を公表した場合にはその指針）を勘案して判断することになるが、例えば、

①　適正な再資源化施設による処理が行われないおそれがある場合

②　不法投棄等のおそれがある場合

③　縮減を行う場合において木材の適正な施設による焼却が行われないおそれがある場合

などが考えられる。

2　「必要な助言又は勧告」

「必要な助言又は勧告」は、都道府県知事が、基本方針または自らが指針を定めている場合にはその指針を勘案して、再資源化や縮減の実施方法等に関して行うものである。

この助言・勧告は、個々の再資源化等の実施状況を見ながら行われるもので

あり、その内容も様々であると考えられるが、例えば、個々の受注者に対して、特定建設資材廃棄物の再資源化等に関して、再資源化施設等の情報を提供したり、一定の再資源化施設等への搬出を促したりすることによって、特定建設資材廃棄物の再資源化等の適正な実施の確保を図る措置がこれに当たると考えられる。

なお、本条に基づく「助言又は勧告」は、第14条に基づく「助言又は勧告」と同様、強制力を伴わない形式で受注者等に対して一定の行為を行うことを求めるものである。

第20条

（命令）

第二十条　都道府県知事は、対象建設工事受注者が正当な理由がなくて特定建設資材廃棄物の再資源化等の適正な実施に必要な行為をしない場合において、特定建設資材廃棄物の再資源化等の適正な実施を確保するため特に必要があると認めるときは、基本方針（第四条第二項の規定により同条第一項の指針を公表した場合には、当該指針）を勘案して、当該対象建設工事受注者に対し、特定建設資材廃棄物の再資源化等の方法の変更その他必要な措置をとるべきことを命ずることができる。

条文の趣旨

第20条は、正当な理由がなく再資源化等の適正な実施に必要な行為をしない受注者に対し、都道府県知事が、基本方針（分別解体等及び再資源化等の促進等の実施に関する指針を公表した場合にはその指針）を勘案して、再資源化等の方法の変更その再資源化等の適正な実施に関し命令を行うことができることを定めている。

条文の内容

1　「正当な理由がなくて」

再資源化等の適正な実施に必要な行為をしないことにつき「正当な理由」があるときには、受注者は本条に基づく命令を受けることがない。

「正当な理由」に当たる場合としては、極めて限定された状況のみを想定しており、例えば、分別解体等の実施後に、天災その他の不可抗力により再資源化施設等が損壊し、又は再資源化施設等への搬入が不可能となった場合等が考えられる。

2　「再資源化等の適正な実施に必要な行為」

「再資源化等の適正な実施に必要な行為」とは、具体的には、

①　自ら再資源化等を行う場合については、廃棄物処理法に定める基準に従い、かつ、基本方針や都道府県知事の定める指針に沿って適切に再資源化

等を行うこと

②　他人に委託する場合については、当該特定建設資材廃棄物の再資源化等に関する廃棄物処理法上の許可を有し、かつ、当該処理に関して十分な設備等を有する業者に委託し、また、再資源化等が適切に行われたことを確認すること

をいう。

3　「対象建設工事受注者に対し」

第20条に基づく命令の対象となる者は、対象建設工事受注者である。

受注者が複数存在する場合には、基本的には、実際に再資源化等を行っている者に対して命令を行うことになる。通常、再資源化等は元請業者が廃棄物処理業者に委託して行うこととなるので、命令を行う相手方は基本的には元請業者であろう。

しかしながら、建設工事は元請業者と下請負人との共同作業であるため、元請業者に対して命令を行うよりも、あるいは元請業者に対して命令を行うのと併せて、下請負人に対して命令を行うことが適切な場合がある。

例えば、

・解体工事を施工している解体工事業者が、元請業者の指示に反して勝手に特定建設資材廃棄物を不法投棄したような場合

・元請業者が事実上倒産し、下請負人が残工事を引き受けているような場合

がこうした場合に当たると考えられ、都道府県知事は、誰にどのような命令を行うことが最も適切かを判断して命令を行うことになる。

なお、自主施工者は再資源化等の実施義務を課せられていないことから、本条に基づく命令は、第15条に基づく命令とは異なり、自主施工者に対しては発せられない。

4　「その他必要な措置」

「その他必要な措置」としては、例えば、都道府県知事の指定する適正な再資源化施設での再資源化の実施を命ずることなどが考えられる。

5　罰則

本条の規定による命令に違反した者は、50万円以下の罰金に処せられる（第49条）。

第５章　解体工事業

第21条

（解体工事業者の登録）

第二十一条　解体工事業を営もうとする者（建設業法別表第一の下欄に掲げる土木工事業、建築工事業又はとび・土工工事業に係る同法第三条第一項の許可を受けた者を除く。）は、当該業を行おうとする区域を管轄する都道府県知事の登録を受けなければならない。

2　前項の登録は、五年ごとにその更新を受けなければ、その期間の経過によって、その効力を失う。

3　前項の更新の申請があった場合において、同項の期間（以下「登録の有効期間」という。）の満了の日までにその申請に対する処分がされないときは、従前の登録は、登録の有効期間の満了後もその処分がされるまでの間は、なおその効力を有する。

4　前項の場合において、登録の更新がされたときは、その登録の有効期間は、従前の登録の有効期間の満了の日の翌日から起算するものとする。

5　第一項の登録（第二項の登録の更新を含む。以下「解体工事業者の登録」という。）を受けた者が、第一項に規定する許可を受けたときは、その登録は、その効力を失う。

解体工事業登録等省令

（都道府県知事への通知）

第一条　解体工事業者が建設工事に係る資材の再資源化等に関する法律（以下「法」という。）第二十一条第一項に規定する許可を受けたときは、その旨を都道府県知事に通知しなければならない。

（登録の更新の申請期限）

第二条　解体工事業者は、法第二十一条第二項の規定による登録の更新を受けようとするときは、その者が現に受けている登録の有効期間満了の日の三十日前までに当該登録の更新を申請しなければならない。

条文の趣旨

建設業法は、建設工事をその技術特性等に応じて28種類に区分し、それぞれの工事に必要な技術者の確保を当該建設工事を業として請け負うための必須の要件とする業種別許可制をとっている。また、同法においては、工事現場における建設工事の施工の技術上の管理を行う主任技術者又は監理技術者（当該工事について一定の資格又は実務経験を有する者）の制度や、施工技術の向上を図るための技術検定制度が設けられており、これらの仕組みを通じて、建設業の許可を受けた建設業者については、その施工技術の確保が適切に図られている。

一方、解体工事を行う業者については、解体工事の請負金額が一般に低いことから建設業法上の許可が不要となることが多く（※)、建設業の許可を受けた建設業者のような主任技術者等の設置が不要となるばかりか、そもそも営業を開始しようとする段階での技術者の確保も不要となっている。

※　建設業法では、建設業を営もうとする者は、軽微な工事のみを請け負うことを営業とする場合を除き、建設業の許可を受けなければならないこととされている。

軽微な工事とは、

①　建築工事では1,500万円未満の工事又は延べ面積150㎡未満の木造住宅工事

②　その他は500万円未満の工事

をいう。

平均的な解体工事の請負金額は、床面積30坪の戸建住宅で百数十万円程度であるといわれており、建設業許可が不要である。

この結果、戸建て住宅等の小さな規模の解体工事は技術力を持たない業者によって行われることも多く、不適正な解体工事の施工が周辺住民との紛争を生じさせ、また、ミンチ解体の増加がリサイクルの低迷や不法投棄等の原因であるとも考えられており、解体工事業を営む者の資質・技術力の確保を図らなければ、分別解体の義務付けを行ってもその適切な履行が十分に担保されるとはいい難い。

また、解体工事業者の中には自ら不法投棄等の不適正処理を行ったり（不法投棄量の約４割は排出事業者)、発注者に対して不当な代金請求等を行う者も存在するといわれ、こうした業者を排除するための実効ある規制とともに、発

注者保護を図るための措置が必要である。

このため、本法において分別解体等の実施を義務付けるに当たり、解体工事業者の登録制度を創設することで、建設業法上の許可が不要な業者についてもその資質・技術力を確保し、分別解体の適切な実施を図るとともに、併せて不良業者の排除、発注者の保護を図っていくこととしている。

なお、建設業法上の許可が不要な者について一定の登録に係らしめる例として、既に浄化槽法に基づく浄化槽工事業者の登録制度が実施されている。

条文の内容

1　第1項

解体工事業を営もうとする者は、当該業を行おうとする区域を管轄する都道府県知事の登録を受けなければならない。

(1)　「解体工事業を営もうとする者」

登録を受けなければならない者は「解体工事業を営もうとする者」であり、解体工事業を営もうとする者であれば、その請負金額の多寡に関わらず登録が必要となる。なお、解体工事を含む建設工事を請け負ったが、解体工事部分は自ら施工せずに他の者に下請け負いさせる場合であっても、登録が必要である。

(2)　「建設業法別表の下欄に掲げる土木工事業、建築工事業及びとび・土工工事業に係る同法第3条第1項の許可を受けた者」

「建設業法別表の下欄に掲げる土木工事業、建築工事業及びとび・土工工事業に係る同法第3条第1項の許可を受けた者」については、その資質・技術力について本登録制度より厳しい建設業の許可審査を受けていることから、本登録制度の対象としないこととしている。

(3)　「当該業を行おうとする区域」

「当該業を行おうとする区域」とは、解体工事業を営もうとする者が、実際に解体工事を請け負い、又は施工しようとする都道府県の区域をいう。この規定により、解体工事業を営もうとする者は、営業所を置かない都道府県であってもその区域で解体工事を行う場合には、その区域を管轄する都道府県知事の登録を受ける必要がある。

したがって、複数の都道府県で解体工事業を営む場合には、解体工事業を営むそれぞれの都道府県で登録を受ける必要がある。これは、解体工事が通常極めて短期間で行われるものであることから、解体工事業者を機動的かつ適切に監督するためには、解体工事業者をそれぞれの解体工事現場が所在する都道府県知事の監督に服させることが適当と考えられることによるものである。

2　第2項

第2項は、登録の有効期間を5年とするものである。

登録の有効期間を無制限とすると、変更届出等の制度があるにしても、登録業者が登録拒否事由に該当するに至った場合の登録の取消しが的確になし得ず、解体工事業者の資質・技術力を確保しようとする本登録制度が形骸化してしまうおそれがある。このため、登録の有効期間を設け、更新を受けなければその効力を失うこととしたものである。

なお、5年の有効期間は、建設業の許可の有効期間や浄化槽工事業者の登録の有効期間と同じものとなっている。

登録の更新の申請は、登録の有効期間の満了日の30日前までにしなければならない。

3　第3項

解体工事業者が登録の更新の申請を行っても、登録の有効期間の満了までに申請に対する処分が行われないことがあり得るが、そのような申請者の責に帰すべき事由のない場合にも有効期間の満了とともに登録が失効するとすると、申請者の営業上の地位が著しく不安定なものとなる。このため、登録の有効期間の満了前に更新の申請があった場合には、その申請に対する処分があるまでは従前の登録を有効とするものである。

4　第4項

登録の更新はあくまで有効期間の満了を迎える従前の登録について行われるので、新たな有効期間は、従前の登録の有効期間の満了日を基準としてその翌日から起算することとするものである。

5　第5項

建設業法別表の下欄に掲げる土木工事業、建築工事業及びとび・土工工事業に係る同法第3条第1項の許可を受けた者については、本登録制度の対象外となるため、登録の効力を失効させるものである。併せて、解体工事業登録等省令において、それら許可を受けた者は、その旨を都道府県知事に通知しなければならないとされている。

6　罰則

本条の規定に違反して登録を受けないで解体工事業を営んだ者及び不正の手段によって本条の登録を受けた者は、１年以下の懲役又は50万円以下の罰金に処せられる（第48条第１号及び第２号）。

Q & A

Q97　建築物等の解体工事を請け負うことができるのは、どのような建設業者（建設業法の許可をもつ業者）か？

A　建設業者が請け負うことのできる解体工事の内容は以下のとおりである。

建設工事の種類	許可区分	建設工事の内容
土木一式工事	土木工事業	総合的な企画、指導、調整のもとに土木工作物を解体する工事
建築一式工事	建築工事業	総合的な企画、指導、調整のもとに建築物を解体する工事
とび・土工・コンクリート工事	とび・土工工事業	工作物の解体を行う工事

注１）他の許可を受けた工事の附帯工事として解体工事を行う場合は許可不要

注２）工事全体の請負代金の額が500万円未満の工事（建築一式工事については、1,500万円未満の工事又は延べ面積150㎡未満の木造住宅工事）にあっては、いずれの建設工事も請け負うことが可能

参考：建設業法（抄）

第二条　この法律において「建設工事」とは、土木建築に関する工事で別表第一の上欄に掲げるものをいう。

別表第一（抜粋）

土木一式工事	土木工事業
建築一式工事	建築工事業
とび・土工・コンクリート工事	とび・土工工事業

参考：建設業法告示（抜粋）

建設工事の種類	建設工事の内容

土木一式工事	総合的な企画、指導、調整のもとに土木工作物を建設する工事（補修、改造又は解体する工事を含む）
建築一式工事	総合的な企画、指導、調整のもとに建築物を建設する工事（補修、改造又は解体する工事を含む）
とび・土工・コンクリート工事	イ　足場の組立て、機械器具・建設資材等の重量物の運搬配置、鉄骨等の組立て、工作物の解体等を行う工事（以下略）

参考：建設業法（抄）

第三条　建設業を営もうとする者は、次に掲げる区分により、この章で定めるところにより、二以上の都道府県の区域内に営業所（本店又は支店若しくは政令で定めるこれに準ずるものをいう。以下同じ。）を設けて営業をしようとする場合にあつては国土交通大臣の、一の都道府県の区域内にのみ営業所を設けて営業をしようとする場合にあつては当該営業所の所在地を管轄する都道府県知事の許可を受けなければならない。ただし、政令で定める軽微な建設工事のみを請け負うことを営業とする者は、この限りでない。

一　建設業を営もうとする者であつて、次号に掲げる者以外のもの

二　建設業を営もうとする者であつて、その営業にあたつて、その者が発注者から直接請け負う一件の建設工事につき、その工事の全部又は一部を、下請代金の額（その工事に係る下請契約が二以上あるときは、下請代金の額の総額）が政令で定める金額以上となる下請契約を締結して施工しようとするもの

2　前項の許可は、別表第一の上欄に掲げる建設工事の種類ごとに、それぞれ同表の下欄に掲げる建設業に分けて与えるものとする。

（以下略）

参考：建設業法施行令（抄）

第一条の二　法第三条第一項ただし書の政令で定める軽微な建設工事は、工事一件の請負代金の額が建築一式工事にあつては千五百万円に満たない工事又は延べ面積が百五十平方メートルに満たない木造住宅工事、建築一式工事以外の建設工事にあつては五百万円に満たない工事とする。

Q98　解体工事業者はどのような解体工事を請け負うことができるのか？

A 解体工事業者が請け負うことのできる解体工事の内容は以下のとおりである。

解体工事の種類	解体工事業者が請け負うことのできる解体工事の範囲
工作物の解体を行う工事	工事全体の請負代金の額が500万円未満の工事
総合的な企画、指導、調整のもとに土木工作物を解体する工事	
総合的な企画、指導、調整のもとに建築物を解体する工事	工事全体の請負代金の額が1,500万円未満の建築物の解体工事又は延べ面積が150㎡未満の木造住宅解体工事

Q99 解体工事のうち、解体工事業者登録が必要なものはどのようなものか？

A ① 建築物

その施工に当たって建設リサイクル法第21条による解体工事業者登録の必要な解体工事は、解体工事のうち、建築物を除却するために行うものである（建築物本体は床面積の減少するもの、その他のものについてはこれに準じた取扱いとする）。ただし、主たる他の工事の実施に伴う附帯工事として解体工事を行う場合は、登録は必要ない。

② 建築物以外の工作物

その施工に当たって建設リサイクル法第21条による解体工事業者登録の必要な解体工事は、解体工事のうち、建築物以外の工作物を除却するために行うものである。ただし、主たる他の工事の実施に伴う附帯工事として解体工事を行う場合は、登録は必要ない。

（参考）解体工事の具体例

工事の内容	種類	対象建設工事	登録	理由
建築物の全部解体	解体	解体	必要	建築物の全部についてその機能を失わせるため届出も登録も必要
建築物の一部解体	解体	解体	必要	建築物の一部についてその機能を失わせるため届出も登録も必要
曳家	修繕・模様替等	修繕・模様替等	不要	構造耐力上主要な部分である基礎から上屋を分離するが、仮設によって支えられており、また曳家をしている間でも建築物として機能しているため修繕・模様替等として扱う
構造耐力上主要な壁の取り壊し	解体	床面積が算定できない場合には対象外	不要	壁は構造耐力上主要な部分に当たるが、壁の床面積が算定できない場合にはこれをゼロとしてもよい。この場合には対象建設工事とならないため届出は不要、また壁のみの取り壊しで建築物の除却を目的とするものでなければ、登録も不要
設備工事の附帯工事として壁にスリーブを抜く工事	解体	床面積が算定できない場合には対象外	不要	壁は構造耐力上主要な部分に当たるが、壁の床面積が算定できない場合にはこれをゼロとしてもよい。この場合には対象建設工事とならないため届出は不要、また附帯工事として行われるものであれば、登録も不要
設備工事の附帯工事として床版にスリーブを抜く工事	解体	解体	不要	床版は構造耐力上主要な部分に当たるため、それにスリーブを抜く工事は解体工事となるが、附帯工事として行われるものであれば、登録も不要
屋根ふき材の交換	修繕・模様替等	修繕・模様替等	不要	屋根ふき材は構造耐力上主要な部分に該当しないため
屋根ふき材の交換に当たり屋根版が腐っている等の理由により屋根版を交換しないと屋根ふき材の交換ができない場合	解体＋新築	解体＋新築	不要	屋根版は構造耐力上主要な部分に当たるため、その交換は解体工事＋新築工事となる。ただし屋根ふき材の交換の附帯工事として行われる場合は、登録は不要
屋根版の全部交換	解体＋新築	解体＋新築	必要	屋根版は構造耐力上主要な部分に当たるため、その交換は解体工事＋新築工事となる

（注）　対象建設工事となるのは、特定建設資材を用いた建築物等に係る解体工事又はその施工に特定建設資材を使用する新築工事等であって、その規模が建設工事の規模に関する基準以上のもの。

Q100 解体工事については下請が施工し、元請は施工しない場合でも、元請は解体工事業者の登録は必要か？

A 解体工事（あるいは解体工事を含む工事）を受注する場合、元請・下請に係わらず、また解体工事に係る部分を実際に施工するかどうかに係わらず、土木一式、建築一式、とび・土工の建設業許可か解体工事業者の登録が必要である。

Q101 附帯工事として解体工事を行う場合は、解体工事業者の登録をしていなくてもよいのか？

A 附帯工事として解体工事を行う場合は、解体工事業者の登録は不要である。ただし、建設業法第26条の2第2項の規定を遵守する必要がある。

参考：建設業法（抄）

第四条　建設業者は、許可を受けた建設業に係る建設工事を請け負う場合においては、当該建設工事に附帯する他の建設業に係る建設工事を請け負うことができる。

第二十六条の二　土木工事業又は建築工事業を営む者は、土木一式工事又は建築一式工事を施工する場合において、土木一式工事又は建築一式工事以外の建設工事（第三条第一項ただし書の政令で定める軽微な建設工事を除く。）を施工するときは、当該建設工事に関し第七条第二号イ、ロ又はハに該当する者で当該工事現場における当該建設工事の施工の技術上の管理をつかさどるものを置いて自ら施工する場合のほか、当該建設工事に係る建設業の許可を受けた建設業者に当該建設工事を施工させなければならない。

2　建設業者は、許可を受けた建設業に係る建設工事に附帯する他の建設工事（第三条第一項ただし書の政令で定める軽微な建設工事を除く。）を施工する場合においては、当該建設工事に関し第七条第二号イ、ロ又はハに該当する者で当該工事現場における当該建設工事の施工の技術上の管理をつかさどるものを置いて自ら施工する場合のほか、当該建設工事に係る建設業の許可を受けた建設業者に当該建設工事を施工させなければならない。

参考：建設業法施行令（抄）

第一条の二　法第三条第一項ただし書の政令で定める軽微な建設工事は、工事一件の請負代金の額が建築一式工事にあつては千五百万円に満たない工事又は延べ面積が百五十平方メートルに満たない木造住宅工事、建築一式工事以外の建設工事にあつては五百万円に満たない工事とする。

2　前項の請負代金の額は、同一の建設業を営む者が工事の完成を二以上の契約に分割して請け負うときは、各契約の請負代金の額の合計額とする。ただし、正当な理由に基いて契約を分割したときは、この限りでない。

3　注文者が材料を提供する場合においては、その市場価格又は市場価格及び運送賃を当該請負契約の請負代金の額に加えたものを第一項の請負代金の額とする。

第22条・第23条

（登録の申請）

第二十二条　解体工事業者の登録を受けようとする者は、次に掲げる事項を記載した申請書を都道府県知事に提出しなければならない。

一　商号、名称又は氏名及び住所

二　営業所の名称及び所在地

三　法人である場合においては、その役員（業務を執行する社員、取締役、執行役又はこれらに準ずる者をいう。以下この章において同じ。）の氏名

四　未成年者である場合においては、その法定代理人の氏名及び住所（法定代理人が法人である場合においては、その商号又は名称及び住所並びにその役員の氏名）

五　第三十一条に規定する者の氏名

2　前項の申請書には、解体工事業者の登録を受けようとする者が第二十四条第一項各号に該当しない者であることを誓約する書面その他主務省令で定める書類を添付しなければならない。

（登録の実施）

第二十三条　都道府県知事は、前条の規定による申請書の提出があったときは、次条第一項の規定により登録を拒否する場合を除くほか、次に掲げる事項を解体工事業者登録簿に登録しなければならない。

一　前条第一項各号に掲げる事項

二　登録年月日及び登録番号

2　都道府県知事は、前項の規定による登録をしたときは、遅滞なく、その旨を申請者に通知しなければならない。

解体工事業登録等省令

（登録申請書の様式）

第三条　法第二十二条第一項に規定する申請書は、別記様式第一号によるものとする。

（登録申請書の添付書類）

第四条　法第二十二条第二項に規定する主務省令で定める書類は、次に掲げるものとする。

一　解体工事業者の登録を受けようとする者（以下「登録申請者」という。）が法人である場合にあってはその役員（業務を執行する社員、取締役、執

行役又はこれらに準ずる者をいう。以下同じ。)、営業に関し成年者と同一の行為能力を有しない未成年者である場合にあってはその法定代理人（法人である場合にあっては、当該法人及びその役員。第三号において同じ。）が法第二十四条第一項各号に該当しない者であることを誓約する書面

二　登録申請者が選任した技術管理者が第七条に定める基準に適合する者であることを証する書面

三　登録申請者（法人である場合にあってはその役員を、営業に関し成年者と同一の行為能力を有しない未成年者である場合にあってはその法定代理人を含む。）の略歴を記載した書面

四　登録申請者が法人である場合にあっては、登記事項証明書

五　登録申請者（未成年者である場合に限る。）の法定代理人が法人である場合にあっては、当該法定代理人の登記事項証明書

2　都道府県知事は、次に掲げる者に係る本人確認情報（住民基本台帳法（昭和四十二年法律第八十一号）第三十条の五第一項に規定する本人確認情報をいう。以下同じ。）について、同法第三十条の七第五項の規定によるその提供を受けることができないとき、又は同法第三十条の八第一項の規定によるその利用ができないときは、登録申請者に対し、住民票の抄本又はこれに代わる書面を提出させることができる。

一　登録申請者が個人である場合にあっては、当該登録申請者（当該登録申請者が営業に関し成年者と同一の行為能力を有しない未成年者である場合にあっては、当該登録申請者及びその法定代理人（法人である場合にあっては、その役員））

二　登録申請者が法人である場合にあっては、その役員

三　登録申請者が選任した技術管理者

3　法第二十二条第二項及び第一項第一号の誓約書の様式は、別記様式第二号とする。

4　第一項第二号の書面は、実務の経験を証する別記様式第三号による使用者の証明書その他当該事項を証するに足りる書面とする。

5　第一項第三号の略歴書の様式は、別記様式第四号とする。

（登録簿の様式）

第五条　法第二十三条第一項に規定する解体工事業者登録簿は、別記様式第五号によるものとする。

条文の趣旨

第22条及び第23条は、解体工事業者の登録の申請方法や、申請を受けた都道府県知事による登録の実施方法等について定めるものである。

条文の内容

1　第22条第1項

解体工事業者の登録を受けようとする者が都道府県知事に提出する申請書には、以下の事項を記載することを定めている。

① 登録申請者の商号、名称又は氏名及び住所

② 登録申請者の営業所の名称及び所在地

③ 登録申請者が法人である場合においては、その役員（業務を執行する役員等）の氏名

④ 登録申請者が未成年者である場合においては、その法定代理人の氏名及び住所（法定代理人が法人である場合においては、その商号又は名称及び住所並びにその役員の氏名）

⑤ 登録申請者が選任している、解体工事の施工の技術上の管理をつかさどる者で主務省令で定める基準に適合するもの（技術管理者）の氏名

これらの事項は、登録申請者の営業の実態（①から④）及び技術力（⑤）を把握する上で必要最小限の事項である。

「業務を執行する社員」とは合名会社の社員又は合資会社の無限責任社員を、「取締役」とは株式会社又は有限会社の取締役を、「執行役」とは委員会等設置会社の執行役を、「これらに準ずる者」とは法人格のある各種組合等の理事等をいう。

技術管理者の氏名については、解体工事業者の技術力の確保が本登録制度創設の中心であり、技術管理者の有無を登録の要件とすることから、特に申請書において記載することを求めるものである。

2　第22条第2項

第22条第2項は、登録申請書と併せて提出すべき添付書類を定めている。

この添付書類は、登録申請者の登録拒否事由への該当の有無を的確に審査する上で必要となるものである。「主務省令で定める書類」として、以下のものが定められている。

① 登録申請者が登録拒否事由に該当しないことを誓約する書面

② 登録申請者が選任した技術管理者が主務省令に定める要件を備えた者であることを証する書面

③ 登録申請者の略歴を記載した書面

④　登録申請者が法人である場合には登記簿謄本

なお、登録申請者等の住民票の抄本またはこれに代わる書面の添付については、原則として不要になった。

3　第23条第１項

登録申請を受けた都道府県知事の具体的な登録の実施方法について定めるものである。

4　第23条第２項

登録をした場合には、遅滞なくその旨を登録申請者に通知することが適切であるので、その旨を規定しているものである。

Q＆A

Q102 １つの解体工事業者に技術管理者が複数いる場合は、全て申請する必要があるのか？

A 全て申請するようにされたい。

第24条

（登録の拒否）

第二十四条　都道府県知事は、解体工事業者の登録を受けようとする者が次の各号のいずれかに該当するとき、又は申請書若しくはその添付書類のうちに重要な事項について虚偽の記載があり、若しくは重要な事実の記載が欠けているときは、その登録を拒否しなければならない。

一　第三十五条第一項の規定により登録を取り消され、その処分のあった日から二年を経過しない者

二　解体工事業者で法人であるものが第三十五条第一項の規定により登録を取り消された場合において、その処分のあった日前三十日以内にその解体工事業者の役員であった者でその処分のあった日から二年を経過しないもの

三　第三十五条第一項の規定により事業の停止を命ぜられ、その停止の期間が経過しない者

四　この法律又はこの法律に基づく処分に違反して罰金以上の刑に処せられ、その執行を終わり、又は執行を受けることがなくなった日から二年を経過しない者

五　解体工事業に関し成年者と同一の行為能力を有しない未成年者でその法定代理人が前各号又は次号のいずれかに該当するもの

六　法人でその役員のうちに第一号から第四号までのいずれかに該当する者があるもの

七　第三十一条に規定する者を選任していない者

2　都道府県知事は、前項の規定により登録を拒否したときは、遅滞なく、その理由を示して、その旨を申請者に通知しなければならない。

条文の趣旨

解体工事業者の登録制度は、解体工事業者の資質・技術力についてその最低限の水準を確保することで、解体工事の適正な施工を確保するとともに、不良業者の排除や発注者の保護にもつなげていこうとするものである。

したがって、登録申請者がその資質に問題があり、解体工事業者としての適

性を期待し得ないと考えられる場合、登録申請者が解体工事を適正に施工し得る最低限の技術力を有すると認められない場合等の一定の場合には、本登録制度の中では登録を拒否していく必要があり、そのような一定の場合をあらかじめ登録拒否事由として規定している。

条文の内容

具体的な登録拒否事由の類型は、以下のとおりである。

1　登録申請書又はその添付書類の重要な事項について虚偽の記載があり、又は重要な事実の記載が欠けている場合（第1項本文）

登録行政庁（都道府県知事）の審査を不可能とし、又は審査に当たってその判断を誤らせることとなるのみならず、登録申請書等の内容が登録簿に登録され公衆の閲覧に供されることから、閲覧を行う者の解体工事業者に対する認識をも誤らせることとなり、その行為は故意に行ったときはもちろんのこと、仮に過失であったときでも、招かれる結果は極めて重大であるため、登録拒否事由とする。

2　解体工事業者としての適性を期待し得ない場合

登録申請者が次に該当する場合は、解体工事業者としての適性を期待し得ないことから、登録拒否事由とするものである。

(1)　本法の規定（第35条第1項）により解体工事業者の登録を取り消され、その処分のあった日から2年を経過しない者であるとき（第1項第1号）

解体工事業者として特に悪質な行為を行ったことにより、解体工事業者の登録を取り消されるものであるので、一定期間改めて営業を開始し得ないこととするものである。

(2)　解体工事業者で法人であるものが本法（第35条第1項）の規定により登録を取り消された場合において、その処分のあった日前30日以内にその解体工事業者の役員であった者でその処分のあった日から2年を経過しないものであるとき（第1項第2号）

解体工事業者が法人である場合には、その役員は当該解体工事業者の事業執行につき責任を負うべき重要な地位にあるため、法人である解体工事業者が登録を取り消された場合においては、その役員が新たに自ら解体工事業者となって営業を行うことを防止しなければ、登録の取消処分を行ってもその実効性を期することができないので、そのような場合を登録拒否事由とするものである。

また、取消処分の前提となる事実が発生しても、処分がなされるまでにはある程度の期間を要するので、その間に役員が登録拒否事由該当となることを免れるため、処分日において役員であることを避けようとしてその職を退くことが考えられる。このため、通常処分を行うために必要とされる期間も考慮して、処分の日前30日以内において当該地位にあった者は、登録拒否事由の対象とするものである。

(3) 本法の規定（第35条第1項）により事業の停止を命ぜられ、その停止の期間が経過しない者であるとき（第1項第3号）

解体工事業者としての適性を疑われる行為で取消処分を行うほどの悪質性が認められないものを行ったことにより、事業の停止を命ぜられるものであるので、事業の停止の制度がある以上、停止期間中に廃業をし、新たに登録を受けなおそうとしても、当該期間中は営業を開始し得ないこととするものである。

(4) 本法又は本法に基づく処分に違反して罰金以上の刑に処せられ、その執行を終わり、又は執行を受けることがなくなった日から2年を経過しない者であるとき（第1項第4号）

解体工事業者の品位とその社会的信用の保持を図るとともに、解体工事の適正な施工の確保の徹底を図るため、本法の規定等に違反して罰金以上の刑に処せられた者については、一定期間は登録を拒否するものである。

(5) 解体工事業に関し成年者と同一の能力を有しない未成年者でその法定代理人が上記(1)から(4)までまたは下記(6)に該当するとき（第1項第5号）

未成年者が解体工事業の営業を行うときは、法定代理人がその行為について個別に許可を与え、又は未成年者を代理して営業を行うため、結果的に法定代理人の未成年者に対する支配力又は影響力が著しく大きくなる。このため、解体工事業の営業に関し成年者と同一の能力を有しない未成年者が登録申請者であるときには、その法定代理人についても欠格要件の有無について審査し、該当するときは登録をしないこととするものである。

(6) 法人でその役員のうちに上記(1)から(4)までのいずれかに該当する者があるとき（第1項第6号）

登録申請者が法人である場合において、その法人自身が上記(1)から(4)までの欠格要件に該当するときは当然に登録が拒否されるが、法人の役員の中にそれらの欠格要件に該当する者がいる場合においても、役員が実質的にその法人の営業活動を支えていく関係上、このような欠格要件に該当する者を役員という重要な地位に置く法人に対し登録を行うことは、解体工事業者としての適性を期待する上から適切でないため、登録拒否事由とするものである。

3　解体工事を適正に施工し得る最低限の技術力を有すると認められない場合（登録申請者が技術管理者を選任していないとき）（第１項第７号）

解体工事について最低限の施工水準を確保していくためには、解体工事業者が一定水準以上の知識・技術を持った技術者を確保し、解体工事の施工に活用していくことが不可欠である。本法においては、解体工事業者は「工事現場における解体工事の施工の技術上の管理をつかさどる者で主務省令で定める基準に適合するもの」（技術管理者）を選任しなければならないものとし（第31条）、係る技術者を有しない者は登録を受け得ないものとするものである。

Q & A

Q103　解体工事業登録について、廃棄物処理法の違反歴のあるものから申請があったが、登録拒否はできるのか？

A　建設リサイクル法の欠落要件に規定されていないため、登録拒否はできない。

第25条

（変更の届出）

第二十五条　解体工事業者は、第二十二条第一項各号に掲げる事項に変更があったときは、その日から三十日以内に、その旨を都道府県知事に届け出なければならない。

2　都道府県知事は、前項の規定による届出を受理したときは、当該届出に係る事項が前条第一項第五号から第七号までのいずれかに該当する場合を除き、届出があった事項を解体工事業者登録簿に登録しなければならない。

3　第二十二条第二項の規定は、第一項の規定による届出について準用する。

解体工事業登録等省令

（変更の届出）

第六条　法第二十五条第一項の規定により変更の届出をする場合において、当該変更が次に掲げるものであるときは、当該各号に掲げる書面を別記様式第六号による変更届出書に添付しなければならない。

一　法第二十二条第一項第一号に掲げる事項の変更（変更の届出をした者が法人である場合に限る。）　登記事項証明書

二　法第二十二条第一項第二号に掲げる事項の変更（商業登記の変更を必要とする場合に限る。）　登記事項証明書

三　法第二十二条第一項第三号に掲げる事項の変更　登記事項証明書並びに第四条第一項第一号及び第三号の書面

四　法第二十二条第一項第四号に掲げる事項の変更　第四条第一項第一号、第三号及び第五号の書面

五　法第二十二条第一項第五号に掲げる事項の変更　第四条第一項第二号の書面

2　都道府県知事は、第四条第二項各号に掲げる者に係る本人確認情報について、住民基本台帳法第三十条の七第五項の規定によるその提供を受けることができないとき、又は同法第三十条の八第一項の規定によるその利用ができないときは、変更の届出をした者に対し、住民票の抄本又はこれに代わる書面を提出させることができる。

条文の趣旨

登録を受けた後、解体工事業者の営業については多少を問わず変動を生じるのが通常である。この変動には、例えば、解体工事業者の商号等の変更、営業

所の名称及び所在地の変更など営業体それ自体の変動、あるいは法人の役員の辞任又は新任など組織内容の変動等がある。

一方、解体工事業者の登録を行った登録行政庁（都道府県知事）は、その登録に係る解体工事業者の実態を常に把握しておくことが要請される。なぜなら、登録行政庁は、解体工事業者が営業体等の変動により登録の取消し要件に該当するか否かを常に点検する義務を有するとともに、登録の申請に当たって提出された登録申請書及びその添付書類は、登録行政庁において公衆の閲覧に供されるといういわば一種の公示作用を果たしているため、このような解体工事業者の営業に関する変動を常に明らかにしておく必要があるからである。

このため、本条は、登録を受けた解体工事業者が、登録申請書の記載事項について変動を生じたときは、変更があった旨を登録行政庁に届け出なければならないことを義務付けるものである。

条文の内容

1　第１項

本法第22条第１項各号に掲げる事項の変更は、登録申請書の記載事項の変更に当たり、これらの記載事項は解体工事業者の営業に関する基本的事項であることから、変更後30日以内に届け出なければならないこととしているものである。

2　第２項

変更の届出に係る事項が登録拒否事由に該当しない場合には解体工事業者登録簿に登録されることを定めているものである。

3　第３項

登録の変更の届出には、登録の申請の際の添付書類についての規定が準用され、一定の添付書類が必要となることを定めているものである。

4　罰則

本条の規定による届出をせず、又は虚偽の届出をした者は、30万円以下の罰金に処せられる（第50条第２号）。

第26条

（解体工事業者登録簿の閲覧）

第二十六条　都道府県知事は、解体工事業者登録簿を一般の閲覧に供しなければならない。

条文の趣旨

本法において解体工事業者の登録制度を設けている趣旨は、解体工事業者の資質・技術力についてその最低限の水準を確保することで、分別解体をはじめとする解体工事の適正な実施を確保していくことにある。

したがって、このような登録制度の趣旨からは、登録業者に関する情報を広く提供していくことで、発注者や元請業者等による登録業者の選定を容易ならしめ、再資源化等の前提となる分別解体の円滑かつ適正な実施を図っていくことが重要である。

そこで、登録に関する事務をつかさどる都道府県知事による解体工事業者登録簿の閲覧制度を設けるものである。

条文の内容

本法においては、閲覧制度の詳細は定められていないが、一般的には、次のような流れにより閲覧がなされるものと考えられる。

1　登録申請の受理

都道府県知事は、解体工事業者に関する情報を入手する。

2　解体工事業者登録簿への登録

①　都道府県知事は、登録を拒否する場合を除くほか、1の情報並びに登録年月日及び登録番号を解体工事業者登録簿に登録（併せて申請者に通知）する。

②　変更届出により、登録簿の情報は常に実態に合わせて更新する。

3　閲覧の実施

①　都道府県知事は、登録簿の閲覧所を設置するとともに、閲覧規則を定め、告示する。

②　都道府県知事は、閲覧をしようとする者の請求に対し、閲覧をさせる。

また、都道府県知事は、地方自治法に基づき、条例で手数料の徴収が可能である。

第27条・第28条

（廃業等の届出）

第二十七条　解体工事業者が次の各号のいずれかに該当することとなった場合においては、当該各号に定める者は、その日から三十日以内に、その旨を都道府県知事（第五号に掲げる場合においては、当該廃止した解体工事業に係る解体工事業者の登録をした都道府県知事）に届け出なければならない。

一　死亡した場合　その相続人

二　法人が合併により消滅した場合　その法人を代表する役員であった者

三　法人が破産手続開始の決定により解散した場合　その破産管財人

四　法人が合併及び破産手続開始の決定以外の理由により解散した場合　その清算人

五　その登録に係る都道府県の区域内において解体工事業を廃止した場合　解体工事業者であった個人又は解体工事業者であった法人を代表する役員

2　解体工事業者が前項各号のいずれかに該当するに至ったときは、解体工事業者の登録は、その効力を失う。

（登録の抹消）

第二十八条　都道府県知事は、第二十一条第二項若しくは第五項若しくは前条第二項の規定により登録がその効力を失ったとき、又は第三十五条第一項の規定により登録を取り消したときは、当該解体工事業者の登録を抹消しなければならない。

条文の趣旨

解体工事業者の登録は、それが法人であると個人であるとを問わず一個の独立した営業体について行われるものであり、その営業体の消滅により当然にその登録も抹消されるべきものである。また、登録は、解体工事業を営もうとする意思を有する者について行われるものであり、その意思を失った者についての登録は単に形骸化するのみであるので、これも抹消しなければならない。

このため、本登録制度は、これらの場合においてそれぞれ解体工事業者の登録を抹消することとする（第28条）とともに、これと対応して本登録制度の適正な運営を図るため、その事実に関する関係人に対してその旨を都道府県知事に届け出る義務を課す（第27条）ものである。

条文の内容

Ⅰ　第27条

解体工事業者が次のいずれかに該当することとなった場合においては、その日から30日以内に、その旨を都道府県知事に届け出なければならない。

(1)　「死亡した場合」（第１号）

これは解体工事業者が個人である場合の規定であるが、解体工事業者の登録は一身専属的なものとすべきであり、その者の死亡により登録の効力も失われるので、相続人に届出を行わせようとするものである。

なお、この場合において、相続人が被相続人である解体工事業者の営業を承継して行おうとするときは、その相続人が新たに解体工事業者の登録を受けなければならない。

(2)　「法人が合併により消滅した場合」（第２号）

解体工事業者である法人が合併により消滅したときは、事業経営の主体が消滅したのであるから、当然に登録の効力も失われるので、届出を行わせる必要がある。

この場合においては、消滅する側の法人は解散し、解散登記があるだけで清算手続はないので、その法人を代表する役員であった者に届出義務を課したものである。

なお、法人が合併する場合において、吸収合併のときの解体工事業者でない存続会社、又は新設合併のときの新規の設立会社が、それぞれ合併により解散した解体工事業者の営業を承継しようとするときは、当該存続会社又は設立会社は、新たに解体工事業者の登録を受けなければならない。

(3)　「法人が破産により解散した場合」（第３号）

解体工事業者である法人が破産により解散したときは、破産手続が行われ業務が停止するので、２の場合と同様の理由により、この場合には破産管財人に届出義務を課したものである。

(4)　「法人が合併又は破産以外の理由により解散した場合」（第４号）

法人が合併又は破産以外の理由により解散したときは、清算手続が行われ業務が停止するので、２の場合と同様の理由により、この場合には清算人に届出義務を課したものである。

(5)　「解体工事業を廃止した場合」(第5号)

解体工事業を廃止したときは、個人の場合にあっては解体工事業者であった者が、法人の場合にあってはその法人を代表する役員が届出義務を負うものである。

(6)　罰則

本条の規定による届出を怠った者は、10万円以下の過料に処される(第53条第2号)。

2　第28条

本法の規定により解体工事業者の登録がその効力を失ったとき(第21条第2項、同条第5項、第27条第2項)、又は本法の規定により都道府県知事が解体工事業者の登録を取り消したとき(第35条第1項)は、都道府県知事は、登録を抹消すべきことを定めるものである。

第29条

（登録の取消し等の場合における解体工事の措置）

第二十九条　解体工事業者について、第二十一条第二項若しくは第二十七条第二項の規定により登録が効力を失ったとき、又は第三十五条第一項の規定により登録が取り消されたときは、当該解体工事業者であった者又はその一般承継人は、登録がその効力を失う前又は当該処分を受ける前に締結された請負契約に係る解体工事に限り施工することができる。この場合において、これらの者は、登録がその効力を失った後又は当該処分を受けた後、遅滞なく、その旨を当該解体工事の注文者に通知しなければならない。

2　都道府県知事は、前項の規定にかかわらず、公益上必要があると認めるときは、当該解体工事の施工の差止めを命ずることができる。

3　第一項の規定により解体工事を施工する解体工事業者であった者又はその一般承継人は、当該解体工事を完成する目的の範囲内においては、解体工事業者とみなす。

4　解体工事の注文者は、第一項の規定により通知を受けた日又は同項に規定する登録がその効力を失ったこと、若しくは処分があったことを知った日から三十日以内に限り、その解体工事の請負契約を解除することができる。

条文の趣旨

解体工事業者の登録が効力を失い、又は取り消された場合においても、それ以前に締結した請負契約が存するときは、それが特に問題を有するわけではなく適法に締結されたものである限り、注文者が解除をしない以上契約としてなお有効であり、当該登録が失効した者等は請負人として、依然として当該債務を履行すべき責を負う。このため、このような場合にはなお解体工事を施工できることとしなければ、解体工事業者に過度な不利益を被らせることとなり適当ではない。

また、登録が効力を失った場合等にも解体工事の施工を認めることは、注文者の期待に応えるものでもあり得る。例えば、既に解体工事に着手している場合には、途中でその施工を中止することは、通常、注文者に不利益を被らせることとなるので、いたずらに当該工事の施工まで拒否すべきではないと考えられる。

このため、第29条は、解体工事業者の登録が効力を失った場合等であっても、解体工事業者であった者又はその一般承継人は、登録が抹消される前に有効に締結した請負契約に基づく解体工事については、なおこれを施工することができることとするものである。

条文の内容

1　第1項

第1項前段では、解体工事業者の登録が効力を失い、又は取り消された場合であっても、解体工事業者であった者又はその一般承継人は、登録の失効等の前に有効に締結した請負契約に基づく解体工事については、なおこれを施工できることとしている。

ここで「一般承継人」とは、相続人、合併会社等のように前主の権利義務を包括的に承継する者をいう。本法では、登録を個々の人格に着目した一身専属的なものとして、その一般承継を認めていないが、法人が合併等により消滅した場合の存続会社等は、登録を受けていない場合でも解体工事業者であった法人の請負契約に係る債権債務を引き継ぐのが例であり、当該請負契約に係る解体工事の施工を認めることが実際上必要とされるので、第3項において一般承継人も解体工事を完成させる目的の範囲内では解体工事業者とみなし、工事の適正な施工を担保することとして、一般承継を認めるものである。

後段は、前段を受けて、解体工事業者であった者又はその一般承継人に対し、解体工事業者であった者の登録が効力を失い、又は登録が取り消された旨、また、当該解体工事業者であった者又は一般承継人が工事を引き続き施工する旨を注文者に通知すべきことを義務付けたものである。これは、注文者の利益を保護するために必要なものであり、具体的には注文者による請負契約の解除権の行使を容易ならしめるために必要なものである。

本項後段の規定による通知をしなかった者は、20万円以下の罰金に処せられる（第51条第2号）。

2　第2項

第1項の場合において、解体工事を適正に施工する能力のない一般承継人等が解体工事を引き継いだ場合、工事の適正な施工が確保できないおそれがあり、また、公衆に危害を及ぼすおそれさえある。そこで、公衆災害を防止するなど、都道府県知事が「公益上必要があると認めるとき」は、解体工事の施工の差止めを命ずることができるとしたものである。

3　第３項

解体工事業者であった者又はその一般承継人も、請負契約に係る解体工事を施工する以上、本法の規定に従って工事現場に技術管理者を設置し、工事の適正な施工を図るとともに、標識の掲示等の義務を遵守することが必要となるため、みなし規定を置くものである。

4　第４項

第４項は、登録業者であることに信用を置いて請負契約を締結した注文者の利益を保護するため、登録が効力を失い、又は登録が取り消された解体工事業者との請負契約を損害賠償をすることなく解除し得るものとしたものである。なお、解除権の行使は、引き続き解体工事を施工しようとする一般承継人等の保護のため、第１項の通知を受けた場合は、その日から30日以内に行わなければならないものとしている。

第30条

（解体工事の施工技術の確保）

第三十条　解体工事業者は、解体工事の施工技術の確保に努めなければならない。

2　主務大臣は、前項の施工技術の確保に資するため、必要に応じ、講習の実施、資料の提供その他の措置を講ずるものとする。

条文の趣旨

技術の進歩に伴い、解体工事を含む建設工事においては新しい工法や資材が絶えず導入されており、建築物等の構造、使用資材等はますます複雑化・多様化してきている。このため、現在はもとより将来にわたって本法に基づく分別解体の適切な実施を確保し、建設廃棄物のリサイクルを効果的かつ効率的に推進していくためには、解体工事業者の施工技術の確保を積極的に図っていくことが不可欠となる。

このような趣旨のもとに、第30条は、解体工事業者に対し、解体工事の施工技術の確保に努めなければならないことを規定するとともに、主務大臣が、当該施工技術の確保に資するため、必要に応じて講習の実施、解体工事技術に係る資料の提供等、所要の措置を講ずべき旨を規定するものである。

条文の内容

1　「技術の確保」

「技術の確保」には、現在の技術水準をそのまま維持することにとどまらず、より積極的に、新しい技術、より高度な技術を求めること、すなわち「技術の向上」も含まれるものである。

2　「講習の実施、資料の提供その他の措置」

「講習の実施、資料の提供その他の措置」とは、具体的には、講習の実施、資料の提供のほか、新技術の調査、研究開発等である。

第31条・第32条

（技術管理者の設置）

第三十一条　解体工事業者は、工事現場における解体工事の施工の技術上の管理をつかさどる者で主務省令で定める基準に適合するもの（以下「技術管理者」という。）を選任しなければならない。

（技術管理者の職務）

第三十二条　解体工事業者は、その請け負った解体工事を施工するときは、技術管理者に当該解体工事の施工に従事する他の者の監督をさせなければならない。ただし、技術管理者以外の者が当該解体工事に従事しない場合は、この限りでない。

解体工事業登録等省令

（技術管理者の基準）

第七条　法第三十一条に規定する主務省令で定める基準は、次の各号のいずれかに該当する者であることとする。

一　次のいずれかに該当する者

イ　解体工事に関し学校教育法（昭和二十二年法律第二十六号）による高等学校（旧中等学校令（昭和十八年勅令第三十六号）による実業学校を含む。次号において同じ。）若しくは中等教育学校を卒業した後四年以上又は同法による大学（旧大学令（大正七年勅令第三百八十八号）による大学を含む。次号において同じ。）若しくは高等専門学校（旧専門学校令（明治三十六年勅令第六十一号）による専門学校を含む。次号において同じ。）を卒業した後二年以上実務の経験を有する者で在学中に土木工学（農業土木、鉱山土木、森林土木、砂防、治山、緑地又は造園に関する学科を含む。）、建築学、都市工学、衛生工学又は交通工学に関する学科（次号において「土木工学等に関する学科」という。）を修めたもの

ロ　解体工事に関し八年以上実務の経験を有する者

ハ　建設業法（昭和二十四年法律第百号）による技術検定のうち検定種目を一級の建設機械施工若しくは二級の建設機械施工（種別を「第一種」又は「第二種」とするものに限る。）、一級の土木施工管理若しくは二級の土木施工管理（種別を「土木」とするものに限る。）又は一級の建築施工管理若しくは二級の建築施工管理（種別を「建築」又は「躯体」とするものに限る。）とするものに合格した者

ニ　建築士法（昭和二十五年法律第二百二号）による一級建築士又は二級建築士の免許を受けた者

ホ　職業能力開発促進法（昭和四十四年法律第六十四号）による技能検定

のうち検定職種を一級のとび・とび工とするものに合格した者又は検定職種を二級のとび若しくはとび工とするものに合格した後解体工事に関し一年以上実務の経験を有する者

ヘ　技術士法（昭和五十八年法律第二十五号）による第二次試験のうち技術部門を建設部門とするものに合格した者

二　次のいずれかに該当する者で、国土交通大臣が実施する講習又は次条から第七条の四までの規定により国土交通大臣の登録を受けた講習（以下「登録講習」という。）を受講したもの

イ　解体工事に関し学校教育法による高等学校若しくは中等教育学校を卒業した後三年以上又は同法による大学若しくは高等専門学校を卒業した後一年以上実務の経験を有する者で在学中に土木工学等に関する学科を修めたもの

ロ　解体工事に関し七年以上実務の経験を有する者

三　第七条の十七、第七条の十八及び第七条の二十一において準用する第七条の三の規定により国土交通大臣の登録を受けた試験（以下「登録試験」という。）に合格した者

四　国土交通大臣が前三号に掲げる者と同等以上の知識及び技能を有するものと認定した者

（登録の申請）

第七条の二　前条第二号の登録は、登録講習の実施に関する事務（以下「登録講習事務」という。）を行おうとする者の申請により行う。

2　前条第二号の登録を受けようとする者（以下「登録講習事務申請者」という。）は、次に掲げる事項を記載した申請書を国土交通大臣に提出しなければならない。

一　登録講習事務申請者の氏名又は名称及び住所並びに法人にあっては、その代表者の氏名

二　登録講習事務を行おうとする事務所の名称及び所在地

三　登録講習事務を開始しようとする年月日

四　講師の氏名、略歴及び担当する科目（第七条の六第一号の表の上欄に掲げる科目をいう。）

3　前項の申請書には、次に掲げる書類を添付しなければならない。

一　個人である場合においては、次に掲げる書類

イ　住民票の抄本又はこれに代わる書面

ロ　登録講習事務申請者の略歴を記載した書類

二　法人である場合においては、次に掲げる書類

イ　定款又は寄附行為及び登記事項証明書

ロ　株主名簿若しくは社員名簿の写し又はこれらに代わる書面

ハ　申請に係る意思の決定を証する書類

ニ　役員（持分会社（会社法（平成十七年法律第八十六号）第五百七十五

条第一項に規定する持分会社をいう。）にあっては、業務を執行する社員をいう。以下同じ。）の氏名及び略歴を記載した書類

三　講師が第七条の四第一項第二号イからハまでのいずれかに該当する者であることを証する書類

四　登録講習事務以外の業務を行おうとするときは、その業務の種類及び概要を記載した書類

五　登録講習事務申請者が次条各号のいずれにも該当しない者であることを誓約する書面

六　その他参考となる事項を記載した書類

（欠格条項）

第七条の三　次の各号のいずれかに該当する者が行う講習は、第七条第二号の登録を受けることができない。

一　法の規定に違反し、罰金以上の刑に処せられ、その執行を終わり、又は執行を受けることがなくなった日から起算して二年を経過しない者

二　第七条の十三の規定により第七条第二号の登録を取り消され、その取消しの日から起算して二年を経過しない者

三　法人であって、登録講習事務を行う役員のうちに前二号のいずれかに該当する者があるもの

（登録の要件等）

第七条の四　国土交通大臣は、第七条の二の規定による登録の申請が次に掲げる要件のすべてに適合しているときは、その登録をしなければならない。

一　第七条の六第一号の表の上欄に掲げる科目について講習が行われるものであること。

二　次のいずれかに該当する者が講師として登録講習事務に従事するものであること。

イ　技術管理者となった経験を有する者

ロ　学校教育法による大学において土木工学若しくは建築工学に属する科目の教授若しくは准教授の職にあり、若しくはこれらの職にあった者又は土木工学若しくは建築工学に属する科目に関する研究により博士の学位を授与された者

ハ　国土交通大臣がイ又はロに掲げる者と同等以上の能力を有すると認める者

2　第七条第二号の登録は、登録講習登録簿に次に掲げる事項を記載してするものとする。

一　登録年月日及び登録番号

二　登録講習事務を行う者（以下「登録講習実施機関」という。）の氏名又は名称及び住所並びに法人にあっては、その代表者の氏名

三　登録講習事務を行う事務所の名称及び所在地

四　登録講習事務を開始する年月日

（登録の更新）

第七条の五　第七条第二号の登録は、五年ごとにその更新を受けなければ、その期間の経過によって、その効力を失う。

2　前三条の規定は、前項の登録の更新について準用する。

（登録講習事務の実施に係る義務）

第七条の六　登録講習実施機関は、公正に、かつ、第七条の四第一項各号に掲げる要件及び次に掲げる基準に適合する方法により登録講習事務を行わなければならない。

一　次の表の上欄に掲げる科目の区分に応じ、それぞれ同表の中欄に掲げる内容について、同表の下欄に掲げる時間以上登録講習を行うこと。

科　目	内　容	時　間
一　解体工事の関係法令に関する科目	廃棄物の処理及び清掃に関する法律（昭和四十五年法律第百三十七号）、建設工事に係る資材の再資源化等に関する法律（平成十二年法律第百四号）その他関係法令に関する事項	七時間
二　解体工事の技術上の管理に関する科目	解体工事の施工計画、施工管理、安全管理その他の技術上の管理に関する事項	
三　解体工事の施工方法に関する科目	木造、鉄筋コンクリート造その他の構造に応じた解体工事の施工方法に関する事項	

二　前号の表の上欄に掲げる科目及び同表の中欄に掲げる内容に応じ、教本等必要な教材を用いて登録講習を行うこと。

三　講師は、講義の内容に関する受講者の質問に対し、講義中に適切に応答すること。

四　登録講習を実施する日時、場所その他登録講習の実施に関し必要な事項をあらかじめ公示すること。

五　登録講習に関する不正行為を防止するための措置を講じること。

六　登録講習を修了した者に対し、別記様式第六号の二による修了証（以下単に「修了証」という。）を交付すること。

（登録事項の変更の届出）

第七条の七　登録講習実施機関は、第七条の四第二項第二号から第四号までに掲げる事項を変更しようとするときは、変更しようとする日の二週間前までに、その旨を国土交通大臣に届け出なければならない。

（規程）

第七条の八　登録講習実施機関は、次に掲げる事項を記載した登録講習事務に関する規程を定め、当該事務の開始前に、国土交通大臣に届け出なければならない。これを変更しようとするときも、同様とする。

一　登録講習事務を行う時間及び休日に関する事項

二　登録講習の受講の申込みに関する事項

三　登録講習事務を行う事務所及び登録講習の実施場所に関する事項

四　登録講習に関する料金の額及びその収納の方法に関する事項

五　登録講習の日程、公示方法その他の登録講習事務の実施の方法に関する事項

六　講師の選任及び解任に関する事項

七　登録講習に用いる教材の作成に関する事項

八　終了した登録講習の教材の公表に関する事項

九　修了証の交付及び再交付に関する事項

十　登録講習事務に関する秘密の保持に関する事項

十一　登録講習事務に関する公正の確保に関する事項

十二　不正受講者の処分に関する事項

十三　第七条の十四第三項の帳簿その他の登録講習事務に関する書類の管理に関する事項

十四　その他登録講習事務に関し必要な事項

（登録講習事務の休廃止）

第七条の九　登録講習実施機関は、登録講習事務の全部又は一部を休止し、又は廃止しようとするときは、あらかじめ、次に掲げる事項を記載した届出書を国土交通大臣に提出しなければならない。

一　休止し、又は廃止しようとする登録講習事務の範囲

二　休止し、又は廃止しようとする年月日及び休止しようとする場合にあっては、その期間

三　休止又は廃止の理由

（財務諸表等の備付け及び閲覧等）

第七条の十　登録講習実施機関は、毎事業年度経過後三月以内に、その事業年度の財産目録、貸借対照表及び損益計算書又は収支計算書並びに事業報告書（その作成に代えて電磁的記録（電子的方式、磁気的方式その他の人の知覚によっては認識することができない方式で作られる記録であって、電子計算機による情報処理の用に供されるものをいう。以下この条において同じ。）の作成がされている場合における当該電磁的記録を含む。次項において「財務諸表等」という。）を作成し、五年間事務所に備えて置かなければならない。

2　登録講習を受験しようとする者その他の利害関係人は、登録講習実施機関の業務時間内は、いつでも、次に掲げる請求をすることができる。ただし、第二号又は第四号の請求をするには、登録講習実施機関の定めた費用を支払わなければならない。

一　財務諸表等が書面をもって作成されているときは、当該書面の閲覧又は謄写の請求

二　前号の書面の謄本又は抄本の請求
三　財務諸表等が電磁的記録をもって作成されているときは、当該電磁的記録に記録された事項を紙面又は出力装置の映像面に表示したものの閲覧又は謄写の請求
四　前号の電磁的記録に記録された事項を電磁的方法であって、次に掲げるもののうち登録講習実施機関が定めるものにより提供することの請求又は当該事項を記載した書面の交付の請求
イ　送信者の使用に係る電子計算機と受信者の使用に係る電子計算機とを電気通信回線で接続した電子情報処理組織を使用する方法であって、当該電気通信回線を通じて情報が送信され、受信者の使用に係る電子計算機に備えられたファイルに当該情報が記録されるもの
ロ　磁気ディスク等をもって調製するファイルに情報を記録したものを交付する方法
3　前項第四号イ又はロに掲げる方法は、受信者がファイルへの記録を出力することにより書面を作成することができるものでなければならない。
（適合命令）
第七条の十一　国土交通大臣は、登録講習実施機関の実施する登録講習が第七条の四第一項の規定に適合しなくなったと認めるときは、当該登録講習実施機関に対し、同項の規定に適合するため必要な措置をとるべきことを命ずることができる。
（改善命令）
第七条の十二　国土交通大臣は、登録講習実施機関が第七条の六の規定に違反していると認めるときは、当該登録講習実施機関に対し、同条の規定による登録講習事務を行うべきこと又は登録講習事務の方法その他の業務の方法の改善に関し必要な措置をとるべきことを命ずることができる。
（登録の取消し等）
第七条の十三　国土交通大臣は、登録講習実施機関が次の各号のいずれかに該当するときは、当該登録講習実施機関が行う講習の登録を取り消し、又は期間を定めて登録講習事務の全部若しくは一部の停止を命ずることができる。
一　第七条の三第一号又は第三号に該当するに至ったとき。
二　第七条の七から第七条の九まで、第七条の十第一項又は次条の規定に違反したとき。
三　正当な理由がないのに第七条の十第二項各号の規定による請求を拒んだとき。
四　前二条の規定による命令に違反したとき。
五　第七条の十五の規定による報告を求められて、報告をせず、又は虚偽の報告をしたとき。
六　不正の手段により第七条第二号の登録を受けたとき。
（帳簿の記載等）

第七条の十四　登録講習実施機関は、登録講習に関する次に掲げる事項を記載した帳簿を備えなければならない。
一　講習の実施年月日
二　講習の実施場所
三　受講者の受講番号、氏名及び生年月日
四　修了年月日
2　前項各号に掲げる事項が、電子計算機に備えられたファイル又は磁気ディスク等に記録され、必要に応じ登録講習実施機関において電子計算機その他の機器を用いて明確に紙面に表示されるときは、当該記録をもって同項に規定する帳簿への記載に代えることができる。
3　登録講習実施機関は、第一項に規定する帳簿（前項の規定による記録が行われた同項のファイル又は磁気ディスク等を含む。）を、登録講習事務の全部を廃止するまで保存しなければならない。
4　登録講習実施機関は、次に掲げる書類を備え、登録講習を実施した日から三年間保存しなければならない。
一　登録講習の受講申込書及び添付書類
二　終了した登録講習の教材
（報告の徴収）
第七条の十五　国土交通大臣は、登録講習事務の適切な実施を確保するため必要があると認めるときは、登録講習実施機関に対し、登録講習事務の状況に関し必要な報告を求めることができる。
（公示）
第七条の十六　国土交通大臣は、次に掲げる場合には、その旨を官報に公示しなければならない。
一　第七条第二号の登録をしたとき。
二　第七条の七の規定による届出があったとき。
三　第七条の九の規定による届出があったとき。
四　第七条の十三の規定により登録を取り消し、又は登録講習事務の停止を命じたとき。
（登録の申請）
第七条の十七　第七条第三号の登録は、登録試験の実施に関する事務（以下「登録試験事務」という。）を行おうとする者の申請により行う。
2　第七条第三号の登録を受けようとする者（以下「登録試験事務申請者」という。）は、次に掲げる事項を記載した申請書を国土交通大臣に提出しなければならない。
一　登録試験事務申請者の氏名又は名称及び住所並びに法人にあっては、その代表者の氏名
二　登録試験事務を行おうとする事務所の名称及び所在地
三　登録試験事務を開始しようとする年月日

四　登録試験委員（次条第一項第二号に規定する合議制の機関を構成する者をいう。以下同じ。）となるべき者の氏名及び略歴並びに同号イからハまでのいずれかに該当する者にあっては、その旨

3　前項の申請書には、次に掲げる書類を添付しなければならない。

一　個人である場合においては、次に掲げる書類

イ　住民票の抄本又はこれに代わる書面

ロ　登録試験事務申請者の略歴を記載した書類

二　法人である場合においては、次に掲げる書類

イ　定款又は寄附行為及び登記簿の謄本

ロ　株主名簿若しくは社員名簿の写し又はこれらに代わる書面

ハ　申請に係る意思の決定を証する書類

ニ　役員の氏名及び略歴を記載した書類

三　登録試験委員のうち、次条第一項第二号イからハまでのいずれかに該当する者にあっては、その資格等を有することを証する書類

四　登録試験事務以外の業務を行おうとするときは、その業務の種類及び概要を記載した書類

五　登録試験事務申請者が第七条の二十一において準用する第七条の三各号のいずれにも該当しない者であることを誓約する書面

六　その他参考となる事項を記載した書類

（登録の要件等）

第七条の十八　国土交通大臣は、前条の規定による登録の申請が次に掲げる要件のすべてに適合しているときは、その登録をしなければならない。

一　次条第一号の表の上欄に掲げる科目について試験が行われるものであること。

二　次のイからハまでに掲げる者の区分に応じ、それぞれイからハまでに定める人数以上含む十名以上の者によって構成される合議制の機関により試験問題の作成及び合否判定が行われるものであること。

イ　学校教育法による大学において土木工学に属する科目の教授若しくは准教授の職にあり、若しくはこれらの職にあった者若しくは技術士法による第二次試験のうち技術部門を建設部門とするものに合格した者又は国土交通大臣がこれらの者と同等以上の能力を有すると認める者　一名

ロ　学校教育法による大学において建築工学に属する科目の教授若しくは准教授の職にあり、若しくはこれらの職にあった者若しくは建築士法による一級建築士の免許を有する者又は国土交通大臣がこれらの者と同等以上の能力を有すると認める者　二名

ハ　建設業法による技術検定のうち検定種目を一級の土木施工管理若しくは一級の建築施工管理とするものに合格した後解体工事に関し五年以上の実務経験を有する者又は国土交通大臣がこれらの者と同等以上の能力を有すると認める者　二名

2　第七条第三号の登録は、登録試験登録簿に次に掲げる事項を記載してするものとする。

一　登録年月日及び登録番号

二　登録試験事務を行う者（以下「登録試験実施機関」という。）の氏名又は名称及び住所並びに法人にあっては、その代表者の氏名

三　登録試験事務を行う事務所の名称及び所在地

四　登録試験事務を開始する年月日

（登録試験事務の実施に係る義務）

第七条の十九　登録試験実施機関は、公正に、かつ、前条第一項各号に掲げる要件及び次に掲げる基準に適合する方法により登録試験事務を行わなければならない。

一　次の表の上欄に掲げる科目の区分に応じ、それぞれ同表の中欄に掲げる内容について、同表の下欄に掲げる時間を標準として試験を行うこと。

科　目	内　容	時　間
一　解体工事の関係法令に関する科目	廃棄物の処理及び清掃に関する法律、建設工事に係る資材の再資源化等に関する法律その他関係法令に関する事項	三時間三十分
二　土木工学及び建築工学に関する科目	構造力学、材料学その他の基礎的な土木工学及び建築工学に関する事項	
三　解体工事の技術上の管理に関する科目	解体工事の施工計画、施工管理、安全管理その他の技術上の管理に関する事項	
四　解体工事の施工方法に関する科目	解体工事に係る木造、鉄筋コンクリート造その他の構造に応じた解体工事の施工方法に関する事項	
五　解体工事の工法及び機器に関する科目	解体工事の工法及び機器の種類及び選定に関する事項	
六　解体工事の実務に関する科目	解体工事の実務に関する事項	

二　登録試験を実施する日時、場所その他登録試験の実施に関し必要な事項をあらかじめ公示すること。

三　登録試験に関する不正行為を防止するための措置を講じること。

四　終了した登録試験の問題及び合格基準を公表すること。

五　登録試験に合格した者に対し、別記様式第六号の三による合格証明書（以下「登録試験合格証明書」という。）を交付すること。

（規程）

第七条の二十　登録試験実施機関は、次に掲げる事項を記載した登録試験事務

に関する規程を定め、当該事務の開始前に、国土交通大臣に届け出なければならない。これを変更しようとするときも、同様とする。

一　登録試験事務を行う時間及び休日に関する事項
二　登録試験の受験の申込みに関する事項
三　登録試験事務を行う事務所及び試験地に関する事項
四　登録試験の受験手数料の額及びその収納の方法に関する事項
五　登録試験の日程、公示方法その他の登録試験事務の実施の方法に関する事項
六　登録試験委員の選任及び解任に関する事項
七　登録試験の問題の作成及び合否判定の方法に関する事項
八　終了した登録試験の問題及び合格基準の公表に関する事項
九　合格証明書の交付及び再交付に関する事項
十　登録試験事務に関する秘密の保持に関する事項
十一　登録試験事務に関する公正の確保に関する事項
十二　不正受験者の処分に関する事項
十三　次条において準用する第七条の十四第三項の帳簿その他の登録試験事務に関する書類の管理に関する事項
十四　その他登録試験事務に関し必要な事項

（準用規定）

第七条の二十一　第七条の三、第七条の五、第七条の七及び第七条の九から第七条の十六までの規定は、登録試験実施機関について準用する。この場合において、次の表の上欄に掲げる規定中同表の中欄に掲げる字句は、それぞれ同表の下欄に掲げる字句に読み替えるものとする。

第七条の三	講習は	試験は
第七条の三、第七条の五第一項、第七条の十三第六号、第七条の十六第一号	第七条第二号	第七条第三号
第七条の三第二号、第七条の十六第四号	第七条の十三	第七条の二十一において準用する第七条の十三
第七条の三第三号、第七条の九（見出しを含む。）、第七条の十二、第七条の十三、第七条の十四第三項、第七条の十五、第七条の十六第四号	登録講習事務	登録試験事務
第七条の五第二項	前三条	第七条の十七、第七条の十八及び第七条の二十一において準用する第七条の三

第七条の七、第七条の九、第七条の十第一項及び第二項、第七条の十一から第七条の十五まで	登録講習実施機関	登録試験実施機関
第七条の七	第七条の四第二項第二号	第七条の十八第二項第二号
第七条の十第二項、第七条の十四第四項	登録講習を	登録試験を
第七条の十一	登録講習が	登録試験が
	第七条の四第一項	第七条の十八第一項
第七条の十二	第七条の六	第七条の十九
第七条の十三、第七条の十四第一項	講習の	試験の
第七条の十三第一号	第七条の三第一号	第七条の二十一において準用する第七条の三第一号
第七条の十三第二号	第七条の七から第七条の九まで	第七条の二十又は第七条の二十一において準用する第七条の七、第七条の九
	又は次条	若しくは第七条の十四
第七条の十三第三号	第七条の十第二項各号	第七条の二十一において準用する第七条の十第二項各号
第七条の十三第四号	前二条	第七条の二十一において準用する第七条の十一又は前条
第七条の十三第五号	第七条の十五	第七条の二十一において準用する第七条の十五
第七条の十四第一項	登録講習に	登録試験に
	受講者	受験者
	受講番号	受験番号
	修了年月日	合格年月日
第七条の十四第四項各号	登録講習	登録試験
	受講申込書	受験申込書

	教材	問題及び答案用紙
第七条の十六第二号	第七条の七	第七条の二十一において準用する第七条の七
第七条の十六第三号	第七条の九	第七条の二十一において準用する第七条の九

条文の趣旨

1　技術管理者制度（第31条）

分別解体をはじめとする解体工事の適正な施工を確保し、再資源化等の効果的かつ効率的な実施を図っていくためには、解体工事業者が、建築物等の構造・工法、周辺の土地利用状況等を踏まえた解体方法や機械操作等に関する知識・技術等の必要最低限の知識・技術を備えた者を確保していくことが不可欠となる。

このため、本法においては、解体工事の施工の技術上の管理をつかさどるもの（技術管理者）を選任していることを登録の要件としているところである。

本条の規定に違反して技術管理者を選任しなかった者は、20万円以下の罰金に処せられる（第51条第３号）。

2　技術管理者による解体工事の監督（第32条）

解体工事の適正な施工を解体工事の現場ごとに確保していくためには、解体工事業者が当該企業内に技術管理者を選任しているというだけでは足りず、個々の解体工事の施工に当たり実際に技術管理者を活用し、その監督のもとで解体工事を施工していく体制を確保しなければならない。

解体工事は、対象となる建築物等の状況が構造・工法、使用年数、改築の有無等によって様々であり、解体方法等の適切な選択のためには現場で実際に建築物等の状況を確認する必要があることなどから、技術管理者による監督は個々の解体工事現場で実地に行われることが不可欠となる。

このため、第32条では、個々の解体工事の施工に技術管理者の専門知識や技術が確実に生かされるよう、技術管理者に個々の解体工事を実地で監督させることとするものである。

条文の内容

１　第31条

第31条は、解体工事業者は技術管理者を選任していなければならないことを定めるものである。

技術管理者は、以下に掲げる(1)一定の実務経験又は(2)一定の資格を有していることが必要である。

(1)　実務経験者

実務経験年数／学歴	解体工事業登録	
	通常の場合	国土交通大臣の登録を受けた講習（注②）受講者
一定の学科（注①）を履修した大学・高等専門学校卒業者	２年	１年
一定の学科を履修した高校卒業者	４年	３年
上記以外	８年	７年

(2)　有資格者

資格・試験名	種　別
建設業法による技術検定	一級建設機械施工
	二級建設機械施工（「第一種」、「第二種」）
	一級土木施工管理
	二級土木施工管理（「土木」）
	一級建築施工管理
	二級建築施工管理（「建築」、「躯体」）
技術士法による第二次試験	技術士（「建設部門」）
建築士法による建築士	一級建築士
	二級建築士
職業能力開発促進法による技能検定	一級とび・とび工
	二級とび＋解体工事経験１年
	二級とび工＋解体工事経験１年

国土交通大臣の登録を受けた試験	登録試験実施機関が実施する試験（注③）合格者

注①　一定の学科とは、土木工学（農業土木、鉱山土木、森林土木、砂防、治山、緑地又は造園に関する学科を含む。）、建築学、都市工学、衛生工学又は交通工学に関する学科

注②　登録講習実施機関：（社）全国解体工事業団体連合会

注③　登録試験実施機関：（社）全国解体工事業団体連合会

＊平成24年４月現在

2　第32条

第32条は、解体工事を技術管理者に実地に監督させなければならないことを規定するものである。なお、ただし書は、技術管理者が単独で解体工事を施工する場合には、監督という概念はないということを示すものである。

「解体工事の施工に従事する他の者の監督」とは、具体的には、技術管理者が、分別解体の施工方法の指導・監督、機械操作等に関する指導・監督、関係法令に従った安全管理や再資源化の実施等に関する指導・監督を行うことをいう。

Q＆A

Q104　技術管理者は兼任でもよいのか？

A　技術管理者の職務は解体工事の施工に従事する他の者の監督を行うことであり、これが可能であれば複数の工事現場を兼務することは差し支えない。

Q105　技術管理者は元請業者だけ設置すればよいのか？

A　元請業者又は下請負人が建設業者であれば、建設業法第26条に定める主任技術者又は監理技術者を設置しなければならない。また、元請業者又は下請負人が解体工事業者であれば、建設リサイクル法第31条に定める技術管理者を設置しなければならない。

第33条

（標識の掲示）

第三十三条　解体工事業者は、主務省令で定めるところにより、その営業所及び解体工事の現場ごとに、公衆の見やすい場所に、商号、名称又は氏名、登録番号その他主務省令で定める事項を記載した標識を掲げなければならない。

解体工事業登録等省令

（標識の掲示）

第八条　法第三十三条に規定する主務省令で定める事項は、次に掲げる事項とする。

一　法人である場合にあっては、その代表者の氏名

二　登録年月日

三　技術管理者の氏名

2　法第三十三条の規定により解体工事業者が掲げる標識は、別記様式第七号によるものとする。

条文の趣旨

第33条では、解体工事業者に対し、その営業所及び解体工事の現場ごとに、当該解体工事業者の名称や登録番号等を記載した一定の標識を掲げるべきことを義務付けている。

営業所にそのような標識の掲示を義務付けるのは、当該解体工事業者の営業が本法に基づく登録を受けた適法な業者によってなされていることを対外的に明らかにする必要があるからである。

また、解体工事の現場ごとにそのような標識の掲示を義務付ける理由は、解体工事の施工に係る責任主体を対外的に明確にする必要があるからである。これは、解体工事の施工の実態、すなわち、解体工事の施工は個々の建築物等が存在する場所ごとに行われ施工場所が転々と移動することや時間的にも短期間で終わることなどから、建設資材廃棄物の適正な分別や公衆災害の防止等に関し、その責任主体があいまいになりがちであることによるものである。

いずれも、発注者や元請業者、住民等が本法に基づく登録の有無等を標識により容易に確認できるようにすることで、登録業者への発注を促進していくと

ともに、そのような標識を適正に掲示し得ない無登録業者の受注を市場の中で効果的に排除していくためのものである。

条文の内容

1　「その他主務省令で定める事項」

本法に基づき営業所及び解体工事の現場に掲示すべき標識の記載事項は、法律で商号、名称又は氏名及び登録番号が定められているが、「その他主務省令で定める事項」として、代表者の氏名（法人の場合）、登録年月日、技術管理者の氏名が規定されている。

2　罰則

本条の規定による標識を掲げない者は、10万円以下の過料に処せられる（第53条第3号）。

Q & A

Q106 標識は元請業者だけ掲示すればよいのか？

A 建設業者、解体工事業者は元請・下請に係わらず店舗又は営業所及び現場ごとに標識の掲示が必要である。

Q107 対象建設工事に該当していなくても、標識は掲示しなければならないのか？

A 金額、規模によらず、解体工事を行う際は標識の掲示が必要である。

第34条

（帳簿の備付け等）

第三十四条　解体工事業者は、主務省令で定めるところにより、その営業所ごとに帳簿を備え、その営業に関する事項で主務省令で定めるものを記載し、これを保存しなければならない。

解体工事業登録等省令

（帳簿の記載事項等）

第九条　法第三十四条の規定により解体工事業者が備える帳簿の記載事項は、次に掲げる事項とする。

一　注文者の氏名又は名称及び住所

二　施工場所

三　着工年月日及び竣工年月日

四　工事請負金額

五　技術管理者の氏名

2　法第三十四条の規定により解体工事業者が備える帳簿は、別記様式第八号によるものとする。

3　第一項各号に掲げる事項が電子計算機に備えられたファイル又は磁気ディスク、シー・ディー・ロムその他これらに準ずる方法により一定の事項を確実に記録しておくことができる物（以下「磁気ディスク等」という。）に記録され、必要に応じ解体工事業者の営業所において電子計算機その他の機器を用いて明確に紙面に表示されるときは、当該記録をもって前項の帳簿への記載に代えることができる。

4　第二項の帳簿（前項の規定により記録が行われた同項のファイル又は磁気ディスク等を含む。）は、解体工事ごとに作成し、かつ、これに建設業法第十九条第一項及び第二項の規定による書面又はその写し（当該工事が対象建設工事の全部又は一部である場合にあっては、法第十三条第一項及び第二項の規定による書面又はその写し）を添付しなければならない。

5　建設業法第十九条第三項又は法第十三条第三項に規定する措置が講じられた場合にあっては、当該各項に掲げる事項又は請負契約の内容で当該各項に掲げる事項に該当するものの変更の内容が電子計算機に備えられたファイル又は磁気ディスク等に記録され、必要に応じ当該営業所において電子計算機その他の機器を用いて明確に紙面に表示されるときは、当該記録をもって前項に規定する添付書類に代えることができる。

6　解体工事業者は、第二項の帳簿（第三項の規定による記録が行われた同項のファイル又は磁気ディスク等を含む。）及び第四項の規定により添付した書類（前項の規定による記録が行われた同項のファイル又は磁気ディスク等を含む。）を各事業年度の末日をもって閉鎖するものとし、閉鎖後五年間当該帳簿及び添付書類を保存しなければならない。

条文の趣旨

解体工事業者が適正な経営を行っていくためには、解体工事業者は、自ら締結した請負契約の内容を適切に整理保存して事業の進行管理を行っていくことが重要であり、請負契約を締結する事務所である営業所ごとに帳簿の備付けを徹底することが不可欠である。

このため、第34条は、解体工事業者が、営業所ごとに営業に関する事項を記録した帳簿を備え、保存しなければならないこととしたものである。

条文の内容

1　「主務省令で定めるところにより」

この主務省令においては、以下の事項が規定される。

・帳簿は、請け負った解体工事ごとに作成すること

・一定の添付書類が必要なこと

・磁気ディスク等に帳簿及び添付書類の記載事項を記録することもできること

・帳簿及び添付書類を各事業年度の末日から5年間保存しなければならないこと。

2　「主務省令で定めるもの」

「主務省令で定めるもの」としては、

①　注文者の氏名又は名称及び住所

②　施工場所

③　着工年月日及び竣工年月日

④　工事請負金額

⑤　技術管理者の氏名

が規定されている。

3　罰則

本条の規定に違反して、帳簿を備えず、帳簿に記載せず、若しくは虚偽の記

載をし、又は帳簿を保存しなかった者は、10万円以下の過料に処せられる（第53条第4号)。

第35条

（登録の取消し等）

第三十五条　都道府県知事は、解体工事業者が次の各号のいずれかに該当するときは、その登録を取り消し、又は六月以内の期間を定めてその事業の全部若しくは一部の停止を命ずることができる。

一　不正の手段により解体工事業者の登録を受けたとき。

二　第二十四条第一項第二号又は第四号から第七号までのいずれかに該当することとなったとき。

三　第二十五条第一項の規定による届出をせず、又は虚偽の届出をしたとき。

2　第二十四条第二項の規定は、前項の規定による処分をした場合に準用する。

条文の趣旨

解体工事業者の登録制度の趣旨は、解体工事業者の最低限の資質・技術力を確保することで、解体工事の適正な施工を確保するとともに、発注者の保護や不良業者の排除を図っていくことであり、解体工事業者には、その営業及び解体工事の施工に際して本法に基づく規定を遵守するとともに、業務上、通常必要とされる注意義務を果たすことによって、適正な解体工事の施工を行っていくことが求められる。

しかしながら、現実には、解体工事業者によっては必ずしも本法の規定が遵守されず、また、解体工事の適正な施工が確保されないこともあると考えられるところであり、このような場合に備えて、法の遵守を担保するための所要の監督処分の規定を設けておく必要がある。

本法においては、

①　解体工事業者に本法に違反する不適切な行為等があった場合等に、一定の期間解体工事業の営業を停止することにより、その改悛を促す必要があること

②　解体工事業者が不正の手段により登録を受けた場合等に、当該解体工事業者の登録を取り消して、そのような不適格者を解体工事業者から排除し

ていくことが必要となること

から、「事業停止」及び「登録の取消し」の2種類の処分を設けている。

なお、解体工事業者の不適正な施工により公衆に危害を及ぼすおそれが発生している場合等には、その速やかな是正を図ることが必要であるが、これらは建設業法に基づき行うことが可能となっており（同法第28条第2項及び第3項により、許可業者のみでなく、全ての「建設業を営む者」に対して行政処分が可能）、同法の適切な運用を図っていく必要がある。

条文の内容

「事業停止」及び「登録の取消し」は、いずれも解体工事業者に対する強度の営業規制を伴うことから、その処分事由も極力明確化したものとなっている。

1　不正の手段により登録を受けたとき（第1号）

登録制度への信頼を維持するとともに、そのような不適格者を解体工事業から排除するため、処分を行うことができることとしているものである。

2　解体工事業者が登録拒否事由に該当することとなったとき（第2号）

解体工事業者として有すべき要件を欠くこととなるため、処分を行うことができることとするものである。

なお、登録拒否事由のうち、

① 登録申請者が、本法の規定により解体工事業者の登録を取り消され、その処分のあった日から2年を経過しない者であるとき（第24条第1項第1号）

② 登録申請者が、本法の規定により事業の停止を命ぜられ、その停止の期間が経過しない者であるとき（第24条第1項第3号）

は、その性質上事業停止及び登録の取消しの処分事由とはなり得ないため、除外されている。

3　解体工事業者が登録事項の変更があったにも関わらず、それを届出なかった場合、又は虚偽の届出をしたとき（第3号）

登録制度への信頼を維持するとともに、解体工事業者の改悛を促すため、処分を行うことができることとするものである。

4　罰則

本条の規定による事業の停止命令に違反して解体工事業を営んだ者は、１年以下の懲役又は50万円以下の罰金に処せられる（第48条第３号）。

第36条

（主務省令への委任）

第三十六条　この章に定めるもののほか、解体工事業者登録簿の様式その他解体工事業者の登録に関し必要な事項については、主務省令で定める。

条文の趣旨

第36条は、本登録制度の施行に必要な技術的事項を主務省令において定めるための委任規定を置くものである。

条文の内容

主務省令で定める事項としては、解体工事業者登録簿の様式、変更届出書の様式等が規定されている。

第37条

（報告及び検査）

第三十七条　都道府県知事は、当該都道府県の区域内で解体工事業を営む者に対して、特に必要があると認めるときは、その業務又は工事施工の状況につき、必要な報告をさせ、又はその職員をして営業所その他営業に関係のある場所に立ち入り、帳簿、書類その他の物件を検査し、若しくは関係者に質問させることができる。

2　前項の規定により立入検査をする職員は、その身分を示す証明書を携帯し、関係者の請求があったときは、これを提示しなければならない。

3　第一項の規定による立入検査の権限は、犯罪捜査のために認められたものと解釈してはならない。

条文の趣旨

第37条は、解体工事業者の監督上必要な報告徴収及び立入検査に関する規定を整備するものである。

条文の内容

1　第1項

都道府県知事による報告徴収及び立入検査について定めている。

(1)　「特に必要があると認めるとき」

報告徴収及び立入検査が認められているのは、都道府県知事がその権限を的確に行使し、解体工事の適正な確保、発注者の保護等本法の目的を十分に達成できるようにすることを意図してのものである。こうした趣旨から、報告徴収又は立入検査をすることができる場合は、都道府県知事が本法の目的に沿ってその権限を行使する上で「特に必要がある場合」に限られることとしたものである。

「特に必要があると認めるとき」とは、例えば、第35条の登録の取消し等を行うに当たって、その是非を判断する上で必要な場合である。これに対し、具体的な必要性がないのに、むやみに報告を徴したり、他の営業所に立入検査をしたついでに目的外の営業所に立入検査をすることは許されないと解される。

⑵　「必要な報告をさせ」

報告を徴することができるのは、当該目的を達成するために必要な業務又は工事施工の状況に限られる。

⑶　「営業所その他の営業に関係のある場所に立ち入り、帳簿、書類その他の物件を検査し、若しくは関係者に質問させる」

⑵と同様、立入検査をし得る場所や物件も必要な営業所や帳簿等に限られ、検査の目的に関係のない書類を検査したり、営業に関係のない場所に立ち入ることはできない。

「営業に関係のある場所」とは、営業所のほか、工事現場、資機材置場等を含むものである。また、「その他の物件」には建設機械等が含まれる。

⑷　罰則

本項の規定による報告をせず、又は虚偽の報告をした者は、20万円以下の罰金に処せられる（第51条第４号）。

また、本項の規定による検査を拒み、妨げ、若しくは忌避し、又は質問に対して答弁をせず、若しくは虚偽の答弁をした者は、20万円以下の罰金に処せられる（同条第５号）。

２　第２項

行政権力の行使による立入検査は私権の重大な制限になり得ることから、その権限行使の濫用を避けるため、立入検査を行う職員は、常に身分を示す証明書を携帯し、関係者から請求があったときは、これを提示しなければならないこととしたものである。

３　第３項

本法に基づく立入検査は、上に述べたとおり、あくまで本法上の都道府県知事の権限を行使するために必要な限りにおいてのみ行われるべきものであり、第３項はこれを確認的に規定したものである。

なお、犯罪捜査のための「捜索又は押収」（憲法第35条第２項）は、「権限を有する司法官憲が発する各別の令状により、これを行」う（同項）こととされている。

第６章　雑則

第38条

（分別解体等及び再資源化等に要する費用の請負代金の額への反映）

第三十八条　国は、特定建設資材に係る資源の有効利用及び特定建設資材廃棄物の減量を図るためには、対象建設工事の発注者が分別解体等及び特定建設資材廃棄物の再資源化等に要する費用を適正に負担することが重要であることにかんがみ、当該費用を建設工事の請負代金の額に適切に反映させることに寄与するため、この法律の趣旨及び内容について、広報活動等を通じて国民に周知を図り、その理解と協力を得るよう努めなければならない。

条文の趣旨

本法に基づく分別解体等及び再資源化等の義務が適正に履行されるためには、建設資材廃棄物発生の発意者たる発注者が当該分別解体等及び再資源化等に要する費用を適正に負担し、受注者による分別解体等及び再資源化等の実施を資金面から支えていくことが特に重要である。

しかしながら、解体工事費等の適正な支払いに対する認識不足等により、発注者から解体工事業者に支払われている請負代金は低額なことが多く、ややもすると建設廃棄物の適正処理に必要な金額さえ支払われていない場合があるなど、このことがリサイクルの推進を妨げる大きな要因となっているところである。

このような状況にかんがみ、本法においては、発注者による費用の適正な負担を促進すべく、発注者による費用の適正な負担責務の明記（第６条）、対象建設工事の契約書面への解体工事費の明示の義務付け（第13条）等を行うこととしているところであるが、これらの措置と併せて、国が本法の趣旨及び内容について国民に対し積極的に周知を図り、費用の適正な負担の実現に向けてその理解と協力を得るよう努めるものとするものである。

条文の内容

国は、分別解体等及び再資源化等に要する費用が発注者により適正に負担されるよう、本法の趣旨及び内容について、広報活動等を通じて国民に周知を図り、その理解と協力を得るよう努めなければならないものとしている。

第38条に基づき国が講じる措置としては、一般的な広報活動のほか、分別解体等及び再資源化等に要する費用に係る積算の基礎的な考え方を示す基準の作成や民間調査機関への委託による実勢価格の調査等とその結果の国民への周知等が考えられる。

1　「広報活動等」

「広報活動等」とは、ポスター、パンフレットの配布等の広報活動、学校教育等の教育活動、シンポジウムの開催等の啓発活動など考えられ、こうした活動を通じて、国として国民の理解と協力を得ていくことになる。

2　第７条第２項の（国の責務）との関係

第７条第２項では、「国は、教育活動、広報活動等を通じて、分別解体等、建設資材廃棄物の再資源化等…の促進に関する国民の理解を深めるとともに、その実施に関する国民の協力を求めるよう努めなければならない」ものとされている。

この第７条第２項の国の責務は、第38条の国の責務も含むものではあるが、第７条の規定は、建設資材のリサイクル全般に関して、国民の理解と協力を得ることに努めるべき国の責務を一般的に規定したものであるのに対し、本条は、特定建設資材や特定建設資材廃棄物に関し第３章以下で規定されている具体の措置をより実効性あるものとするために必要かつ重要な国の措置を明らかにするものである。

第39条

（下請負人に対する元請業者の指導）

第三十九条　対象建設工事の元請業者は、各下請負人が自ら施工する建設工事の施工に伴って生じる特定建設資材廃棄物の再資源化等を適切に行うよう、当該対象建設工事における各下請負人の施工の分担関係に応じて、各下請負人の指導に努めなければならない。

条文の趣旨

建設工事は元請業者と下請負人を含めた受注者全体による共同作業であり、建設資材廃棄物の再資源化等の適切な実施を図るためには、受注者間で分別解体等の建設工事そのものの適正化を図ることはもとより、分別解体等を行った後の特定建設資材をどのように保管するのか、特定建設資材廃棄物の運搬業者への引渡しはいつ、誰が行うかなど、工事現場での分別解体等や再資源化等に必要な行為が順序良く円滑に行われる必要がある。

この点に関し、分別解体等の建設工事の施工そのものに関しては建設業法第24条の6の規定に見られるように、対象建設工事全般の施工管理を行う元請業者が下請負人を指導することが明らかにされているところであるが、再資源化等の廃棄物の処理に関しては、建設業法においても廃棄物処理法においてもそのマネジメントの主体についての明確な規定はない。

現状では、この再資源化等に関するマネジメントは、廃棄物処理法上の排出事業者として廃棄物の適正処理の責任を負う元請業者が自発的に行っているのみであるため、再資源化等の実施が確実かつ円滑に行われるよう、第39条においてこのマネジメントに関する元請業者の役割を明確に規定したものである。

条文の内容

1　「対象建設工事の元請業者」

下請負人に対する指導責務を負うのは、対象建設工事の「元請業者」（第2条第10項）である。これは、対象建設工事の施工に関して統一的かつ総合的な指導監督を行うのは元請業者であり、その下に各下請負人が共同して工事を施工するという実態を踏まえて、元請業者に法律上の責務を課すものである。

このことは、当該対象建設工事を請け負う他の元請（本法第２条第10項に定義する元請業者以外の元請）が下請負人に対する指導を怠ってもよいという趣旨ではないことはもちろんであり、他の元請においても、その役割に応じて同様の指導に努めるべきであることはいうまでもない。

なお、第39条と同様の考え方に立ち、本法では、

① 対象建設工事の元請業者から発注者に対し、分別解体等の計画等について書面を交付して説明する義務（第12条第１項）

② 元請業者から下請負人に対し、都道府県知事への届出事項を告げる義務（第12条第２項）

③ 再資源化等が完了したときは、元請業者から発注者に対し、その旨を書面で報告するとともに、再資源化等の実施状況に関する記録を作成、保存する義務（第18条第１項）

を課しているなど、リサイクルの推進に関する元請業者の役割を重視したものとなっている。

2　「各下請負人の指導」

指導の対象となる「各下請負人」とは、対象建設工事の元請業者と直接の契約関係にある者に限らず、当該工事に従事する全ての下請負人である。

参照条文

〇建設業法（抄）

（下請負人に対する特定建設業者の指導等）

第二十四条の六　発注者から直接建設工事を請け負つた特定建設業者は、当該建設工事の下請負人が、その下請負に係る建設工事の施工に関し、この法律の規定又は建設工事の施工若しくは建設工事に従事する労働者の使用に関する法令の規定で政令で定めるものに違反しないよう、当該下請負人の指導に努めるものとする。

2　前項の特定建設業者は、その請け負つた建設工事の下請負人である建設業を営む者が同項に規定する規定に違反していると認めたときは、当該建設業を営む者に対し、当該違反している事実を指摘して、その是正を求めるように努めるものとする。

3　第一項の特定建設業者が前項の規定により是正を求めた場合において、当該建設業を営む者が当該違反している事実を是正しないときは、同項の特定建設業者は、当該建設業を営む者が建設業者であるときはその許可をした国土交通大臣若しくは都道府県知事又は営業としてその建設工事の行われる区域を管轄する都道府県知事

に、その他の建設業を営む者であるときはその建設工事の現場を管轄する都道府県知事に、速やかに、その旨を通報しなければならない。

Q & A

Q108 この条文には「各下請負人が…再資源化を適切に行う」とあるが、廃棄物処理法では基本的に元請業者が排出事業者として廃棄物の処理を行わなければならないのではなかったのか？

A 廃棄物処理法上の排出事業者の考え方には何ら変わりはない。ここでは下請負人に対する元請業者の指導責任について規定しているだけである。

第40条

（再資源化をするための施設の整備）

第四十条　国及び地方公共団体は、対象建設工事受注者による特定建設資材廃棄物の再資源化の円滑かつ適正な実施を確保するためには、特定建設資材廃棄物の再資源化をするための施設の適正な配置を図ることが重要であることにかんがみ、当該施設の整備を促進するために必要な措置を講ずるよう努めなければならない。

条文の趣旨

特定建設資材廃棄物の再資源化を実施するためには、実際に再資源化を行う再資源化施設の整備が必須の前提となる。しかし、再資源化施設の整備状況は、木材の再資源化施設が一部地域で不足しているなど、品目によっては必ずしも十分でなく、その適正な立地を促進していくことが、特定建設資材廃棄物の再資源化の円滑かつ適正な実施を確保していく上で重要である。このため、第40条では、再資源化施設の整備を促進するため、国及び地方公共団体は必要な措置を講ずるよう努めなければならない旨の規定を置いている。

なお、建設廃棄物の再資源化施設については、従来、税制優遇や金融措置の充実を図るとともに、産業廃棄物の処理に係る特定施設の整備の促進に関する法律（特定施設整備法）（平成４年法律第62号）等に基づき、周辺公共施設と併せて整備の促進を図ってきたところであるが、本条の趣旨のもと、平成12年に同法が改正され、建設廃棄物の再資源化施設について要件緩和が行われるなど、その一層の整備促進を図っていくこととしている（※）。

※　特定施設整備法においては、従来、２種類以上の産業廃棄物処理施設から構成される比較的大規模な「特定施設」についてその整備を促進しようとするものであったが、平成12年の改正により、焼却施設、最終処分場及び建設廃棄物の再資源化施設については、より一層の立地促進を図るべきものとして、一定規模以上のものであれば１種類のみでも「特定施設」として認められることになった。

参照条文

○産業廃棄物の処理に係る特定施設の整備の促進に関する法律（抄）

（定義）

第二条　（略）

2　この法律において「特定施設」とは、産業廃棄物の処理を効率的かつ適正に行うために設置される一群の施設であって、第一号又は第二号に掲げる施設及び第三号、第四号又は第五号に掲げる施設から構成されるもの（これらと一体的に設置される集会施設、スポーツ又はレクリエーション施設、教養文化施設その他の施設を含む。）をいう。

一　二以上の種類（焼却施設、破砕施設、乾燥施設、脱水施設、中和施設、油水分離施設、コンクリート固型化施設、ばい焼施設、分解施設、洗浄施設、安定型最終処分場（環境に影響を及ぼすおそれの少ないものとして政令で定める産業廃棄物の最終処分場をいう。次号において同じ。）、管理型最終処分場（環境に影響を及ぼすおそれのあるものとして政令で定める産業廃棄物の最終処分場をいう。次号において同じ。）、遮断型最終処分場（環境に著しい影響を及ぼすおそれのあるものとして政令で定める産業廃棄物の最終処分場をいう。次号において同じ。）、建設廃棄物処理施設（工作物の除去に伴って生じたコンクリートの破片その他これに類する産業廃棄物又は木くずの再生を行う施設をいう。次号において同じ。）その他これらに類する施設の種類をいう。第十七条第一号において同じ。）の産業廃棄物処理施設（産業廃棄物の処理施設をいう。以下この項、第十七条及び第二十七条において同じ。）が一体的に設置される施設であって、産業廃棄物の処理につき広く一般の需要に応ずるためのもの

二　産業廃棄物処理施設のうち焼却施設、安定型最終処分場、管理型最終処分場、遮断型最終処分場又は建設廃棄物処理施設であって、産業廃棄物の処理につき広く一般の需要に応ずるためのもの（政令で定める規模以上のものに限る。）

三〜五　（略）

3・4　（略）

○産業廃棄物の処理に係る特定施設の整備の促進に関する法律施行令（抄）

（法第二条第二項第二号の政令で定める規模）

第二条　法第二条第二項第二号の政令で定める規模は、次の各号に掲げる施設の区分に応じ、それぞれ当該各号に定めるものとする。

一〜三　（略）

四　法第二条第二項第一号に規定する建設廃棄物処理施設　一日当たりの処理能力が百トン（木くずの再生のみを行う施設にあっては、三十トン）以上のもの

第41条

（利用の協力要請）

第四十一条　主務大臣又は都道府県知事は、対象建設工事の施工に伴って生じる特定建設資材廃棄物の再資源化の円滑な実施を確保するため、建設資材廃棄物の再資源化により得られた建設資材の利用を促進することが特に必要であると認めるときは、主務大臣にあっては関係行政機関の長に対し、都道府県知事にあっては新築工事等に係る対象建設工事の発注者（国を除く。）に対し、建設資材廃棄物の再資源化により得られた建設資材の利用について必要な協力を要請することができる。

条文の趣旨

再資源化により得られた物の利用促進については、建設工事を直接担う建設業者の取組みが重要であるが、一方では、建設工事においてどのような資材を使用するかは実際には発注者の意向によるところが大きく、発注者の理解と協力が得られなければ、建設業者が努力しても再資源化により得られた物の利用は進まない。

このため、第41条は、建設資材廃棄物の再資源化により得られた建設資材（建設資材廃棄物の再資源化により得られた物を使用した建設資材を含む）（第５条第２項）の利用に関して大きな影響力をもつ関係行政機関や発注者にも一定の役割を担わせ、リサイクル材の市場を拡大することにより、本法に基づく措置をより円滑かつ適正に実施できるようにするものである。

条文の内容

1　「主務大臣又は都道府県知事は」

第41条に基づき要請を行う者は、主務大臣又は都道府県知事である。

本法が都道府県知事を中心として構成されている中で、主務大臣も要請主体とするのは、要請を受ける新築工事等の対象建設工事の発注者には国の機関も含まれることから、これら国の機関に対しては主務大臣が同じ国の機関として要請を行うことが適切であるからである。他方、都道府県知事は、これら国の機関以外の発注者に対し要請を行うものである。

2　「特に必要であると認めるとき」

「特に必要であると認めるとき」とは、例えば、再資源化により得られた建設資材に対する需要が十分でなく、市場での取引が低調なため、再資源化施設による新規の特定建設資材廃棄物の受入れが困難となっているようなときなどである。

3　「関係行政機関の長」

行政機関の長とは、各省の大臣、各委員会の長及び各庁の長官をいう。地方公共団体の長や公団・事業団の長等はこれに該当しない。

なお、本条における「関係行政機関の長」とは、建設資材廃棄物の再資源化により得られた建設資材の利用について協力することが可能な「行政機関の長」であり、主として公共発注者を想定している。

4　「新築工事等に係る対象建設工事の発注者」

新築工事等の対象建設工事の発注者は、建設資材を大量に使用することから、再資源化により得られた建設資材の利用の余地が大きいこと、建設資材廃棄物を相当量発生させる対象建設工事の発注者であり資源の有効利用や廃棄物の減量に協力すべき社会的責務があると考えられることから、再資源化により得られた建設資材の利用に関して一般的な責務を課すにとどまらず、より積極的にその利用に協力することを求めているものである。

5　「必要な協力」

「必要な協力」とは、例えば、請負契約の締結に当たり、建設資材廃棄物の再資源化により得られた建設資材を使用するよう指定し、これを設計図書に明示することなどにより、受注者の再資源化により得られた建設資材の利用を促進することなどをいう。

6　「要請」

要請の方法については、特段の様式等を定めているわけではないが、要請の内容とその理由を記載した書面により行うほか、会議の場での発言を行うなど、その意思を的確に伝えることができる方法で行うことが適当である。

7　第6条（発注者の責務）との関係

第6条では、「発注者は、その注文する建設工事について、…再資源化により得られた建設資材の使用等により、…建設資材廃棄物の再資源化等の促進に努めなければならない」ものとされている。

この第6条の発注者の責務は、全ての建設工事の発注者に対して課される一般的な責務であるのに対し、本条の要請は、発注者のうち特に再資源化により得られた物の利用を行うべきと考えられる公共発注者や新築工事等の対象建設工事の発注者等に対して特別に行うものである。

第42条

（報告の徴収）

第四十二条　都道府県知事は、特定建設資材に係る分別解体等の適正な実施を確保するために必要な限度において、政令で定めるところにより、対象建設工事の発注者、自主施工者又は対象建設工事受注者に対し、特定建設資材に係る分別解体等の実施の状況に関し報告をさせることができる。

2　都道府県知事は、特定建設資材廃棄物の再資源化等の適正な実施を確保するために必要な限度において、政令で定めるところにより、対象建設工事受注者に対し、特定建設資材廃棄物の再資源化等の実施の状況に関し報告をさせることができる。

施行令

（報告の徴収）

第六条　都道府県知事は、法第四十二条第一項の規定により、対象建設工事の発注者に対し、特定建設資材に係る分別解体等の実施の状況につき、次に掲げる事項に関し報告をさせることができる。

一　当該対象建設工事の元請業者が当該発注者に対して法第十二条第一項の規定により交付した書面に関する事項

二　その他分別解体等に関する事項として主務省令で定める事項

2　都道府県知事は、法第四十二条第一項の規定により、自主施工者又は対象建設工事受注者に対し、特定建設資材に係る分別解体等の実施の状況につき、次に掲げる事項に関し報告をさせることができる。

一　分別解体等の方法に関する事項

二　その他分別解体等に関する事項として主務省令で定める事項

3　都道府県知事は、法第四十二条第二項の規定により、対象建設工事受注者に対し、特定建設資材廃棄物の再資源化等の実施の状況につき、次に掲げる事項に関し報告をさせることができる。

一　再資源化等の方法に関する事項

二　再資源化等をした施設に関する事項

三　その他特定建設資材廃棄物の再資源化等に関する事項として主務省令で定める事項

施行規則

（報告の徴収に関する事項）

第八条　令第六条第三項第三号の主務省令で定める事項は、法第十三条第一項及び第二項の規定により交付した書面又は同上第三項の規定により講じた措置に関する事項その他特定建設資材廃棄物の再資源化等に関し都道府県知事が必要と認める事項とする。

分別解体等省令

（報告の徴収に関する事項）

第八条　令第六条第一項第二号の主務省令で定める事項及び同条第二項第二号の主務省令で定める事項は、法第十三条第一項及び第二項の規定により交付した書面又は同条第三項の規定により講じた措置に関する事項その他分別解体等に関し都道府県知事が必要と認める事項とする。

条文の趣旨

第42条は、分別解体等及び再資源化等の適正な実施を確保するために、都道府県知事が対象建設工事の発注者、自主施工者又は対象建設工事の受注者に対して必要な報告を徴収することができるものとするものである。

条文の内容

1　第1項

第1項は、都道府県知事は、分別解体等の適正な実施を確保するために必要な限度において、対象建設工事の発注者、自主施工者又は対象建設工事の受注者に対して、分別解体等の実施の状況に関し報告を徴収することができることとしている。

2　第2項

第2項は、都道府県知事は、再資源化等の適正な実施を確保するために必要な限度において、対象建設工事の受注者に対して、再資源化等の実施の状況に関し報告を徴収することができることとしている。なお、再資源化等の義務付けの対象者ではない発注者及び自主施工者については、本項に基づく報告徴収の対象とはならない。

3　「必要な限度において」

これらの報告徴収は、分別解体等又は再資源化等の適正な実施を確保するために、「必要な限度において」実施されるものであり、それ以外の目的のために報告を徴収することはできない。さらに、報告を徴収することができる事項の範囲も当該目的を達成するために必要な、解体工事の施工方法や再資源化等の方法等に限られる。

4　「政令で定めるところにより」

(1)　第１項の「政令で定めるところにより」

対象建設工事の発注者に対しては、以下の事項について報告をさせることができる。

①　当該対象建設工事の元請業者が当該発注者に対して法第12条第１項の規定により交付した書面（対象建設工事に関する発注者への事前説明書類）に関する事項

②　法第13条第１項、第２項の規定に基づいて交付した書面（対象建設工事の請負契約に係る書面）又は同条第３項の規定により講じた電磁的措置に関する事項　等

また、自主施工者又は対象建設工事受注者に対しては、以下の事項について報告をさせることができる。

①　分別解体の方法に関する事項

②　法第13条第１項、第２項の規定に基づいて交付した書面（対象建設工事の請負契約に係る書面）又は同条第３項の規定により講じた電磁的措置に関する事項　等

(2)　第２項の「政令で定めるところにより」

対象建設工事受注者に対して、以下の事項に関して報告をさせることができる。

①　再資源化等の方法に関する事項

②　再資源化等をした施設に関する事項

③　法第13条第１項、第２項の規定に基づいて交付した書面（対象建設工事の請負契約に係る書面）又は同条第３項の規定により講じた電磁的措置に関する事項　等

5　罰則

本条の規定による報告をせず、又は虚偽の報告をした者は、20万円以下の罰金に処せられる（第51条第４号）。

第43条

（立入検査）

第四十三条　都道府県知事は、特定建設資材に係る分別解体等及び特定建設資材廃棄物の再資源化等の適正な実施を確保するために必要な限度において、政令で定めるところにより、その職員に、対象建設工事の現場又は対象建設工事受注者の営業所その他営業に関係のある場所に立ち入り、帳簿、書類その他の物件を検査させることができる。

2　前項の規定により立入検査をする職員は、その身分を示す証明書を携帯し、関係者に提示しなければならない。

3　第一項の規定による立入検査の権限は、犯罪捜査のために認められたものと解釈してはならない。

施行令

（立入検査）

第七条　都道府県知事は、法第四十三条第一項の規定により、その職員に、対象建設工事により生じた特定建設資材廃棄物その他の物、特定建設資材に係る分別解体等又は特定建設資材廃棄物の再資源化等をするための設備及びその関連施設並びに関係帳簿書類を検査させることができる。

条文の趣旨

第43条は、分別解体等及び再資源化等の適正な実施を確保するために、都道府県知事が対象建設工事の現場又は対象建設工事受注者の営業所等において立入検査をすることができるものである。

条文の内容

１　第１項

都道府県知事は、分別解体等及び再資源化等の適正な実施を確保するために必要な限度において、対象建設工事の受注者の営業所その他営業に関係のある場所に立ち入り、帳簿、書類その他の物件を検査することができることとしている。

また、立入検査は、分別解体等及び再資源化等の適正な実施を確保する目的のために、「必要な限度において」実施されるものであり、それ以外の目的のために、例えば他の営業所に立入検査をしたついでに目的外の営業所に立入検査をすることは許されないと解される。また、立入検査をし得る場所及び物件も必要な営業所又は帳簿に限られ、検査の目的に関係のない書類を検査したり、住居等の営業には関係のない場所に立ち入ることはできない。

「営業に関係のある場所」とは、営業所のほか、工事現場、資機材置場等を含むものである。分別解体等に係る立入検査の対象となるのは、対象建設工事により生じた特定建設資材廃棄物その他の物、特定建設資材に係る分別解体等をするための設備並びにこれらの関連施設（建設機械等も含む）及び関係帳簿書類である。また、再資源化等に係る立入検査の対象となるのは、特定建設資材廃棄物の再資源化等をするための設備並びにこれらの関連施設及び関係帳簿書類である。

なお、本項の規定による検査を拒み、妨げ、又は忌避した者は、20万円以下の罰金に処せられる（第51条第６号)。

2　第２項

行政権力の行使による立入検査は私権の重大な制限になり得ることから、その権限行使の濫用を避けるため、立入検査を行う職員は、常に身分を示す証明書を携帯し、関係者に提示しなければならないこととしている。

3　第３項

本法に基づく立入検査は、上に述べたとおり、あくまで本法上の都道府県知事の権限を行使するために必要な限りにおいてのみ行われるべきものであり、第３項はこれを確認的に規定したものである。

なお、犯罪捜査のための「捜索又は押収」（憲法第35条第２項）は、「権限を有する司法官憲が発する各別の令状により、これを行」う（同項）こととされている。

第44条

（主務大臣等）

第四十四条　この法律における主務大臣は、次のとおりとする。

一　第三条第一項の規定による基本方針の策定並びに同条第三項の規定による基本方針の変更及び公表に関する事項　国土交通大臣、環境大臣、農林水産大臣及び経済産業大臣

二　第三十条第二項の規定による措置及び第四十一条の規定による協力の要請に関する事項　国土交通大臣

２　この法律における主務省令は、国土交通大臣及び環境大臣の発する命令とする。ただし、第十条第一項及び第二項、第十三条第一項、第二十二条第二項、第三十一条、第三十三条、第三十四条、第三十六条並びに次条の主務省令については、国土交通大臣の発する命令とする。

条文の趣旨

本法の主務大臣及び主務省令を定めるものである。

条文の内容

１　主務大臣

⑴　基本方針

第３条第１項及び第３項

…　国土交通大臣、環境大臣、農林水産大臣及び経済産業大臣

⑵　解体工事の施工技術の確保

第30条第２項

…　国土交通大臣

⑶　利用の協力要請

第41条

…　国土交通大臣

２　主務省令

⑴　分別解体等の施工方法に関する基準

第９条第２項

…　国土交通省と環境省の共同省令（建設工事に係る資材の再資源化等に関する法律施行規則）

⑵　その他分別解体等の実施に関する事項

第10条第１項及び第２項、第13条第１項

…　国土交通省令（特定建設資材に係る分別解体等に関する省令）

⑶　再資源化等の実施に関する事項

第16条、第18条第１項

…　国土交通省と環境省の共同省令（建設工事に係る資材の再資源化等に関する法律施行規則）

⑷　解体工事業に関する事項

第22条第２項、第31条、第33条、第34条、第36条

…　国土交通省令（解体工事業に係る登録等に関する省令）

⑸　利用の協力要請に関する権限の委任

第45条

…　国土交通省令

第45条

（権限の委任）

第四十五条　第四十一条の規定による主務大臣の権限は、主務省令で定めるところにより、地方支分部局の長に委任することができる。

条文の趣旨

主務大臣の権限の一部を地方支分部局の長に委任することができるものとするものである。

具体的には、第41条に基づくリサイクル材の利用に関する協力要請は、各地域における再資源化の実情やリサイクル材の利用の実情に詳しい地方支分部局の長により行うことが適切と考えられるため、国土交通大臣の権限を地方整備局長に委任できることとしている。

第46条

（政令で定める市町村の長による事務の処理）

第四十六条　この法律の規定により都道府県知事の権限に属する事務の一部は、政令で定めるところにより、政令で定める市町村（特別区を含む。）の長が行うこととすることができる。

施行令

（市町村の長による事務の処理）

第八条　法に規定する都道府県知事の権限に属する事務であって、建築主事を置く市町村又は特別区の区域内において施工される対象建設工事に係るもののうち、次に掲げるものは、当該市町村又は当該特別区の長が行うこととする。この場合においては、法の規定中当該事務に係る都道府県知事に関する規定は、当該市町村又は当該特別区の長に関する規定として当該市町村又は当該特別区の長に適用があるものとする。

一　法第十条第一項及び第二項の規定による届出の受理並びに同条第三項の規定による命令に関する事務

二　法第十一条の規定による通知の受理に関する事務

三　法第十四条の規定による助言又は勧告に関する事務

四　法第十五条の規定による命令に関する事務

五　法第四十二条第一項の規定による報告の徴収に関する事務

六　法第四十三条第一項の規定による立入検査に関する事務（特定建設資材に係る分別解体等の適正な実施を確保するために必要なものに限る。）

2　前項の規定にかかわらず、法に規定する都道府県知事の権限に属する事務であって、建築基準法第九十七条の二第一項の規定により建築主事を置く市町村の区域内において施工される対象建設工事に係るものについては、同法第六条第一項第四号に掲げる建築物（その新築、改築、増築又は移転に関して、法律並びにこれに基づく命令及び条例の規定により都道府県知事の許可を必要とするものを除く。）以外の建築物等についての対象建設工事に係るものは、当該市町村の区域を管轄する都道府県知事が行う。

3　第一項の規定にかかわらず、法に規定する都知事の権限に属する事務であって、建築基準法第九十七条の三第一項の規定により建築主事を置く特別区の区域内において施工される対象建設工事に係るもののうち、建築基準法施行令（昭和二十五年政令第三百三十八号）第百四十九条第一項各号に掲げる建築物等（同項第二号に掲げる建築物及び工作物にあっては、地方自治法（昭和二十二年法律第六十七号）第二百五十二条の十七の二第一項の規定により同号に規定する処分に関する事務を特別区が処理することとされた場合における当該建築物及び当該工作物を除く。）に関する対象建設工事に係るものは、都知事が行う。

4　法に規定する都道府県知事の権限に属する事務であって、地方自治法第二百五十二条の十九第一項に規定する指定都市若しくは同法第二百五十二条の二十二第一項に規定する中核市又は呉市、大牟田市若しくは佐世保市（以下「指定都市等」という。）の区域内において施工される対象建設工事に係るもののうち、次に掲げるものは、当該指定都市等の長が行うこととする。この場合においては、法の規定中当該事務に係る都道府県知事に関する規定は、当該保健所を設置する市又は当該特別区の長に関する規定として当該保健所を設置する市又は当該特別区の長に適用があるものとする。

一　法第十八条第二項の規定による申告等の受理に関する事務

二　法第十九条の規定による助言又は勧告に関する事務

三　法第二十条の規定による命令に関する事務

四　法第四十二条第二項の規定による報告の徴収に関する事務

五　法第四十三条第一項の規定による立入検査に関する事務（特定建設資材廃棄物の再資源化等の適正な実施を確保するために必要なものに限る。）

条文の趣旨

都道府県は、都道府県知事の権限に属する事務の一部を、条例で定めるところにより、市町村が処理することとすることができるとされており（地方自治法第252条の17の２第１項）、当該条例は、法令に違反しない限りにおいて定めることができるものである（同法第14条）。したがって、本法に基づく都道府県知事の事務についても、本法が許容する限り、都道府県はその自主的な判断で、条例を定めさえすれば市町村の事務とすることができることになる。

この点に関し、例えば、本法に基づく対象建設工事の届出の審査は、それが建築物に関するものである場合には、建築基準法上の建築確認事務を通じて建築物の構造や使用資材に詳しい建築確認行政の担当部局において処理することが適切な場合も多いと考えられる。

この建築確認の事務は、建築基準法上建築主事の事務とされている（建築基準法第６条）が、同法は市町村（特別区を含む。）が建築主事を置くことも認めている（同法第４条等）ことから、市町村（特別区を含む。）に建築主事が置かれている場合には、その市町村の区域内で行われる対象建設工事に係る届出の審査は、その市町村において処理することも十分可能と考えられる。

このため、第46条においては、都道府県が本法に基づく事務の一部を政令で定める市町村が処理することができる旨を明確にするものである。

条文の内容

法に基づく都道府県知事の権限に基づく事務を分類すると、以下のとおりである。

① 分別解体等及び再資源化等の促進等の実施方針の策定に関する事務（法第４条）

② 分別解体等の実施に関する事務（法第10条、第11条、第14条、第15条、第42条第１項及び第43条第１項（分別解体等の実施に係るものに限る。））

③ 再資源化等の実施に関する事務（法第18条第２項、第19条、第20条、第42条第２項及び第43条第１項（再資源化等の実施に係るものに限る。））

④ 解体工事業の登録等に関する事務（法第５章（第21条から第37条まで））

⑤ 建設資材廃棄物の再資源化により得られた建設資材の利用の発注者に対する協力要請（法第41条）

このうち、①、④及び⑤については、以下の理由により市町村の長が行うこととはしない（引き続き都道府県知事が行う。）。

①；再資源化をするための施設が各市町村ごとに存在せず、産業廃棄物は市町村の区域を越えて移動することが通例であることから考えて、実施方針は都道府県ごとに作成するのが望ましい。

④；解体工事業は建設業の一部であるが、地方公共団体のうち、建設業に関する事務をつかさどるのは都道府県知事であり、市町村等の長が都道府県知事の権限に属する事務を行うこととするとは制度上されていない。

⑤；市町村が都道府県の発注部局等に対して協力要請事務を行うのは事実上困難。

よって、②及び③の事務について、市町村等の長が行うこととすることができるとする。

≪分別解体等の実施に関する事務（令第８条第２項、第３項関係）≫

②（分別解体等の実施に関する事務）を市町村の長が行うことについては、

・市町村等の長が行うことが国民の利便性の確保の観点等から適当であるか否か

・同事務について市町村等の長が実際に遂行する能力を十分に有しているか

　　否か

等の観点から、建築主事を置く市町村等の長に委任する。また、建築基準法第97条の2第1項に規定するその権限が限定された建築主事（限定的建築主事）を置く市町村の区域内においては、建築基準法第6条第1項第4号に掲げる小規模な建築物（その新築、増築、改築又は移転に関して都道府県知事の許可を必要とするものを除く。）については、当該市町村の長が事務を行う。

限定的建築主事を置く市町村の具体的な事務配分は、建築基準法第148条第1項において定められている。

さらに、建築基準法第97条の3第1項に規定するその権限が限定された建築主事（限定的建築主事）を置く特別区の区域内においては、①延べ面積が1万㎡を超える建築物、②その建築及び築造に関して都知事の許可を必要とする建築物及び工作物、③　①②の建築物に付置及び付属する一定の工作物及び建築設備（エレベータ及びエスカレータ）以外のものについては、当該特別区の長が分別解体等に関する事務を行う。

特別区の具体的な事務配分は、建築基準法施行令第149条第1項において定められている（分別解体の事務区分については、P326～P331を参照のこと）。

≪再資源化等の実施に関する事務（令第8条第4項関係）≫

③（再資源化等の実施に関する事務）については、

・当該事務が廃棄物処理法に基づく廃棄物の適正処理等と密接な関係を有すること
・廃棄物処理法における都道府県の事務が地方自治法第252条の19第1項に規定する指定都市の長及び同法第252条の22第1項に規定する中核市の長並びに尼崎市、西宮市、呉市、大牟田市及び佐世保市の長（以下「指定都市等の長」という。）に権限の大部分が委譲（廃棄物処理法第24条の2第1項）されていること

から、指定都市等の長が行うこととされている。したがって、再資源化等の実施に関し必要な助言又は勧告、再資源化等の方法の変更等の命令、再資源化等の実施の状況に関する報告徴収、立入検査について、指定都市等の長が行う。

参照条文

○廃棄物処理法（抄）

（政令で定める市の長による事務の処理）

第二十四条の二　この法律の規定により都道府県知事の権限に属する事務の一部は、政令で定めるところにより、政令で定める市の長が行うこととすることができる。

2　略

○廃棄物処理法施行令（抄）

（政令で定める市の長による事務の処理）

第二十七条　法に規定する都道府県知事の権限に属する事務のうち、次に掲げる事務以外の事務は、地方自治法（昭和二十二年法律第六十七号）第二百五十二条の十九第一項に規定する指定都市の長及び同法第二百五十二条の二十二第一項に規定する中核市の長並びに呉市、大牟田市及び佐世保市の長（以下この条において「指定都市の長等」という。）が行うこととする。この場合においては、法の規定中当該事務に係る都道府県知事に関する規定は、指定都市の長等に関する規定として指定都市の長等に適用があるものとする。

一　法第十四条第一項及び第十四条の四第一項の規定による許可（当該都道府県内の一の指定都市の長等の管轄区域内のみにおいて業として行おうとする産業廃棄物の収集又は運搬に係る許可及び産業廃棄物の積替えを行う区域において業として行おうとする産業廃棄物の収集又は運搬に係る許可を除く。）に関する事務

二　法第十四条の二第一項及び第十四条の五第一項の規定による変更の許可（前号に規定する許可に係るものに限る。）に関する事務

三　法第十四条の二第三項において読み替えて準用する法第七条の二第三項及び第四項並びに法第十四条の五第三項において読み替えて準用する法第七条の二第三項及び第四項の規定による届出の受理（第一号に規定する許可に係るものに限る。）に関する事務

四　法第十四条の三（法第十四条の六において読み替えて準用する場合を含む。）の規定による命令（第一号に規定する許可に係るものに限る。）に関する事務

五　法第十四条の三の二（法第十四条の六において読み替えて準用する場合を含む。）の規定による許可の取消し（第一号に規定する許可に係るものに限る。）に関する事務

六　法第二十条の二第一項の規定による登録に関する事務

七　法第二十三条の三及び第二十三条の四の規定による意見の聴取（第一号に規定する許可に係るものに限る。）に関する事務

2　第五条の五（第七条の四において読み替えて準用する場合を含む。以下この項において同じ。）に規定する都道府県知事の権限に属する事務は、指定都市の長等が行うこととする。この場合においては、第五条の五の規定中都道府県知事に関する規定は、指定都市の長等に関する規定として指定都市の長等に適用があるものとする。

○地方自治法（抄）

第二条　（略）

２　普通地方公共団体は、地域における事務及びその他の事務で法律又はこれに基づく政令により処理することとされるものを処理する。

３～17　（略）

第十四条　普通地方公共団体は、法令に違反しない限りにおいて第二条第二項の事務に関し、条例を制定することができる。

２　普通地方公共団体は、義務を課し、又は権利を制限するには、法令に特別の定めがある場合を除くほか、条例によらなければならない。

３　普通地方公共団体は、法令に特別の定めがあるものを除くほか、その条例中に、条例に違反した者に対し、二年以下の懲役若しくは禁錮、百万円以下の罰金、拘留、科料若しくは没収の刑又は五万円以下の過料を科する旨の規定を設けることができる。

（条例による事務処理の特例）

第二百五十二条の十七の二　都道府県は、都道府県知事の権限に属する事務の一部を、条例の定めるところにより、市町村が処理することとすることができる。この場合においては、当該市町村が処理することとされた事務は、当該市町村の長が管理し及び執行するものとする。

２　前項の条例（同項の規定により都道府県の規則に基づく事務を市町村が処理することとする場合で、同項の条例の定めるところにより、規則に委任して当該事務の範囲を定めるときは、当該規則を含む。以下本節において同じ。）を制定し又は改廃する場合においては、都道府県知事は、あらかじめ、その権限に属する事務の一部を処理し又は処理することとなる市町村の長に協議しなければならない。

３、４　（略）

（指定都市の権能）

第二百五十二条の十九　政令で指定する人口五十万以上の市（以下「指定都市」という。）は、次に掲げる事務のうち都道府県が法律又はこれに基づく政令の定めるところにより処理することとされているものの全部又は一部で政令で定めるものを、政令で定めるところにより、処理することができる。〔後略〕

（中核市の権能）

第二百五十二条の二十二　政令で指定する人口三十万以上の市（以下「中核市」という。）は、第二百五十二条の十九第一項の規定により指定都市が処理することができる事務のうち、都道府県がその区域にわたり一体的に処理することが中核市が処理することに比して効率的な事務その他の中核市において処理することが適当でない事務以外の事務で政令で定めるものを、政令で定めるところにより、処理することができる。〔後略〕

○建築基準法（抄）

（建築主事）

第四条　政令で指定する人口二十五万以上の市は、その長の指揮監督の下に、第六条第一項の規定による確認に関する事務をつかさどらせるために、建築主事を置かなければならない。

2　市町村（前項の市を除く。）は、その長の指揮監督の下に、第六条第一項の規定による確認に関する事務をつかさどらせるために、建築主事を置くことができる。

3　市町村は、前項の規定によつて建築主事を置こうとする場合においては、あらかじめ、その設置について、都道府県知事に協議し、その同意を得なければならない。

4　市町村が前項の規定による同意を得た場合において建築主事を置くときは、市町村の長は、建築主事が置かれる日の三十日前までにその旨を公示し、かつ、これを都道府県知事に通知しなければならない。

5　都道府県は、都道府県知事の指揮監督の下に、第一項又は第二項の規定によつて建築主事を置いた市町村（第九十七条の二を除き、以下「建築主事を置く市町村」という。）の区域外における建築物に係る第六条第一項の規定による確認に関する事務をつかさどらせるために、建築主事を置かなければならない。

6　第一項、第二項及び前項の建築主事は、市町村又は都道府県の職員で第七十七条の五十八第一項の登録を受けた者のうちから、それぞれ市町村の長又は都道府県知事が命ずる。

7　特定行政庁は、その所轄区域を分けて、その区域を所管する建築主事を指定することができる。

（建築物の建築等に関する申請及び確認）

第六条　建築主は、第一号から第三号までに掲げる建築物を建築しようとする場合（増築しようとする場合においては、建築物が増築後において第一号から第三号までに掲げる規模のものとなる場合を含む。）、これらの建築物の大規模の修繕若しくは大規模の模様替をしようとする場合又は第四号に掲げる建築物を建築しようとする場合においては、当該工事に着手する前に、その計画が建築基準関係規定（この法律並びにこれに基づく命令及び条例の規定（以下「建築基準法令の規定」という。）その他建築物の敷地、構造又は建築設備に関する法律並びにこれに基づく命令及び条例の規定で政令で定めるものをいう。以下同じ。）に適合するものであることについて、確認の申請書を提出して建築主事の確認を受け、確認済証の交付を受けなければならない。当該確認を受けた建築物の計画の変更（国土交通省令で定める軽微な変更を除く。）をして、第一号から第三号までに掲げる建築物を建築しようとする場合（増築しようとする場合においては、建築物が増築後において第一号から第三号までに掲げる規模のものとなる場合を含む。）、これらの建築物の大規模の修繕若しくは大規模の模様替をしようとする場合又は第四号に掲げる建築物を建築しようとする場合も、同様とする。

一　別表第一(い)欄に掲げる用途に供する特殊建築物で、その用途に供する部分の床面積の合計が百平方メートルを超えるもの

二　木造の建築物で三以上の階数を有し、又は延べ面積が五百平方メートル、高さ

が十三メートル若しくは軒の高さが九メートルを超えるもの

三　木造以外の建築物で二以上の階数を有し、又は延べ面積が二百平方メートルを超えるもの

四　前三号に掲げる建築物を除くほか、都市計画区域若しくは準都市計画区域（いずれも都道府県知事が都道府県都市計画審議会の意見を聴いて指定する区域を除く。）若しくは景観法（平成十六年法律第百十号）第七十四条第一項の準景観地区（市町村長が指定する区域を除く。）内又は都道府県知事が関係市町村の意見を聴いてその区域の全部若しくは一部について指定する区域内における建築物

2　前項の規定は、防火地域及び準防火地域外において建築物を増築し、改築し、又は移転しようとする場合で、その増築、改築又は移転に係る部分の床面積の合計が十平方メートル以内であるときについては、適用しない。

3　建築主事は、第一項の申請書が提出された場合において、その計画が次の各号のいずれかに該当するときは、当該申請書を受理することができない。

一　建築士法第三条第一項、第三条の二第一項、第三条の三第一項、第二十条の二第一項若しくは第二十条の三第一項の規定又は同法第三条の二第三項の規定に基づく条例の規定に違反するとき。

二　構造設計一級建築士以外の一級建築士が建築士法第二十条の二第一項の建築物の構造設計を行つた場合において、当該建築物が構造関係規定に適合することを構造設計一級建築士が確認した構造設計によるものでないとき。

三　設備設計一級建築士以外の一級建築士が建築士法第二十条の三第一項の建築物の設備設計を行つた場合において、当該建築物が設備関係規定に適合することを設備設計一級建築士が確認した設備設計によるものでないとき。

4　建築主事は、第一項の申請書を受理した場合においては、同項第一号から第三号までに係るものにあつてはその受理した日から三十五日以内に、同項第四号に係るものにあつてはその受理した日から七日以内に、申請に係る建築物の計画が建築基準関係規定に適合するかどうかを審査し、審査の結果に基づいて建築基準関係規定に適合することを確認したときは、当該申請者に確認済証を交付しなければならない。

5　建築主事は、前項の場合において、申請に係る建築物の計画が第二十条第二号又は第三号に定める基準（同条第二号イ又は第三号イの政令で定める基準に従つた構造計算で、同条第二号イに規定する方法若しくはプログラムによるもの又は同条第三号イに規定するプログラムによるものによつて確かめられる安全性を有することに係る部分に限る。次条第三項及び第十八条第四項において同じ。）に適合するかどうかを審査するときは、都道府県知事の構造計算適合性判定（第二十条第二号イ又は第三号イの構造計算が同条第二号イに規定する方法若しくはプログラム又は同条第三号イに規定するプログラムにより適正に行われたものであるかどうかの判定をいう。以下同じ。）を求めなければならない。

6　都道府県知事は、当該都道府県に置かれた建築主事から前項の構造計算適合性判定を求められた場合においては、当該建築主事を当該構造計算適合性判定に関する

事務に従事させてはならない。

7　都道府県知事は、特別な構造方法の建築物の計画について第五項の構造計算適合性判定を行うに当たつて必要があると認めるときは、当該構造方法に係る構造計算に関して専門的な識見を有する者の意見を聴くものとする。

8　都道府県知事は、第五項の構造計算適合性判定を求められた場合においては、当該構造計算適合性判定を求められた日から十四日以内にその結果を記載した通知書を建築主事に交付しなければならない。

9　都道府県知事は、前項の場合（第二十条第二号イの構造計算が同号イに規定する方法により適正に行われたものであるかどうかの判定を求められた場合その他国土交通省令で定める場合に限る。）において、同項の期間内に建築主事に同項の通知書を交付することができない合理的な理由があるときは、三十五日の範囲内において、同項の期間を延長することができる。この場合においては、その旨及びその延長する期間並びにその期間を延長する理由を記載した通知書を同項の期間内に建築主事に交付しなければならない。

10　第五項の構造計算適合性判定に要する費用は、当該構造計算適合性判定を求めた建築主事が置かれた都道府県又は市町村の負担とする。

11　建築主事は、第五項の構造計算適合性判定により当該建築物の構造計算が第二十条第二号イに規定する方法若しくはプログラム又は同条第三号イに規定するプログラムにより適正に行われたものであると判定された場合（次条第八項及び第十八条第十項において「適合判定がされた場合」という。）に限り、第一項の規定による確認をすることができる。

12　建築主事は、第四項の場合（申請に係る建築物の計画が第二十条第二号に定める基準（同号イの政令で定める基準に従つた構造計算で同号イに規定する方法によるものによつて確かめられる安全性を有することに係る部分に限る。）に適合するかどうかを審査する場合その他国土交通省令で定める場合に限る。）において、同項の期間内に当該申請者に第一項の確認済証を交付することができない合理的な理由があるときは、三十五日の範囲内において、第四項の期間を延長することができる。この場合においては、その旨及びその延長する期間並びにその期間を延長する理由を記載した通知書を同項の期間内に当該申請者に交付しなければならない。

13　建築主事は、第四項の場合において、申請に係る建築物の計画が建築基準関係規定に適合しないことを認めたとき、又は申請書の記載によつては建築基準関係規定に適合するかどうかを決定することができない正当な理由があるときは、その旨及びその理由を記載した通知書を同項の期間（前項の規定により第四項の期間を延長した場合にあつては、当該延長後の期間）内に当該申請者に交付しなければならない。

14　第一項の確認済証の交付を受けた後でなければ、同項の建築物の建築、大規模の修繕又は大規模の模様替の工事は、することができない。

15　第一項の規定による確認の申請書、同項の確認済証並びに第十二項及び第十三項の通知書の様式は、国土交通省令で定める。

（工作物への準用）

第八十八条　煙突、広告塔、高架水槽、擁壁その他これらに類する工作物で政令で指定するもの及び昇降機、ウォーターシュート、飛行塔その他これらに類する工作物で政令で指定するもの（以下この項において「昇降機等」という。）については、第三条、第六条（第三項及び第五項から第十二項までを除くものとし、第一項及び第四項は、昇降機等については第一項第一号から第三号までの建築物に係る部分、その他のものについては同項第四号の建築物に係る部分に限る。）、第六条の二（第三項から第八項までを除く。）、第六条の三（第一項第一号及び第二号の建築物に係る部分に限る。）、第七条から第七条の四まで、第七条の五（第六条の三第一項第一号及び第二号の建築物に係る部分に限る。）、第八条から第十一条まで、第十二条第五項（第四号を除く。）及び第六項から第八項まで、第十三条、第十八条（第四項から第十一項まで及び第二十二項を除く。）、第二十条、第二十八条の二（同条各号に掲げる基準のうち政令で定めるものに係る部分に限る。）、第三十二条、第三十三条、第三十四条第一項、第三十六条（避雷設備及び昇降機に係る部分に限る。）、第三十七条、第四十条、第三章の二（第六十八条の二十第二項については、同項に規定する建築物以外の認証型式部材等に係る部分に限る。）、第八十六条の七第一項（第二十八条の二（第八十六条の七第一項の政令で定める基準に係る部分に限る。）に係る部分に限る。）、第八十六条の七第二項（第二十条に係る部分に限る。）、第八十六条の七第三項（第三十二条、第三十四条第一項及び第三十六条（昇降機に係る部分に限る。）に係る部分に限る。）、前条、次条並びに第九十条の規定を、昇降機等については、第七条の六、第十二条第一項から第四項まで及び第十八条第二十二項の規定を準用する。この場合において、第二十条中「次の各号に掲げる建築物の区分に応じ、それぞれ当該各号に定める基準」とあるのは、「政令で定める技術的基準」と読み替えるものとする。

2　製造施設、貯蔵施設、遊戯施設等の工作物で政令で指定するものについては、第三条、第六条（第三項及び第五項から第十二項までを除くものとし、第一項及び第四項は、第一項第一号から第三号までの建築物に係る部分に限る。）、第六条の二（第三項から第八項までを除く。）、第七条、第七条の二、第七条の六から第九条の三まで、第十一条、第十二条第五項（第四号を除く。）及び第六項から第八項まで、第十三条、第十八条（第四項から第十一項まで及び第十七項から第二十一項までを除く。）、第四十八条から第五十一条まで、第六十条の二第三項、第六十八条の二第一項及び第五項、第六十八条の三第六項から第九項まで、第八十六条の七第一項（第四十八条第一項から第十三項まで及び第五十一条に係る部分に限る。）、第八十七条第二項（第四十八条第一項から第十三項まで、第四十九条から第五十一条まで、第六十条の二第三項並びに第六十八条の二第一項及び第五項に係る部分に限る。）、第八十七条第三項（第四十八条第一項から第十三項まで、第四十九条から第五十一条まで及び第六十八条の二第一項に係る部分に限る。）、前条、次条、第九十一条、第九十二条の二並びに第九十三条の二の規定を準用する。この場合において、第六条第二項及び別表第二中「床面積の合計」とあるのは「築造面積」と、第六十八条の二第一項中「敷地、構造、建築設備又は用途」とあるのは「用途」と読み替えるものとする。

3　第三条、第八条から第十一条まで、第十二条（第五項第四号を除く。）、第十三条並びに第十八条第一項及び第二十三項の規定は、第六十六条に規定する工作物について準用する。

4　第一項中第六条から第七条の五まで、第十八条（第一項及び第二十三項を除く。）及び次条に係る部分は、宅地造成等規制法（昭和三十六年法律第百九十一号）第八条第一項本文若しくは第十二条第一項、都市計画法第二十九条第一項若しくは第二項若しくは第三十五条の二第一項本文又は津波防災地域づくりに関する法律（平成二十三年法律第百二十三号）第七十三条第一項若しくは第七十八条第一項の規定による許可を受けなければならない場合の擁壁については、適用しない。

（市町村の建築主事等の特例）

第九十七条の二　第四条第一項の市以外の市又は町村においては、同条第二項の規定によるほか、当該市町村の長の指揮監督の下に、この法律中建築主事の権限に属するものとされている事務で政令で定めるものをつかさどらせるために、建築主事を置くことができる。この場合においては、この法律中建築主事に関する規定は、当該市町村が置く建築主事に適用があるものとする。

2　第四条第三項及び第四項の規定は、前項の市町村が同項の規定により建築主事を置く場合に準用する。

3　第一項の規定により建築主事を置く市町村は、同項の規定により建築主事が行うこととなる事務に関する限り、この法律の規定の適用については、第四条第五項に規定する建築主事を置く市町村とみなす。この場合において、第七十八条第一項中「置く」とあるのは、「置くことができる」とする。

4　この法律中都道府県知事たる特定行政庁の権限に属する事務で政令で定めるものは、政令で定めるところにより、第一項の規定により建築主事を置く市町村の長が行なうものとする。この場合においては、この法律中都道府県知事たる特定行政庁に関する規定は、当該市町村の長に関する規定として当該市町村の長に適用があるものとする。

5　第一項の規定により建築主事を置く市町村の長たる特定行政庁、同項の建築主事又は当該特定行政庁が命じた建築監視員の建築基準法令の規定による処分又はこれに係る不作為に不服がある者は、当該市町村に建築審査会が置かれていないときは、当該市町村を包括する都道府県の建築審査会に対して審査請求をすることができる。

（特別区の特例）

第九十七条の三　特別区においては、第四条第二項の規定によるほか、特別区の長の指揮監督の下に、この法律中建築主事の権限に属するものとされている事務で政令で定めるものをつかさどらせるために、建築主事を置くことができる。この場合においては、この法律中建築主事に関する規定は、特別区が置く建築主事に適用があるものとする。

2　前項の規定は、特別区に置かれる建築主事の権限に属しない特別区の区域における事務をつかさどらせるために、都が都知事の指揮監督の下に建築主事を置くことを妨げるものではない。

3　この法律中都道府県知事たる特定行政庁の権限に属する事務で政令で定めるものは、政令で定めるところにより、特別区の長が行なうものとする。この場合においては、この法律中都道府県知事たる特定行政庁に関する規定は、特別区の長に関する規定として特別区の長に適用があるものとする。

○建築基準法施行令（抄）

（工作物の指定）

第百三十八条　煙突、広告塔、高架水槽、擁壁その他これらに類する工作物で法第八十八条第一項の規定により政令で指定するものは、次に掲げるもの（鉄道及び軌道の線路敷地内の運転保安に関するものその他他の法令の規定により法及びこれに基づく命令の規定による規制と同等の規制を受けるものとして国土交通大臣が指定するものを除く。）とする。

一　高さが六メートルを超える煙突（支枠及び支線がある場合においては、これらを含み、ストーブの煙突を除く。）

二　高さが十五メートルを超える鉄筋コンクリート造の柱、鉄柱、木柱その他これらに類するもの（旗ざおを除く。）

三　高さが四メートルを超える広告塔、広告板、装飾塔、記念塔その他これらに類するもの

四　高さが八メートルを超える高架水槽、サイロ、物見塔その他これらに類するもの

五　高さが二メートルを超える擁壁

2　昇降機、ウオーターシユート、飛行塔その他これらに類する工作物で法第八十八条第一項の規定により政令で指定するものは、次の各号に掲げるものとする。

一　乗用エレベーター又はエスカレーターで観光のためのもの（一般交通の用に供するものを除く。）

二　ウオーターシユート、コースターその他これらに類する高架の遊戯施設

三　メリーゴーラウンド、観覧車、オクトパス、飛行塔その他これらに類する回転運動をする遊戯施設で原動機を使用するもの

3　製造施設、貯蔵施設、遊戯施設等の工作物で法第八十八条第二項の規定により政令で指定するものは、次に掲げる工作物（土木事業その他の事業に一時的に使用するためにその事業中臨時にあるもの及び第一号又は第五号に掲げるもので建築物の敷地（法第三条第二項の規定により法第四十八条第一項から第十三項までの規定の適用を受けない建築物については、第百三十七条に規定する基準時における敷地をいう。）と同一の敷地内にあるものを除く。）とする。

一　法別表第二(り)項第三号（十三）又は（十三の二）の用途に供する工作物で用途

地域（準工業地域、工業地域及び工業専用地域を除く。）内にあるもの及び同表(ぬ)項第一号（二十一）の用途に供する工作物で用途地域（工業地域及び工業専用地域を除く。）内にあるもの

二　自動車車庫の用途に供する工作物で次のイからチまでに掲げるもの

イ　築造面積が五十平方メートルを超えるもので第一種低層住居専用地域又は第二種低層住居専用地域内にあるもの（建築物に附属するものを除く。）

ロ　築造面積が三百平方メートルを超えるもので第一種中高層住居専用地域、第二種中高層住居専用地域、第一種住居地域又は第二種住居地域内にあるもの（建築物に附属するものを除く。）

ハ　第一種低層住居専用地域又は第二種低層住居専用地域内にある建築物に附属するもので築造面積に同一敷地内にある建築物に附属する自動車車庫の用途に供する建築物の部分の延べ面積の合計を加えた値が六百平方メートル（同一敷地内にある建築物（自動車車庫の用途に供する部分を除く。）の延べ面積の合計が六百平方メートル以下の場合においては、当該延べ面積の合計）を超えるもの（築造面積が五十平方メートル以下のもの及びニに掲げるものを除く。）

ニ　第一種低層住居専用地域又は第二種低層住居専用地域内にある公告対象区域内の建築物に附属するもので次の(1)又は(2)のいずれかに該当するもの

(1)　築造面積に同一敷地内にある建築物に附属する自動車車庫の用途に供する建築物の部分の延べ面積の合計を加えた値が二千平方メートルを超えるもの

(2)　築造面積に同一公告対象区域内にある建築物に附属する他の自動車車庫の用途に供する工作物の築造面積及び当該公告対象区域内にある建築物に附属する自動車車庫の用途に供する建築物の部分の延べ面積の合計を加えた値が、当該公告対象区域内の敷地ごとにハの規定により算定される自動車車庫の用途に供する工作物の築造面積の上限の値を合算した値を超えるもの

ホ　第一種中高層住居専用地域又は第二種中高層住居専用地域内にある建築物に附属するもので築造面積に同一敷地内にある建築物に附属する自動車車庫の用途に供する建築物の部分の延べ面積の合計を加えた値が三千平方メートル（同一敷地内にある建築物（自動車車庫の用途に供する部分を除く。）の延べ面積の合計が三千平方メートル以下の場合においては、当該延べ面積の合計）を超えるもの（築造面積が三百平方メートル以下のもの及びヘに掲げるものを除く。）

ヘ　第一種中高層住居専用地域又は第二種中高層住居専用地域内にある公告対象区域内の建築物に附属するもので次の(1)又は(2)のいずれかに該当するもの

(1)　築造面積に同一敷地内にある建築物に附属する自動車車庫の用途に供する建築物の部分の延べ面積の合計を加えた値が一万平方メートルを超えるもの

(2)　築造面積に同一公告対象区域内にある建築物に附属する他の自動車車庫の用途に供する工作物の築造面積及び当該公告対象区域内にある建築物に附属する自動車車庫の用途に供する建築物の部分の延べ面積の合計を加えた値が、当該公告対象区域内の敷地ごとにホの規定により算定される自動車車庫

の用途に供する工作物の築造面積の上限の値を合算した値を超えるもの

ト　第一種住居地域又は第二種住居地域内にある建築物に附属するもので築造面積に同一敷地内にある建築物に附属する自動車車庫の用途に供する建築物の部分の延べ面積の合計を加えた値が当該敷地内にある建築物（自動車車庫の用途に供する部分を除く。）の延べ面積の合計を超えるもの（築造面積が三百平方メートル以下のもの及びチに掲げるものを除く。）

チ　第一種住居地域又は第二種住居地域内にある公告対象区域内の建築物に附属するもので、築造面積に同一公告対象区域内にある建築物に附属する他の自動車車庫の用途に供する工作物の築造面積及び当該公告対象区域内にある建築物に附属する自動車車庫の用途に供する建築物の部分の延べ面積の合計を加えた値が、当該公告対象区域内の敷地ごとにトの規定により算定される自動車車庫の用途に供する工作物の築造面積の上限の値を合算した値を超えるもの

三　高さが八メートルを超えるサイロその他これに類する工作物のうち飼料、肥料、セメントその他これらに類するものを貯蔵するもので第一種低層住居専用地域、第二種低層住居専用地域又は第一種中高層住居専用地域内にあるもの

四　前項各号に掲げる工作物で第一種低層住居専用地域、第二種低層住居専用地域又は第一種中高層住居専用地域内にあるもの

五　汚物処理場、ごみ焼却場又は第百三十条の二の二各号に掲げる処理施設の用途に供する工作物で都市計画区域又は準都市計画区域（準都市計画区域にあつては、第一種低層住居専用地域、第二種低層住居専用地域又は第一種中高層住居専用地域に限る。）内にあるもの

六　特定用途制限地域内にある工作物で当該特定用途制限地域に係る法第八十八条第二項において準用する法第四十九条の二の規定に基づく条例において制限が定められた用途に供するもの

（市町村の建築主事等の特例）

第百四十八条　法第九十七条の二第一項の政令で定める事務は、法の規定により建築主事の権限に属するものとされている事務のうち、次に掲げる建築物又は工作物（当該建築物又は工作物の新築、改築、増築、移転、築造又は用途の変更に関して、法律並びにこれに基づく命令及び条例の規定により都道府県知事の許可を必要とするものを除く。）に係る事務とする。

一　法第六条第一項第四号に掲げる建築物

二　第百三十八条第一項に規定する工作物のうち同項第一号に掲げる煙突若しくは同項第三号に掲げる工作物で高さが十メートル以下のもの又は同項第五号に掲げる擁壁で高さが三メートル以下のもの（いずれも前号に規定する建築物以外の建築物の敷地内に築造するものを除く。）

2　法第九十七条の二第四項の政令で定める事務は、次に掲げる事務（建築審査会が置かれていない市町村の長にあつては、第一号及び第三号に掲げる事務）とする。

一　法第六条の二第十一項及び第十二項（これらの規定を法第八十八条第一項において準用する場合を含む。）、法第七条の二第七項（法第八十八条第一項において

準用する場合を含む。）、法第七条の四第七項（法第八十八条第一項において準用する場合を含む。）、法第九条（法第八十八条第一項及び第三項並びに法第九十条第三項において準用する場合を含む。）、法第九条の二（法第八十八条第一項及び第三項並びに法第九十条第三項において準用する場合を含む。）、法第九条の三（法第八十八条第一項及び第三項並びに法第九十条第三項において準用する場合を含む。）、法第十条（法第八十八条第一項及び第三項において準用する場合を含む。）、法第十一条第一項（法第八十八条第一項及び第三項において準用する場合を含む。）、法第十二条（法第八十八条第一項及び第三項において準用する場合を含む。）、法第十八条第二十三項（法第八十八条第一項及び第三項並びに法第九十条第三項において準用する場合を含む。）、法第八十五条第三項及び第五項、法第八十六条第一項、第二項及び第八項（同条第一項又は第二項の規定による認定に係る部分に限る。）、法第八十六条の二第一項及び第六項（同条第一項の規定による認定に係る部分に限る。）、法第八十六条の五第二項及び第四項（同条第二項の規定による認定の取消しに係る部分に限る。）、法第八十六条の六、法第八十六条の八（第二項を除く。）並びに法第九十三条の二に規定する都道府県知事たる特定行政庁の権限に属する事務のうち、前項各号に掲げる建築物又は工作物に係る事務

二　法第四十三条第一項、法第四十四条第一項第二号、法第五十二条第十四項（同項第二号に該当する場合に限る。）、法第五十三条第五項、法第五十三条の二第一項、法第六十七条の二第三項第二号、法第六十八条第三項第二号及び法第六十八条の七第五項に規定する都道府県知事たる特定行政庁の権限に属する事務のうち、前項各号に掲げる建築物又は工作物に係る事務

三　法第四十二条第一項第五号、同条第二項（幅員一・八メートル未満の道の指定を除く。）、同条第四項（幅員一・八メートル未満の道の指定を除く。）、法第四十五条及び法第六十八条の七第一項（同項第一号に該当する場合に限る。）に規定する都道府県知事たる特定行政庁の権限に属する事務

四　法第四十二条第二項（幅員一・八メートル未満の道の指定に限る。）、第三項及び第四項（幅員一・八メートル未満の道の指定に限る。）並びに法第六十八条の七第一項（同項第一号に該当する場合を除く。）に規定する都道府県知事たる特定行政庁の権限に属する事務

3　法第九十七条の二第四項の場合においては、この政令中都道府県知事たる特定行政庁に関する規定は、同条第一項の規定により建築主事を置く市町村の長に関する規定として当該市町村の長に適用があるものとする。

（特別区の特例）

第百四十九条　法第九十七条の三第一項の政令で定める事務は、法の規定により建築主事の権限に属するものとされている事務のうち、次に掲げる建築物、工作物又は建築設備（第二号に掲げる建築物又は工作物にあつては、地方自治法第二百五十二条の十七の二第一項の規定により同号に規定する処分に関する事務を特別区が処理することとされた場合における当該建築物又は工作物を除く。）に係る事務以外の

事務とする。

一　延べ面積が一万平方メートルを超える建築物

二　その新築、改築、増築、移転、築造又は用途の変更に関して、法第五十一条（法第八十七条第二項及び第三項並びに法第八十八条第二項において準用する場合を含む。以下この条において同じ。）（市町村都市計画審議会が置かれている特別区の建築主事にあつては、卸売市場、と畜場及び産業廃棄物処理施設に係る部分に限る。）並びに法以外の法律並びにこれに基づく命令及び条例の規定により都知事の許可を必要とする建築物又は工作物

三　第百三十八条第一項に規定する工作物で前二号に掲げる建築物に附置するもの及び同条第三項に規定する工作物のうち同項前二号ハからチまでに掲げる工作物で前二号に掲げる建築物に附属するもの

四　第百四十六条第一項第一号に掲げる建築設備で第一号及び第二号に掲げる建築物に設けるもの

2　法第九十七条の三第三項に規定する都道府県知事たる特定行政庁の権限に属する事務で政令で定めるものは、前項各号に掲げる建築物、工作物又は建築設備に係る事務以外の事務であつて法の規定により都知事たる特定行政庁の権限に属する事務のうち、次の各号に掲げる区分に応じ、当該各号に定める事務以外の事務とする。

一　市町村都市計画審議会が置かれていない特別区の長　法第七条の三（法第八十七条の二及び法第八十八条第一項において準用する場合を含む。以下この項において同じ。）、法第二十二条、法第四十二条第一項（各号列記以外の部分に限る。）、法第五十一条、法第五十二条第一項、第二項及び第八項、法第五十三条第一項、法第五十六条第一項、法第五十七条の二第三項及び第四項、法第五十七条の三第二項及び第三項、法第八十四条、法第八十五条第一項並びに法別表第三に規定する事務

二　市町村都市計画審議会が置かれている特別区の長　法第七条の三、法第五十一条（卸売市場、と畜場及び産業廃棄物処理施設に係る部分に限る。）、法第五十二条第一項及び第八項、法第五十三条第一項、法第五十六条第一項第二号ニ、法第五十七条の二第三項及び第四項、法第五十七条の三第二項及び第三項、法第八十四条、法第八十五条第一項並びに法別表第三(に)欄五の項に規定する事務

3　法第九十七条の三第三項の場合においては、この政令中都道府県知事たる特定行政庁に関する規定（第百三十条の十第二項ただし書、第百三十五条の十二第二項及び第百三十六条第三項ただし書の規定を除く。）は、特別区の長に関する規定として特別区の長に適用があるものとする。

第47条

（経過措置）

第四十七条　この法律の規定に基づき命令を制定し、又は改廃する場合においては、その命令で、その制定又は改廃に伴い合理的に必要と判断される範囲内において、所要の経過措置（罰則に関する経過措置を含む。）を定めることができる。

条文の趣旨

第47条は、本法の規定に基づく政令及び主務省令の制定・改廃の際に、その制定・改廃に伴う所要の経過措置を定めることができる旨を規定したものである。

本法は、分別解体等の実施、再資源化等の実施、解体工事業に関する事項をはじめ、政省令により定められることとされている事項が多く、政省令の制定・改廃の内容によっては、相応の経過措置を定めることが必要な場合があるものと考えられる。

第７章　罰則

第48条～第53条

第四十八条　次の各号のいずれかに該当する者は、一年以下の懲役又は五十万円以下の罰金に処する。

一　第二十一条第一項の規定に違反して登録を受けないで解体工事業を営んだ者

二　不正の手段によって第二十一条第一項の登録（同条第二項の登録の更新を含む。）を受けた者

三　第三十五条第一項の規定による事業の停止の命令に違反して解体工事業を営んだ者

第四十九条　第十五条又は第二十条の規定による命令に違反した者は、五十万円以下の罰金に処する。

第五十条　次の各号のいずれかに該当する者は、三十万円以下の罰金に処する。

一　第十条第三項の規定による命令に違反した者

二　第二十五条第一項の規定による届出をせず、又は虚偽の届出をした者

第五十一条　次の各号のいずれかに該当する者は、二十万円以下の罰金に処する。

一　第十条第一項又は第二項の規定による届出をせず、又は虚偽の届出をした者

二　第二十九条第一項後段の規定による通知をしなかった者

三　第三十一条の規定に違反して技術管理者を選任しなかった者

四　第三十七条第一項又は第四十二条の規定による報告をせず、又は虚偽の報告をした者

五　第三十七条第一項の規定による検査を拒み、妨げ、若しくは忌避し、又は質問に対して答弁をせず、若しくは虚偽の答弁をした者

六　第四十三条第一項の規定による検査を拒み、妨げ、又は忌避した者

第五十二条　法人の代表者又は法人若しくは人の代理人、使用人その他の従業者が、その法人又は人の業務に関して、第四十八条から前条までの違反行為

をしたときは、その行為者を罰するほか、その法人又は人に対しても、各本条の罰金刑を科する。

第五十三条　次の各号のいずれかに該当する者は、十万円以下の過料に処する。

一　第十八条第一項の規定に違反して、記録を作成せず、若しくは虚偽の記録を作成し、又は記録を保存しなかった者

二　第二十七条第一項の規定による届出を怠った者

三　第三十三条の規定による標識を掲げない者

四　第三十四条の規定に違反して、帳簿を備えず、帳簿に記載せず、若しくは虚偽の記載をし、又は帳簿を保存しなかった者

条文の趣旨

第48条から第53条までは、本法における分別解体等及び再資源化等の義務並びに解体工事業の登録に係る義務の履行を担保するための罰則を規定している。

条文の内容

1　1年以下の懲役又は50万円以下の罰金

①　登録を受けないで解体工事業を営んだ者

②　不正の手段によって解体工事業の登録を受けた者

③　事業停止命令に違反して解体工事業を営んだ者

2　50万円以下の罰金

分別解体等又は再資源化等に関する命令に違反した者

3　30万円以下の罰金

①　対象建設工事の届出の内容に係る変更命令に違反した者

②　解体工事業の登録内容の変更が生じた場合において、届出をせず、又は虚偽の届出をした者

4　20万円以下の罰金

①　対象建設工事の届出をせず、又は虚偽の届出をした者

②　登録取消しの事実を発注者に通知しなかった者

③　技術管理者を選任しなかった者

④　解体工事業者又は対象建設工事受注者で都道府県知事の報告徴収に対して報告をせず、又は虚偽の報告をした者

⑤　解体工事業者で都道府県知事の検査を拒み、妨げ、若しくは忌避し、又は質問に対して答弁をせず、若しくは虚偽の答弁をした者

⑥　対象建設工事受注者で都道府県知事の検査を拒み、妨げ、又は忌避した者

5　10万円以下の過料

①　再資源化等の実施状況に関する記録を作成せず、若しくは虚偽の記録を作成し、又は記録を保存しなかった者

②　解体工事業の廃業等の届出をしなかった者

③　解体工事業者の標識を掲げない者

④　解体工事業者で帳簿を備えず、帳簿に記載せず、若しくは虚偽の記載をし、又は帳簿を保存しなかった者

6　両罰規定（第52条）

本法に基づく義務の履行を十分に担保するためには、違反行為の実行者のみを処罰の対象とするのではなく、違反行為の実行者を雇用している法人又は人自身も処罰の対象とすることが適当である。このため、第52条では、従業員等が法令違反行為を行い処罰される場合にはその従業員等を雇用している法人又は人をも処罰するという、いわゆる両罰規定を定めている。

参考　罰則等一覧表

章	条	項	内容	罰則（～以下）	罰則条項
第3章　分別解体等の実施	10	1	対象建設工事の届出	20万円	51条1号
		2	対象建設工事の変更の届出	20万円	
		3	対象建設工事の届出等に係る変更命令	30万円	50条1号
	15		分別解体等実施義務の実施命令	50万円	49条
第4章　再資源化等の実施	18	1	発注者への報告の記録	10万円	53条1号
	20		再資源化等実施義務の実施命令	50万円	49条
第5章　解体工事業	21	1	登録	懲役1年・50万円	48条1号・2号
		2	登録更新	懲役1年・50万円	
	25	1	変更の届出	30万円	50条2号
	27	1	廃業等の届出	10万円	53条2号
	29	1	登録の取消し等の場合における通知	20万円	51条2号
	31		技術管理者の設置	20万円	51条3号
	33		標識の掲示	10万円	53条3号
	34		帳簿	10万円	53条4号
	35	1	事業停止命令	懲役1年・50万円	48条3号
	37	1	報告徴収	20万円	51条4号
		1	立入検査	20万円	51条5号
第6章　雑則	42		報告徴収	20万円	51条4号
	43	1	立入検査	20万円	51条6号

（網掛け）は過料

附　則

●附則第１条●

（施行期日）

第一条　この法律は、公布の日から起算して六月を超えない範囲内において政令で定める日から施行する。ただし、次の各号に掲げる規定は、当該各号に定める日から施行する。

一　第五章、第四十八条、第五十条第二号、第五十一条第二号、第三号、第四号（第三十七条第一項に係る部分に限る。）及び第五号並びに第五十三条第二号から第四号までの規定　公布の日から起算して一年を超えない範囲内において政令で定める日

二　第三章、第四章、第三十八条から第四十三条まで、第四十九条、第五十条第一号、第五十一条第一号、第四号（第四十二条に係る部分に限る。）及び第六号並びに第五十三条第一号の規定　公布の日から起算して二年を超えない範囲内において政令で定める日

三　附則第五条の規定　公布の日

条文の趣旨

本法の施行期日について定めるものである。

本法の施行期日の概要は、公布の日（平成12年５月31日）から起算して、

①　基本方針等に関する規定　　６月以内

②　解体工事業者の登録制度に関する規定　　１年以内

③　分別解体等実施義務及び再資源化等実施義務に関する規定　　２年以内

となっている。

条文の内容

１　解体工事業者の登録制度に係る部分（第５章）及びこれらに関する罰則
　…　公布の日から起算して１年を超えない範囲内において政令で定める日

解体工事業者の登録制度は、分別解体等の義務付けに伴い、解体工事を直接担う解体工事業者の最低限の資質・技術力を担保するために創設するものであるから、2の分別解体等実施義務の施行より前（解体工事業者登録簿が各県一通り揃う前）で、かつ、登録事務に係る都道府県の体制整備の期間を考慮して、公布の日から起算して1年を超えない範囲内において政令で定める日とするものである（平成13年5月30日から施行）。

2　分別解体等実施義務（第3章）、再資源化等実施義務（第4章）、・対象建設工事」概念を前提とした規定（第38条から第43条）及びこれらに関する罰則

…　公布の日から起算して2年を超えない範囲内において政令で定める日

これらは具体的な義務付けに関連した本法の本格施行を規定するものであり、1の解体工事業者の登録制度の整備を待って、かつ、国民に対する十分な周知期間、都道府県の体制整備に要する期間を考慮し、公布の日から起算して2年を超えない範囲内において政令で定める日とするものである（平成14年5月30日から施行）。

3　中央省庁等改革に伴う規定（附則第5条）

…　公布の日

この規定は、中央省庁等改革関係法施行法に1条を加えるものであり、公布とともに施行する必要がある（平成12年5月31日公布・施行）。なお、中央省庁等改革関係法施行法自体は、平成13年1月6日から施行される。

4　上記1から3以外の規定（基本方針、責務等）

…　公布の日から起算して6月を超えない範囲内において政令で定める日

できる限り早期に本法の施行に関する基本的な考え方を示す必要があるため、基本方針の立案等の準備期間を考慮して、公布の日から起算して6月を超えない範囲内において政令で定める日とするものである（平成12年11月30日から施行）。

附則第２条

（対象建設工事に関する経過措置）

第二条　第三章、第四章及び第三十八条から第四十三条までの規定は、これらの規定の施行前に締結された請負契約に係る対象建設工事又はこれらの規定の施行の際既に着手している対象建設工事については、適用しない。

条文の趣旨

分別解体等が義務付けられる「対象建設工事」について、経過措置を定めるものである。

条文の内容

都道府県知事への届出、分別解体等が義務付けられる「対象建設工事」に係る規定は、その請負契約がこれらの規定の施行前に締結された場合又はその工事着手がこれらの規定の施行前に行われている場合には、適用しないものとする。

なお、「これらの規定の施行の際既に着手している対象建設工事」との文言は、請負契約を締結せずに自ら施工する者（自主施工者）をも想定して置いているものである。

附則第３条

（解体工事業に係る経過措置）

第三条　第五章の規定の施行の際現に解体工事業を営んでいる者（第二十一条第一項に規定する許可を受けている者を除く。）は、同章の規定の施行の日から六月間（当該期間内に第二十四条第一項の規定による登録の拒否の処分があったとき、又は第二十一条第一項に規定する許可を受けたときは、当該処分のあった日又は当該許可を受けた日までの間）は、同項の登録を受けないでも、引き続き当該営業を営むことができる。その者がその期間内に当該登録の申請をした場合において、その期間を経過したときは、その申請について登録又は登録の拒否の処分があるまでの間も、同様とする。

２　前項の規定により引き続き解体工事業を営むことができる場合においては、その者を当該業を行おうとする区域を管轄する都道府県知事の登録を受けた解体工事業者とみなして、第二十九条から第三十二条まで、第三十四条、第三十五条第一項（登録の取消しに係る部分を除く。）及び第二項並びに第三十七条の規定（これらの規定に係る罰則を含む。）を適用する。この場合において、第二十九条第一項中「第二十一条第二項若しくは第二十七条第二項の規定により登録が効力を失ったとき、又は第三十五条第一項の規定により登録を取り消されたときは」とあるのは「この章の規定の施行の日から六月間（当該期間内に第二十四条第一項の規定による登録の拒否の処分があったときは、その日までの間）が経過したときは」と、「登録がその効力を失う前」とあるのは「当該期間が経過する前」と、「 登録がその効力を失った後」とあるのは「当該期間が経過した後」とする。

条文の趣旨

解体工事業者の登録制度について、経過措置を定めるものである。

条文の内容

１　第１項

(1)　「（第二十一条第一項に規定する許可を受けている者を除く。）」

第二十一条第一項に規定する許可を受けている者、すなわち建設業法上の土木工事業、建築工事業及びとび・土工工事業の許可を受けている者は、本法の登録制度の対象外であり、第21条第1項の登録を受ける必要なく当然に解体工事業の営業を継続し得ることから、経過措置の対象から除外したものである。

⑵　「施行の日から六月間」

分別解体等の義務付けの施行が若干早まった場合でも、解体工事業者登録簿が各県一通り揃っているよう、登録は登録制度の施行から6ヶ月間以内に行わせることとしたものである。

⑶　「当該期間内に第二十四条第一項の規定による登録の拒否の処分があったとき、又は第二十一条第一項に規定する許可を受けたとき」

6ヶ月の猶予期間中に登録申請を行い当該登録を拒否された者、建設業法上の許可を受けてそもそも本登録制度の対象とならなくなった者については、その時点で6ヶ月の猶予期間を消滅させることが適当なので、規定するものである。

⑷　「登録又は登録の拒否の処分があるまでの間も、同様とする」

6ヶ月の猶予期間中に登録申請を行った者については、その処分がなされるまで引き続き営業を認めることが適当であるので、規定するものである。

2　第2項

⑴　「第二十九条から第三十二条まで、第三十四条、第三十五条第一項（登録の取消しに係る部分を除く。）及び第二項並びに第三十七条の規定（これらの規定に係る罰則を含む。）を適用する」

これらの規定については、実際に登録を受けていなくても適用可能なので、適用するものである。

⑵　読替規定

猶予期間である6ヶ月間内に登録申請を行わなかった者であっても、当該猶予期間の経過時までに締結した請負契約に係る解体工事については、引き続き施工することができる旨を規定するものである。

附則第４条

（検討）

第四条　政府は、附則第一条第二号に規定する規定の施行後五年を経過した場合において、この法律の施行の状況について検討を加え、その結果に基づいて必要な措置を講ずるものとする。

条文の趣旨

附則第４条は、本法の本格施行（分別解体等及び再資源化等の義務付けに関する規定の施行）後５年を経過した場合において、本法の施行状況を踏まえ、政府が所要の見直しを行うべきことを定めていることから、国土交通省と環境省では、平成19年11月より社会資本整備審議会環境部会建設リサイクル推進施策検討小委員会及び中央環境審議会廃棄物・リサイクル部会建設リサイクル専門委員会において、建設リサイクル制度の施行状況の評価・検討が行われ、平成20年12月にまとめられた「建設リサイクル制度の施行状況の評価・検討について　とりまとめ」を受け、平成22年４月には関係省令の改正施行がなされている。

なお、法律上は次期見直しの時期は明示されていないものの、上記とりまとめの【おわりに】において、以下のとおりの記述がなされている。

建設リサイクル制度の更なる発展を図るためには、取組状況や再資源化に関する技術開発の状況等を踏まえ、適時適切に検討を行っていく必要がある。当面、今回の提言について必要な措置がなされた後５年を目途に、その実施状況を踏まえた検討を行うことが適切である。

附則第５条

（中央省庁等改革関係法施行法の一部改正）

第五条　中央省庁等改革関係法施行法（平成十一年法律第百六十号）の一部を次のように改正する。

第千三十条の次に次の一条を加える。

（建設工事に係る資材の再資源化等に関する法律の一部改正）

第千三十条の二　建設工事に係る資材の再資源化等に関する法律（平成十二年法律第百四号）の一部を次のように改正する。

第四十四条第一項第一号中「建設大臣、厚生大臣」を「国土交通大臣、環境大臣」に、「、通商産業大臣、運輸大臣及び環境庁長官」を「及び経済産業大臣」に改め、同項第二号中「建設大臣」を「国土交通大臣」に改め、同条第二項中「建設大臣」を「国土交通大臣」に、「厚生大臣」を「環境大臣」に改める。

条文の趣旨

附則第５条は、中央省庁等改革に伴い、所要の規定の整備を行うものである。

条文の内容

附則第５条により、いわゆる省庁再編後、本法の主務大臣は、

建設大臣、運輸大臣	→	国土交通大臣
厚生大臣、環境庁長官	→	環境大臣
農林水産大臣	→	農林水産大臣
通商産業大臣	→	経済産業大臣

となる。

Q＆A

（基本方針・その他）

Q109 ＣＣＡ処理木材はどう処理すればいいのか？

A ＣＣＡ処理木材については、それ以外の部分と分離・分別し、それが困難な場合には、ＣＣＡが注入されている可能性がある部分を含めてこれを全てＣＣＡ処理木材として焼却又は埋立を適正に行う必要がある。

Q110 情報通信の技術を利用できるのは、手続きのうちどれか？

A 第13条の契約書面及び第18条の完了報告について、情報通信の技術を利用することができる。その他の第10条の届出等については、情報通信の技術を使用することはできない。

資　料

建設工事に係る資材の再資源化等に関する法律

（平成12年５月31日
法律第104号）

最終改正　平成23年８月30日法律第105号

目次

第１章　総則

（目的）

第１条　この法律は、特定の建設資材について、その分別解体等及び再資源化等を促進するための措置を講ずるとともに、解体工事業者について登録制度を実施すること等により、再生資源の十分な利用及び廃棄物の減量等を通じて、資源の有効な利用の確保及び廃棄物の適正な処理を図り、もって生活環境の保全及び国民経済の健全な発展に寄与することを目的とする。

（定義）

第２条　この法律において「建設資材」とは、土木建築に関する工事（以下「建設工事」という。）に使用する資材をいう。

２　この法律において「建設資材廃棄物」とは、建設資材が廃棄物（廃棄物の処理及び清掃に関する法律（昭和45年法律第137号）第２条第１項に規定する廃棄物をいう。以下同じ。）となったものをいう。

3　この法律において「分別解体等」とは、次の各号に掲げる工事の種別に応じ、それぞれ当該各号に定める行為をいう。

一　建築物その他の工作物（以下「建築物等」という。）の全部又は一部を解体する建設工事（以下「解体工事」という。）　建築物等に用いられた建設資材に係る建設資材廃棄物をその種類ごとに分別しつつ当該工事を計画的に施工する行為

二　建築物等の新築その他の解体工事以外の建設工事（以下「新築工事等」という。）　当該工事に伴い副次的に生ずる建設資材廃棄物をその種類ごとに分別しつつ当該工事を施工する行為

4　この法律において建設資材廃棄物について「再資源化」とは、次に掲げる行為であって、分別解体等に伴って生じた建設資材廃棄物の運搬又は処分（再生することを含む。）に該当するものをいう。

一　分別解体等に伴って生じた建設資材廃棄物について、資材又は原材料として利用すること（建設資材廃棄物をそのまま用いることを除く。）ができる状態にする行為

二　分別解体等に伴って生じた建設資材廃棄物であって燃焼の用に供することができるもの又はその可能性のあるものについて、熱を得ることに利用することができる状態にする行為

5　この法律において「特定建設資材」とは、コンクリート、木材その他建設資材のうち、建設資材廃棄物となった場合におけるその再資源化が資源の有効な利用及び廃棄物の減量を図る上で特に必要であり、かつ、その再資源化が経済性の面において制約が著しくないと認められるものとして政令で定めるものをいう。

6　この法律において「特定建設資材廃棄物」とは、特定建設資材が廃棄物となったものをいう。

7　この法律において建設資材廃棄物について「縮減」とは、焼却、脱水、圧縮その他の方法により建設資材廃棄物の大きさを減ずる行為をいう。

8　この法律において建設資材廃棄物について「再資源化等」とは、再資源化及び縮減をいう。

9　この法律において「建設業」とは、建設工事を請け負う営業（その請け負った建設工事を他の者に請け負わせて営むものを含む。）をいう。

10　この法律において「下請契約」とは、建設工事を他の者から請け負った建設業を営む者と他の建設業を営む者との間で当該建設工事の全部又は一部について締結される請負契約をいい、「発注者」とは、建設工事（他の者から請け負ったもの

を除く。）の注文者をいい、「元請業者」とは、発注者から直接建設工事を請け負った建設業を営む者をいい、「下請負人」とは、下請契約における請負人をいう。

11　この法律において「解体工事業」とは、建設業のうち建築物等を除却するための解体工事を請け負う営業（その請け負った解体工事を他の者に請け負わせて営むものを含む。）をいう。

12　この法律において「解体工事業者」とは、第21条第１項の登録を受けて解体工事業を営む者をいう。

第２章　基本方針等

（基本方針）

第３条　主務大臣は、建設工事に係る資材の有効な利用の確保及び廃棄物の適正な処理を図るため、特定建設資材に係る分別解体等及び特定建設資材廃棄物の再資源化等の促進等に関する基本方針（以下「基本方針」という。）を定めるものとする。

２　基本方針においては、次に掲げる事項を定めるものとする。

一　特定建設資材に係る分別解体等及び特定建設資材廃棄物の再資源化等の促進等の基本的方向

二　建設資材廃棄物の排出の抑制のための方策に関する事項

三　特定建設資材廃棄物の再資源化等に関する目標の設定その他特定建設資材廃棄物の再資源化等の促進のための方策に関する事項

四　特定建設資材廃棄物の再資源化により得られた物の利用の促進のための方策に関する事項

五　環境の保全に資するものとしての特定建設資材に係る分別解体等、特定建設資材廃棄物の再資源化等及び特定建設資材廃棄物の再資源化により得られた物の利用の意義に関する知識の普及に係る事項

六　その他特定建設資材に係る分別解体等及び特定建設資材廃棄物の再資源化等の促進等に関する重要事項

３　主務大臣は、基本方針を定め、又はこれを変更したときは、遅滞なく、これを公表しなければならない。

（実施に関する指針）

第４条　都道府県知事は、基本方針に即し、当該都道府県における特定建設資材に係る分別解体等及び特定建設資材廃棄物の再資源化等の促進等の実施に関する指針を定めることができる。

２　都道府県知事は、前項の指針を定め、又はこれを変更したときは、遅滞なく、

これを公表するよう努めなければならない。

（建設業を営む者の責務）

第5条　建設業を営む者は、建築物等の設計及びこれに用いる建設資材の選択、建設工事の施工方法等を工夫することにより、建設資材廃棄物の発生を抑制するとともに、分別解体等及び建設資材廃棄物の再資源化等に要する費用を低減するよう努めなければならない。

2　建設業を営む者は、建設資材廃棄物の再資源化により得られた建設資材（建設資材廃棄物の再資源化により得られた物を使用した建設資材を含む。次条及び第41条において同じ。）を使用するよう努めなければならない。

（発注者の責務）

第6条　発注者は、その注文する建設工事について、分別解体等及び建設資材廃棄物の再資源化等に要する費用の適正な負担、建設資材廃棄物の再資源化により得られた建設資材の使用等により、分別解体等及び建設資材廃棄物の再資源化等の促進に努めなければならない。

（国の責務）

第7条　国は、建築物等の解体工事に関し必要な情報の収集、整理及び活用、分別解体等及び建設資材廃棄物の再資源化等の促進に資する科学技術の振興を図るための研究開発の推進及びその成果の普及等必要な措置を講ずるよう努めなければならない。

2　国は、教育活動、広報活動等を通じて、分別解体等、建設資材廃棄物の再資源化等及び建設資材廃棄物の再資源化により得られた物の利用の促進に関する国民の理解を深めるとともに、その実施に関する国民の協力を求めるよう努めなければならない。

3　国は、建設資材廃棄物の再資源化等を促進するために必要な資金の確保その他の措置を講ずるよう努めなければならない。

（地方公共団体の責務）

第8条　都道府県及び市町村は、国の施策と相まって、当該地域の実情に応じ、分別解体等及び建設資材廃棄物の再資源化等を促進するよう必要な措置を講ずることに努めなければならない。

第3章　分別解体等の実施

（分別解体等実施義務）

第9条　特定建設資材を用いた建築物等に係る解体工事又はその施工に特定建設資材を使用する新築工事等であって、その規模が第3項又は第4項の建設工事の規模に関する基準以上のもの（以下「対象建設工事」という。）の受注者（当該対象建設工事の全部又は一部について下請契約が締結されている場合における各下請負人を含む。以下「対象建設工事受注者」という。）又はこれを請負契約によらないで自ら施工する者（以下単に「自主施工者」という。）は、正当な理由がある場合を除き、分別解体等をしなければならない。

2　前項の分別解体等は、特定建設資材廃棄物をその種類ごとに分別することを確保するための適切な施工方法に関する基準として主務省令で定める基準に従い、行わなければならない。

3　建設工事の規模に関する基準は、政令で定める。

4　都道府県は、当該都道府県の区域のうちに、特定建設資材廃棄物の再資源化等をするための施設及び廃棄物の最終処分場における処理量の見込みその他の事情から判断して前項の基準によっては当該区域において生じる特定建設資材廃棄物をその再資源化等により減量することが十分でないと認められる区域があるときは、当該区域について、条例で、同項の基準に代えて適用すべき建設工事の規模に関する基準を定めることができる。

（対象建設工事の届出等）

第10条　対象建設工事の発注者又は自主施工者は、工事に着手する日の7日前までに、主務省令で定めるところにより、次に掲げる事項を都道府県知事に届け出なければならない。

一　解体工事である場合においては、解体する建築物等の構造

二　新築工事等である場合においては、使用する特定建設資材の種類

三　工事着手の時期及び工程の概要

四　分別解体等の計画

五　解体工事である場合においては、解体する建築物等に用いられた建設資材の量の見込み

六　その他主務省令で定める事項

2　前項の規定による届出をした者は、その届出に係る事項のうち主務省令で定める事項を変更しようとするときは、その届出に係る工事に着手する日の7日前までに、主務省令で定めるところにより、その旨を都道府県知事に届け出なければならない。

3　都道府県知事は、第1項又は前項の規定による届出があった場合において、その届出に係る分別解体等の計画が前条第2項の主務省令で定める基準に適合しないと認めるときは、その届出を受理した日から7日以内に限り、その届出をした

者に対し、その届出に係る分別解体等の計画の変更その他必要な措置を命ずることができる。

（国等に関する特例）

第11条　国の機関又は地方公共団体は、前条第１項の規定により届出を要する行為をしようとするときは、あらかじめ、都道府県知事にその旨を通知しなければならない。

（対象建設工事の届出に係る事項の説明等）

第12条　対象建設工事（他の者から請け負ったものを除く。）を発注しようとする者から直接当該工事を請け負おうとする建設業を営む者は、当該発注しようとする者に対し、少なくとも第10条第１項第１号から第５号までに掲げる事項について、これらの事項を記載した書面を交付して説明しなければならない。

2　対象建設工事受注者は、その請け負った建設工事の全部又は一部を他の建設業を営む者に請け負わせようとするときは、当該他の建設業を営む者に対し、当該対象建設工事について第10条第１項の規定により届け出られた事項（同条第２項の規定による変更の届出があった場合には、その変更後のもの）を告げなければならない。

（対象建設工事の請負契約に係る書面の記載事項）

第13条　対象建設工事の請負契約（当該対象建設工事の全部又は一部について下請契約が締結されている場合における各下請契約を含む。以下この条において同じ。）の当事者は、建設業法（昭和24年法律第100号）第19条第１項に定めるもののほか、分別解体等の方法、解体工事に要する費用その他の主務省令で定める事項を書面に記載し、署名又は記名押印をして相互に交付しなければならない。

2　対象建設工事の請負契約の当事者は、請負契約の内容で前項に規定する事項に該当するものを変更するときは、その変更の内容を書面に記載し、署名又は記名押印をして相互に交付しなければならない。

3　対象建設工事の請負契約の当事者は、前２項の規定による措置に代えて、政令で定めるところにより、当該契約の相手方の承諾を得て、電子情報処理組織を使用する方法その他の情報通信の技術を利用する方法であって、当該各項の規定による措置に準ずるものとして主務省令で定めるものを講ずることができる。この場合において、当該主務省令で定める措置を講じた者は、当該各項の規定による措置を講じたものとみなす。

（助言又は勧告）

第14条　都道府県知事は、対象建設工事受注者又は自主施工者の分別解体等の適正な実施を確保するため必要があると認めるときは、基本方針（第４条第２項の規定により同条第１項の指針を公表した場合には、当該指針）を勘案して、当該対象建設工事受注者又は自主施工者に対し、分別解体等の実施に関し必要な助言又は勧告をすることができる。

（命令）

第15条　都道府県知事は、対象建設工事受注者又は自主施工者が正当な理由がなくて分別解体等の適正な実施に必要な行為をしない場合において、分別解体等の適正な実施を確保するため特に必要があると認めるときは、基本方針（第４条第２項の規定により同条第１項の指針を公表した場合には、当該指針）を勘案して、当該対象建設工事受注者又は自主施工者に対し、分別解体等の方法の変更その他必要な措置をとるべきことを命ずることができる。

第４章　再資源化等の実施

（再資源化等実施義務）

第16条　対象建設工事受注者は、分別解体等に伴って生じた特定建設資材廃棄物について、再資源化をしなければならない。ただし、特定建設資材廃棄物でその再資源化について一定の施設を必要とするもののうち政令で定めるもの（以下この条において「指定建設資材廃棄物」という。）に該当する特定建設資材廃棄物については、主務省令で定める距離に関する基準の範囲内に当該指定建設資材廃棄物の再資源化をするための施設が存しない場所で工事を施工する場合その他地理的条件、交通事情その他の事情により再資源化をすることには相当程度に経済性の面での制約があるものとして主務省令で定める場合には、再資源化に代えて縮減をすれば足りる。

第17条　都道府県は、当該都道府県の区域における対象建設工事の施工に伴って生じる特定建設資材廃棄物の発生量の見込み及び廃棄物の最終処分場における処理量の見込みその他の事情を考慮して、当該都道府県の区域において生じる特定建設資材廃棄物の再資源化による減量を図るため必要と認めるときは、条例で、前条の距離に関する基準に代えて適用すべき距離に関する基準を定めることができる。

（発注者への報告等）

第18条　対象建設工事の元請業者は、当該工事に係る特定建設資材廃棄物の再資源化等が完了したときは、主務省令で定めるところにより、その旨を当該工事の発注者に書面で報告するとともに、当該再資源化等の実施状況に関する記録を作成し、これを保存しなければならない。

2　前項の規定による報告を受けた発注者は、同項に規定する再資源化等が適正に行われなかったと認めるときは、都道府県知事に対し、その旨を申告し、適当な措置をとるべきことを求めることができる。

3　対象建設工事の元請業者は、第１項の規定による書面による報告に代えて、政令で定めるところにより、同項の発注者の承諾を得て、当該書面に記載すべき事項を、電子情報処理組織を使用する方法その他の情報通信の技術を利用する方法であって主務省令で定めるものにより通知することができる。この場合において、当該元請業者は、当該書面による報告をしたものとみなす。

（助言又は勧告）

第19条　都道府県知事は、対象建設工事受注者の特定建設資材廃棄物の再資源化等の適正な実施を確保するため必要があると認めるときは、基本方針（第４条第２項の規定により同条第１項の指針を公表した場合には、当該指針）を勘案して、当該対象建設工事受注者に対し、特定建設資材廃棄物の再資源化等の実施に関し必要な助言又は勧告をすることができる。

（命令）

第20条　都道府県知事は、対象建設工事受注者が正当な理由がなくて特定建設資材廃棄物の再資源化等の適正な実施に必要な行為をしない場合において、特定建設資材廃棄物の再資源化等の適正な実施を確保するため特に必要があると認めるときは、基本方針（第４条第２項の規定により同条第１項の指針を公表した場合には、当該指針）を勘案して、当該対象建設工事受注者に対し、特定建設資材廃棄物の再資源化等の方法の変更その他必要な措置をとるべきことを命ずることができる。

第５章　解体工事業

（解体工事業者の登録）

第21条　解体工事業を営もうとする者（建設業法別表第一の下欄に掲げる土木工事業、建築工事業又はとび・土工工事業に係る同法第３条第１項の許可を受けた者を除く。）は、当該業を行おうとする区域を管轄する都道府県知事の登録を受けなければならない。

2　前項の登録は、５年ごとにその更新を受けなければ、その期間の経過によって、その効力を失う。

3　前項の更新の申請があった場合において、同項の期間（以下「登録の有効期間」という。）の満了の日までにその申請に対する処分がされないときは、従前の登録は、登録の有効期間の満了後もその処分がされるまでの間は、なおその効力を有する。

4　前項の場合において、登録の更新がされたときは、その登録の有効期間は、従前の登録の有効期間の満了の日の翌日から起算するものとする。

5　第１項の登録（第２項の登録の更新を含む。以下「解体工事業者の登録」という。）を受けた者が、第１項に規定する許可を受けたときは、その登録は、その効力を失う。

（登録の申請）

第22条　解体工事業者の登録を受けようとする者は、次に掲げる事項を記載した申請書を都道府県知事に提出しなければならない。

一　商号、名称又は氏名及び住所

二　営業所の名称及び所在地

三　法人である場合においては、その役員（業務を執行する社員、取締役、執行役又はこれらに準ずる者をいう。以下この章において同じ。）の氏名

四　未成年者である場合においては、その法定代理人の氏名及び住所（法定代理人が法人である場合においては、その商号又は名称及び住所並びにその役員の氏名）

五　第31条に規定する者の氏名

2　前項の申請書には、解体工事業者の登録を受けようとする者が第24条第１項各号に該当しない者であることを誓約する書面その他主務省令で定める書類を添付しなければならない。

（登録の実施）

第23条　都道府県知事は、前条の規定による申請書の提出があったときは、次条第１項の規定により登録を拒否する場合を除くほか、次に掲げる事項を解体工事業者登録簿に登録しなければならない。

一　前条第１項各号に掲げる事項

二　登録年月日及び登録番号

2　都道府県知事は、前項の規定による登録をしたときは、遅滞なく、その旨を申請者に通知しなければならない。

（登録の拒否）

第24条　都道府県知事は、解体工事業者の登録を受けようとする者が次の各号のいずれかに該当するとき、又は申請書若しくはその添付書類のうちに重要な事項について虚偽の記載があり、若しくは重要な事実の記載が欠けているときは、その登録を拒否しなければならない。

一　第35条第１項の規定により登録を取り消され、その処分のあった日から２年を経過しない者
二　解体工事業者で法人であるものが第35条第１項の規定により登録を取り消された場合において、その処分のあった日前30日以内にその解体工事業者の役員であった者でその処分のあった日から２年を経過しないもの
三　第35条第１項の規定により事業の停止を命ぜられ、その停止の期間が経過しない者
四　この法律又はこの法律に基づく処分に違反して罰金以上の刑に処せられ、その執行を終わり、又は執行を受けることがなくなった日から２年を経過しない者
五　解体工事業に関し成年者と同一の行為能力を有しない未成年者でその法定代理人が前各号又は次号のいずれかに該当するもの
六　法人でその役員のうちに第１号から第４号までのいずれかに該当する者があるもの
七　第31条に規定する者を選任していない者

2　都道府県知事は、前項の規定により登録を拒否したときは、遅滞なく、その理由を示して、その旨を申請者に通知しなければならない。

（変更の届出）

第25条　解体工事業者は、第22条第１項各号に掲げる事項に変更があったときは、その日から30日以内に、その旨を都道府県知事に届け出なければならない。

2　都道府県知事は、前項の規定による届出を受理したときは、当該届出に係る事項が前条第１項第５号から第７号までのいずれかに該当する場合を除き、届出があった事項を解体工事業者登録簿に登録しなければならない。

3　第22条第２項の規定は、第１項の規定による届出について準用する。

（解体工事業者登録簿の閲覧）

第26条　都道府県知事は、解体工事業者登録簿を一般の閲覧に供しなければならない。

（廃業等の届出）

第27条　解体工事業者が次の各号のいずれかに該当することとなった場合においては、当該各号に定める者は、その日から30日以内に、その旨を都道府県知事（第５号に掲げる場合においては、当該廃止した解体工事業に係る解体工事業者の登録をした都道府県知事）に届け出なければならない。

一　死亡した場合　その相続人

二　法人が合併により消滅した場合　その法人を代表する役員であった者
三　法人が破産手続開始の決定により解散した場合　その破産管財人
四　法人が合併及び破産手続開始の決定以外の理由により解散した場合　その清算人
五　その登録に係る都道府県の区域内において解体工事業を廃止した場合　解体工事業者であった個人又は解体工事業者であった法人を代表する役員

2　解体工事業者が前項各号のいずれかに該当するに至ったときは、解体工事業者の登録は、その効力を失う。

（登録の抹消）

第28条　都道府県知事は、第21条第２項若しくは第５項若しくは前条第２項の規定により登録がその効力を失ったとき、又は第35条第１項の規定により登録を取り消したときは、当該解体工事業者の登録を抹消しなければならない。

（登録の取消し等の場合における解体工事の措置）

第29条　解体工事業者について、第21条第２項若しくは第27条第２項の規定により登録が効力を失ったとき、又は第35条第１項の規定により登録が取り消されたときは、当該解体工事業者であった者又はその一般承継人は、登録がその効力を失う前又は当該処分を受ける前に締結された請負契約に係る解体工事に限り施工することができる。この場合において、これらの者は、登録がその効力を失った後又は当該処分を受けた後、遅滞なく、その旨を当該解体工事の注文者に通知しなければならない。

2　都道府県知事は、前項の規定にかかわらず、公益上必要があると認めるときは、当該解体工事の施工の差止めを命ずることができる。

3　第１項の規定により解体工事を施工する解体工事業者であった者又はその一般承継人は、当該解体工事を完成する目的の範囲内においては、解体工事業者とみなす。

4　解体工事の注文者は、第１項の規定により通知を受けた日又は同項に規定する登録がその効力を失ったこと、若しくは処分があったことを知った日から30日以内に限り、その解体工事の請負契約を解除することができる。

（解体工事の施工技術の確保）

第30条　解体工事業者は、解体工事の施工技術の確保に努めなければならない。

2　主務大臣は、前項の施工技術の確保に資するため、必要に応じ、講習の実施、資料の提供その他の措置を講ずるものとする。

（技術管理者の設置）

第31条　解体工事業者は、工事現場における解体工事の施工の技術上の管理をつかさどる者で主務省令で定める基準に適合するもの（以下「技術管理者」という。）を選任しなければならない。

（技術管理者の職務）

第32条　解体工事業者は、その請け負った解体工事を施工するときは、技術管理者に当該解体工事の施工に従事する他の者の監督をさせなければならない。ただし、技術管理者以外の者が当該解体工事に従事しない場合は、この限りでない。

（標識の掲示）

第33条　解体工事業者は、主務省令で定めるところにより、その営業所及び解体工事の現場ごとに、公衆の見やすい場所に、商号、名称又は氏名、登録番号その他主務省令で定める事項を記載した標識を掲げなければならない。

（帳簿の備付け等）

第34条　解体工事業者は、主務省令で定めるところにより、その営業所ごとに帳簿を備え、その営業に関する事項で主務省令で定めるものを記載し、これを保存しなければならない。

（登録の取消し等）

第35条　都道府県知事は、解体工事業者が次の各号のいずれかに該当するときは、その登録を取り消し、又は６月以内の期間を定めてその事業の全部若しくは一部の停止を命ずることができる。

一　不正の手段により解体工事業者の登録を受けたとき。

二　第24条第１項第２号又は第４号から第７号までのいずれかに該当することとなったとき。

三　第25条第１項の規定による届出をせず、又は虚偽の届出をしたとき。

2　第24条第２項の規定は、前項の規定による処分をした場合に準用する。

（主務省令への委任）

第36条　この章に定めるもののほか、解体工事業者登録簿の様式その他解体工事業者の登録に関し必要な事項については、主務省令で定める。

（報告及び検査）

第37条　都道府県知事は、当該都道府県の区域内で解体工事業を営む者に対して、特に必要があると認めるときは、その業務又は工事施工の状況につき、必要な報告をさせ、又はその職員をして営業所その他営業に関係のある場所に立ち入り、帳簿、書類その他の物件を検査し、若しくは関係者に質問させることができる。

2　前項の規定により立入検査をする職員は、その身分を示す証明書を携帯し、関係者の請求があったときは、これを提示しなければならない。

3　第1項の規定による立入検査の権限は、犯罪捜査のために認められたものと解釈してはならない。

第6章　雑則

（分別解体等及び再資源化等に要する費用の請負代金の額への反映）

第38条　国は、特定建設資材に係る資源の有効利用及び特定建設資材廃棄物の減量を図るためには、対象建設工事の発注者が分別解体等及び特定建設資材廃棄物の再資源化等に要する費用を適正に負担することが重要であることにかんがみ、当該費用を建設工事の請負代金の額に適切に反映させることに寄与するため、この法律の趣旨及び内容について、広報活動等を通じて国民に周知を図り、その理解と協力を得るよう努めなければならない。

（下請負人に対する元請業者の指導）

第39条　対象建設工事の元請業者は、各下請負人が自ら施工する建設工事の施工に伴って生じる特定建設資材廃棄物の再資源化等を適切に行うよう、当該対象建設工事における各下請負人の施工の分担関係に応じて、各下請負人の指導に努めなければならない。

（再資源化をするための施設の整備）

第40条　国及び地方公共団体は、対象建設工事受注者による特定建設資材廃棄物の再資源化の円滑かつ適正な実施を確保するためには、特定建設資材廃棄物の再資源化をするための施設の適正な配置を図ることが重要であることにかんがみ、当該施設の整備を促進するために必要な措置を講ずるよう努めなければならない。

（利用の協力要請）

第41条　主務大臣又は都道府県知事は、対象建設工事の施工に伴って生じる特定建設資材廃棄物の再資源化の円滑な実施を確保するため、建設資材廃棄物の再資源化により得られた建設資材の利用を促進することが特に必要であると認めるときは、主務大臣にあっては関係行政機関の長に対し、都道府県知事にあっては新築工事等に係る対象建設工事の発注者（国を除く。）に対し、建設資材廃棄物の再資源化により得られた建設資材の利用について必要な協力を要請することができる。

（報告の徴収）

第42条　都道府県知事は、特定建設資材に係る分別解体等の適正な実施を確保するために必要な限度において、政令で定めるところにより、対象建設工事の発注者、自主施工者又は対象建設工事受注者に対し、特定建設資材に係る分別解体等の実施の状況に関し報告をさせることができる。

2　都道府県知事は、特定建設資材廃棄物の再資源化等の適正な実施を確保するために必要な限度において、政令で定めるところにより、対象建設工事受注者に対し、特定建設資材廃棄物の再資源化等の実施の状況に関し報告をさせることができる。

（立入検査）

第43条　都道府県知事は、特定建設資材に係る分別解体等及び特定建設資材廃棄物の再資源化等の適正な実施を確保するために必要な限度において、政令で定めるところにより、その職員に、対象建設工事の現場又は対象建設工事受注者の営業所その他営業に関係のある場所に立ち入り、帳簿、書類その他の物件を検査させることができる。

2　前項の規定により立入検査をする職員は、その身分を示す証明書を携帯し、関係者に提示しなければならない。

3　第１項の規定による立入検査の権限は、犯罪捜査のために認められたものと解釈してはならない。

（主務大臣等）

第44条　この法律における主務大臣は、次のとおりとする。

一　第３条第１項の規定による基本方針の策定並びに同条第３項の規定による基本方針の変更及び公表に関する事項　国土交通大臣、環境大臣、農林水産大臣及び経済産業大臣

二　第30条第２項の規定による措置及び第41条の規定による協力の要請に関する事項　国土交通大臣

2　この法律における主務省令は、国土交通大臣及び環境大臣の発する命令とする。ただし、第10条第１項及び第２項、第13条第１項及び第３項、第22条第２項、第31条、第33条、第34条、第36条並びに次条の主務省令については、国土交通大臣の発する命令とする。

（権限の委任）

第45条　第41条の規定による主務大臣の権限は、主務省令で定めるところにより、地方支分部局の長に委任することができる。

（政令で定める市町村の長による事務の処理）

第46条　この法律の規定により都道府県知事の権限に属する事務の一部は、政令で定めるところにより、政令で定める市町村（特別区を含む。）の長が行うこととすることができる。

（経過措置）

第47条　この法律の規定に基づき命令を制定し、又は改廃する場合においては、その命令で、その制定又は改廃に伴い合理的に必要と判断される範囲内において、所要の経過措置（罰則に関する経過措置を含む。）を定めることができる。

第７章　罰則

第48条　次の各号のいずれかに該当する者は、１年以下の懲役又は50万円以下の罰金に処する。

一　第21条第１項の規定に違反して登録を受けないで解体工事業を営んだ者

二　不正の手段によって第21条第１項の登録（同条第２項の登録の更新を含む。）を受けた者

三　第35条第１項の規定による事業の停止の命令に違反して解体工事業を営んだ者

第49条　第15条又は第20条の規定による命令に違反した者は、50万円以下の罰金に処する。

第50条　次の各号のいずれかに該当する者は、30万円以下の罰金に処する。

一　第10条第３項の規定による命令に違反した者

二　第25条第１項の規定による届出をせず、又は虚偽の届出をした者

第51条　次の各号のいずれかに該当する者は、20万円以下の罰金に処する。

一　第10条第１項又は第２項の規定による届出をせず、又は虚偽の届出をした者

二　第29条第１項後段の規定による通知をしなかった者

三　第31条の規定に違反して技術管理者を選任しなかった者

四　第37条第１項又は第42条の規定による報告をせず、又は虚偽の報告をした者

五　第37条第１項の規定による検査を拒み、妨げ、若しくは忌避し、又は質問に対して答弁をせず、若しくは虚偽の答弁をした者

六　第43条第１項の規定による検査を拒み、妨げ、又は忌避した者

第52条　法人の代表者又は法人若しくは人の代理人、使用人その他の従業者が、その法人又は人の業務に関して、第48条から前条までの違反行為をしたときは、その行為者を罰するほか、その法人又は人に対しても、各本条の罰金刑を科する。

第53条　次の各号のいずれかに該当する者は、10万円以下の過料に処する。

一　第18条第１項の規定に違反して、記録を作成せず、若しくは虚偽の記録を作成し、又は記録を保存しなかった者

二　第27条第１項の規定による届出を怠った者

三　第33条の規定による標識を掲げない者

四　第34条の規定に違反して、帳簿を備えず、帳簿に記載せず、若しくは虚偽の

記載をし、又は帳簿を保存しなかった者

附　則〔抄〕

（施行期日）

第１条　この法律は、公布の日から起算して６月を超えない範囲内において政令で定める日〔平成12年政令第494号で平成12年11月30日から施行〕から施行する。ただし、次の各号に掲げる規定は、当該各号に定める日から施行する。

一　第５章、第48条、第50条第２号、第51条第２号、第３号、第４号（第37条第１項に係る部分に限る。）及び第５号並びに第53条第２号から第４号までの規定　公布の日から起算して１年を超えない範囲内において政令で定める日〔平成13年政令第177号で平成13年５月30日から施行〕

二　第３章、第４章、第38条から第43条まで、第49条、第50条第１号、第51条第１号、第４号（第42条に係る部分に限る。）及び第６号並びに第53条第１号の規定　公布の日から起算して２年を超えない範囲内において政令で定める日〔平成14年政令第６号で平成14年５月30日から施行〕

三　附則第５条の規定　公布の日

（対象建設工事に関する経過措置）

第２条　第３章、第４章及び第38条から第43条までの規定は、これらの規定の施行前に締結された請負契約に係る対象建設工事又はこれらの規定の施行の際既に着手している対象建設工事については、適用しない。

（解体工事業に係る経過措置）

第３条　第５章の規定の施行の際現に解体工事業を営んでいる者（第21条第１項に規定する許可を受けている者を除く。）は、同章の規定の施行の日から６月間（当該期間内に第24条第１項の規定による登録の拒否の処分があったとき、又は第21条第１項に規定する許可を受けたときは、当該処分のあった日又は当該許可を受けた日までの間）は、同項の登録を受けないでも、引き続き当該営業を営むことができる。その者がその期間内に当該登録の申請をした場合において、その期間を経過したときは、その申請について登録又は登録の拒否の処分があるまでの間も、同様とする。

２　前項の規定により引き続き解体工事業を営むことができる場合においては、その者を当該業を行おうとする区域を管轄する都道府県知事の登録を受けた解体工事業者とみなして、第29条から第32条まで、第34条、第35条第１項（登録の取消しに係る部分を除く。）及び第２項並びに第37条の規定（これらの規定に係る罰則を含む。）を適用する。この場合において、第29条第１項中「第21条第２項若しくは第27条第２項の規定により登録が効力を失ったとき、又は第35条第１項の規定により登録を取り消されたときは」とあるのは「この章の規定の施行の日から６月間（当該期間内に第24条第１項の規定による登録の拒否の処分があったときは、その日までの間）が経過したときは」と、「登録がその効力を失う前」とあるのは「当該期間が経過する前」と、「登録がその効力を失った後」とあるのは「当該期間が経過した後」とする。

（検討）

第４条　政府は、附則第１条第２号に規定する規定の施行後５年を経過した場合において、この法律の施行の状況について検討を加え、その結果に基づいて必要な措置を講ずるものとする。

附　則　〔平成11年12月22日法律第160号抄〕

（施行期日）

第１条　この法律（第２条及び第３条を除く。）は、平成13年１月６日から施行する。ただし、次の各号に掲げる規定は、当該各号に定める日から施行する。

一　第995条（核原料物質、核燃料物質及び原子炉の規制に関する法律の一部を改正する法律附則の改正規定に係る部分に限る。）、第1305条、第1306条、第1324条第２項、第1326条第２項及び第1344条の規定　公布の日

附　則　〔平成12年11月27日法律第126号抄〕

（施行期日）

第１条　この法律は、公布の日から起算して５月を超えない範囲内において政令で定める日から施行する。

〔平成13年政令第３号で平成13年４月１日から施行〕

（罰則に関する経過措置）

第２条　この法律の施行前にした行為に対する罰則の適用については、なお従前の例による。

附　則　〔平成14年５月29日法律第45号抄〕

（施行期日）

1　この法律は、公布の日から起算して１年を超えない範囲内において政令で定める日から施行する。

〔平成14年政令第127号で平成15年４月１日から施行〕

附　則　〔平成15年６月18日法律第96号抄〕

（施行期日）

第１条　この法律は、平成16年３月１日から施行する。

附　則　〔平成16年６月２日法律第76号抄〕

（施行期日）

第１条　この法律は、破産法（平成16年法律第75号。次条第８項並びに附則第３条第８項、第５条第８項、第16項及び第21項、第８条第３項並びに第13条において「新破産法」という。）の施行の日から施行する。〔ただし書　略〕

附　則　〔平成16年12月１日法律第147号抄〕

（施行期日）

第１条　この法律は、公布の日から起算して６月を超えない範囲内において政令で定める日から施行する。

附　則　〔平成23年６月３日法律第61号抄〕

（施行期日）

第１条　この法律は、公布の日から起算して１年を超えない範囲内において政令で定める日（以下「施行日」という。）から施行する。〔ただし書　略〕

附　則　〔平成23年８月30日法律第105号抄〕

（施行期日）

第１条　この法律は、公布の日から施行する。〔後略〕

建設工事に係る資材の再資源化等に関する法律施行令

〔平成12年11月29日
政 令 第 495 号〕

最終改正　平成20年10月16日政令第316号

（特定建設資材）

第１条　建設工事に係る資材の再資源化等に関する法律（以下「法」という。）第２条第５項のコンクリート、木材その他建設資材のうち政令で定めるものは、次に掲げる建設資材とする。

一　コンクリート

二　コンクリート及び鉄から成る建設資材

三　木材

四　アスファルト・コンクリート

（建設工事の規模に関する基準）

第２条　法第９条第３項の建設工事の規模に関する基準は、次に掲げるとおりとする。

一　建築物（建築基準法（昭和25年法律第201号）第２条第１号に規定する建築物をいう。以下同じ。）に係る解体工事については、当該建築物（当該解体工事に係る部分に限る。）の床面積の合計が80平方メートルであるもの

二　建築物に係る新築又は増築の工事については、当該建築物（増築の工事にあっては、当該工事に係る部分に限る。）の床面積の合計が500平方メートルであるもの

三　建築物に係る新築工事等（法第２条第３項第２号に規定する新築工事等をいう。以下同じ。）であって前号に規定する新築又は増築の工事に該当しないものについては、その請負代金の額（法第９条第１項に規定する自主施工者が施工するものについては、これを請負人に施工させることとした場合における適正な請負代金相当額。次号において同じ。）が１億円であるもの

四　建築物以外のものに係る解体工事又は新築工事等については、その請負代金の額が500万円であるもの

２　解体工事又は新築工事等を同一の者が２以上の契約に分割して請け負う場合においては、これを一の契約で請け負ったものとみなして、前項に規定する基準を適用する。ただし、正当な理由に基づいて契約を分割したときは、この限りでな

い。

（対象建設工事の請負契約に係る情報通信の技術を利用する方法）

第３条　対象建設工事の請負契約の当事者は、法第13条第３項の規定により同項に規定する主務省令で定める措置（以下この条において「電磁的措置」という。）を講じようとするときは、主務省令で定めるところにより、あらかじめ、当該契約の相手方に対し、その講じる電磁的措置の種類及び内容を示し、書面又は電子情報処理組織を使用する方法その他の情報通信の技術を利用する方法であって主務省令で定めるもの（次項において「電磁的方法」という。）による承諾を得なければならない。

２　前項の規定による承諾を得た対象建設工事の請負契約の当事者は、当該契約の相手方から書面又は電磁的方法により当該承諾を撤回する旨の申出があったときは、法第13条第１項又は第２項の規定による措置に代えて電磁的措置を講じてはならない。ただし、当該契約の相手方が再び前項の規定による承諾をした場合は、この限りでない。

（指定建設資材廃棄物）

第４条　法第16条ただし書の政令で定めるものは、木材が廃棄物となったものとする。

（発注者への報告に係る情報通信の技術を利用する方法）

第５条　対象建設工事の元請業者は、法第18条第３項の規定により同項に規定する事項を通知しようとするときは、主務省令で定めるところにより、あらかじめ、当該工事の発注者に対し、その用いる同項前段に規定する方法（以下この条において「電磁的方法」という。）の種類及び内容を示し、書面又は電磁的方法による承諾を得なければならない。

２　前項の規定による承諾を得た対象建設工事の元請業者は、当該工事の発注者から書面又は電磁的方法により電磁的方法による通知を受けない旨の申出があったときは、当該工事の発注者に対し、同項に規定する事項の通知を電磁的方法によってしてはならない。ただし、当該工事の発注者が再び同項の規定による承諾をした場合は、この限りでない。

（報告の徴収）

第６条　都道府県知事は、法第42条第１項の規定により、対象建設工事の発注者に対し、特定建設資材に係る分別解体等の実施の状況につき、次に掲げる事項に関し報告をさせることができる。

一　当該対象建設工事の元請業者が当該発注者に対して法第12条第１項の規定に

より交付した書面に関する事項

二　その他分別解体等に関する事項として主務省令で定める事項

2　都道府県知事は、法第42条第1項の規定により、自主施工者又は対象建設工事受注者に対し、特定建設資材に係る分別解体等の実施の状況につき、次に掲げる事項に関し報告をさせることができる。

一　分別解体等の方法に関する事項

二　その他分別解体等に関する事項として主務省令で定める事項

3　都道府県知事は、法第42条第2項の規定により、対象建設工事受注者に対し、特定建設資材廃棄物の再資源化等の実施の状況につき、次に掲げる事項に関し報告をさせることができる。

一　再資源化等の方法に関する事項

二　再資源化等をした施設に関する事項

三　その他特定建設資材廃棄物の再資源化等に関する事項として主務省令で定める事項

（立入検査）

第7条　都道府県知事は、法第43条第1項の規定により、その職員に、対象建設工事により生じた特定建設資材廃棄物その他の物、特定建設資材に係る分別解体等又は特定建設資材廃棄物の再資源化等をするための設備及びその関連施設並びに関係帳簿書類を検査させることができる。

（市町村の長による事務の処理）

第8条　法に規定する都道府県知事の権限に属する事務であって、建築主事を置く市町村又は特別区の区域内において施工される対象建設工事に係るもののうち、次に掲げるものは、当該市町村又は当該特別区の長が行うこととする。この場合においては、法の規定中当該事務に係る都道府県知事に関する規定は、当該市町村又は当該特別区の長に関する規定として当該市町村又は当該特別区の長に適用があるものとする。

一　法第10条第1項及び第2項の規定による届出の受理並びに同条第3項の規定による命令に関する事務

二　法第11条の規定による通知の受理に関する事務

三　法第14条の規定による助言又は勧告に関する事務

四　法第15条の規定による命令に関する事務

五　法第42条第1項の規定による報告の徴収に関する事務

六　法第43条第1項の規定による立入検査に関する事務（特定建設資材に係る分

別解体等の適正な実施を確保するために必要なものに限る。）

2　前項の規定にかかわらず、法に規定する都道府県知事の権限に属する事務であって、建築基準法第97条の2第1項の規定により建築主事を置く市町村の区域内において施工される対象建設工事に係るものについては、同法第6条第1項第4号に掲げる建築物（その新築、改築、増築又は移転に関して、法律並びにこれに基づく命令及び条例の規定により都道府県知事の許可を必要とするものを除く。）以外の建築物等についての対象建設工事に係るものは、当該市町村の区域を管轄する都道府県知事が行う。

3　第1項の規定にかかわらず、法に規定する都知事の権限に属する事務であって、建築基準法第97条の3第1項の規定により建築主事を置く特別区の区域内において施工される対象建設工事に係るもののうち、建築基準法施行令（昭和25年政令第338号）第149条第1項各号に掲げる建築物等（同項第2号に掲げる建築物及び工作物にあっては、地方自治法（昭和22年法律第67号）第252条の17の2第1項の規定により同号に規定する処分に関する事務を特別区が処理することとされた場合における当該建築物及び当該工作物を除く。）に関する対象建設工事に係るものは、都知事が行う。

4　法に規定する都道府県知事の権限に属する事務であって、地方自治法第252条の19第1項に規定する指定都市若しくは同法第252条の22第1項に規定する中核市又は呉市、大牟田市若しくは佐世保市（以下「指定都市等」という。）の区域内において施工される対象建設工事に係るもののうち、次に掲げるものは、当該指定都市等の長が行うこととする。この場合においては、法の規定中当該事務に係る都道府県知事に関する規定は、当該保健所を設置する市又は当該特別区の長に関する規定として当該保健所を設置する市又は当該特別区の長に適用があるものとする。

一　法第18条第2項の規定による申告等の受理に関する事務

二　法第19条の規定による助言又は勧告に関する事務

三　法第20条の規定による命令に関する事務

四　法第42条第2項の規定による報告の徴収に関する事務

五　法第43条第1項の規定による立入検査に関する事務（特定建設資材廃棄物の再資源化等の適正な実施を確保するために必要なものに限る。）

附　則　〔抄〕

（施行期日）

第1条　この政令は、法の施行の日（平成12年11月30日）から施行する。

附　則　〔平成14年1月23日政令第7号抄〕

改正　平成17年11月16日政令第339号

この政令は、建設工事に係る資材の再資源化等に関する法律附則第1条第2号に掲げる規定の施行の日（平成14年5月30日）から施行する。

附　則　〔平成17年11月16日政令第339号〕

（施行期日）

第1条　この政令は、平成18年4月1日から施行する。

（経過措置）

第2条　この政令の施行前に建設工事に係る資材の再資源化等に関する法律の規定により小樽市長がした命令その他の行為（この政令による改正前の建設工事に係る資材の再資源化等に関する法律施行令第8条第4項に規定する事務に関するものに限る。以下「命令等」という。）は、北海道知事がした命令等とみなし、この政令の施行の際現に同法の規定により小樽市長に対してされている申告その他の行為（同項に規定する事務に関するものに限る。以下「申告等」という。）は、北海道知事に対してされた申告等とみなす。

（建設工事に係る資材の再資源化等に関する法律施行令の一部を改正する政令の一部改正）

第3条　建設工事に係る資材の再資源化等に関する法律施行令の一部を改正する政令（平成14年政令第7号）の一部を次のように改正する。

附則第2条から第21条までを削り、附則第1条の見出し及び条名を削る。

附　則　〔平成19年11月21日政令第339号抄〕

（施行期日）

第1条　この政令は、平成20年4月1日から施行する。

附　則　〔平成20年10月16日政令第316号抄〕

（施行期日）

第1条　この政令は、平成21年4月1日から施行する。

建設工事に係る資材の再資源化等に関する法律施行規則

（平成14年3月5日
国土交通省・環境省令第1号）

最終改正　平成22年2月9日国土交通省・環境省令第1号

（用語）

第1条　この省令において使用する用語は、建設工事に係る資材の再資源化等に関する法律（以下「法」という。）において使用する用語の例による。

（分別解体等に係る施工方法に関する基準）

第2条　法第9条第2項の主務省令で定める基準は、次のとおりとする。

一　対象建設工事に係る建築物等（以下「対象建築物等」という。）及びその周辺の状況に関する調査、分別解体等をするために必要な作業を行う場所（以下「作業場所」という。）に関する調査、対象建設工事の現場からの当該対象建設工事により生じた特定建設資材廃棄物その他の物の搬出の経路（以下「搬出経路」という。）に関する調査、残存物品（解体する建築物の敷地内に存する物品で、当該建築物に用いられた建設資材に係る建設資材廃棄物以外のものをいう。以下同じ。）の有無の調査、吹付け石綿その他の対象建築物等に用いられた特定建設資材に付着したもの（以下「付着物」という。）の有無の調査その他対象建築物等に関する調査を行うこと。

二　前号の調査に基づき、分別解体等の計画を作成すること。

三　前号の分別解体等の計画に従い、作業場所及び搬出経路の確保並びに残存物品の搬出の確認を行うとともに、付着物の除去その他の工事着手前における特定建設資材に係る分別解体等の適正な実施を確保するための措置を講ずること。

四　第2号の分別解体等の計画に従い、工事を施工すること。

2　前項第2号の分別解体等の計画には、次に掲げる事項を記載しなければならない。

一　建築物以外のものに係る解体工事又は新築工事等である場合においては、工事の種類

二　前項第1号の調査の結果

三　前項第3号の措置の内容

四　解体工事である場合においては、工事の工程の順序並びに当該工程ごとの作業内容及び分別解体等の方法並びに当該順序が次項本文、第4項本文及び第5

項本文に規定する順序により難い場合にあってはその理由

五　新築工事等である場合においては、工事の工程ごとの作業内容

六　解体工事である場合においては、対象建築物等に用いられた特定建設資材に係る特定建設資材廃棄物の種類ごとの量の見込み及びその発生が見込まれる当該対象建築物等の部分

七　新築工事等である場合においては、当該工事に伴い副次的に生ずる特定建設資材廃棄物の種類ごとの量の見込み並びに当該工事の施工において特定建設資材が使用される対象建築物等の部分及び当該特定建設資材廃棄物の発生が見込まれる対象建築物等の部分

八　前各号に掲げるもののほか、分別解体等の適正な実施を確保するための措置に関する事項

3　建築物に係る解体工事の工程は、次に掲げる順序に従わなければならない。ただし、建築物の構造上その他解体工事の施工の技術上これにより難い場合は、この限りでない。

一　建築設備、内装材その他の建築物の部分（屋根ふき材、外装材及び構造耐力上主要な部分（建築基準法施行令（昭和25年政令第338号）第１条第３号に規定する構造耐力上主要な部分をいう。以下同じ。）を除く。）の取り外し

二　屋根ふき材の取り外し

三　外装材並びに構造耐力上主要な部分のうち基礎及び基礎ぐいを除いたものの取り壊し

四　基礎及び基礎ぐいの取り壊し

4　前項第１号の工程において内装材に木材が含まれる場合には、木材と一体となった石膏ボードその他の建設資材（木材が廃棄物となったものの分別の支障となるものに限る。）をあらかじめ取り外してから、木材を取り外さなければならない。この場合においては、前項ただし書の規定を準用する。

5　建築物以外のもの（以下「工作物」という。）に係る解体工事の工程は、次に掲げる順序に従わなければならない。この場合においては、第３項ただし書の規定を準用する。

一　さく、照明設備、標識その他の工作物に附属する物の取り外し

二　工作物のうち基礎以外の部分の取り壊し

三　基礎及び基礎ぐいの取り壊し

6　解体工事の工程に係る分別解体等の方法は、次のいずれかの方法によらなければならない。

一　手作業

二　手作業及び機械による作業

7　前項の規定にかかわらず、建築物に係る解体工事の工程が第３項第１号の工程又は同項第２号の工程である場合には、当該工程に係る分別解体等の方法は、手作業によらなければならない。ただし、建築物の構造上その他解体工事の施工の技術上これにより難い場合においては、手作業及び機械による作業によることができる。

（指定建設資材廃棄物の再資源化をするための施設までの距離に関する基準）

第３条　法第16条の主務省令で定める距離に関する基準は、50キロメートルとする。

（地理的条件、交通事情その他の事情により再資源化に代えて縮減をすれば足りる場合）

第４条　法第16条の主務省令で定める場合は、対象建設工事の現場付近から指定建設資材廃棄物の再資源化をするための施設までその運搬の用に供する車両が通行する道路が整備されていない場合であって、当該指定建設資材廃棄物の縮減をするために行う運搬に要する費用の額がその再資源化（運搬に該当するものに限る。）に要する費用の額より低い場合とする。

（発注者への報告）

第５条　法第18条第１項の規定により対象建設工事の元請業者が当該工事の発注者に報告すべき事項は、次に掲げるとおりとする。

一　再資源化等が完了した年月日

二　再資源化等をした施設の名称及び所在地

三　再資源化等に要した費用

（発注者への報告に係る情報通信の技術を利用する方法）

第６条　法第18条第３項の主務省令で定める方法は、次に掲げる方法とする。

一　電子情報処理組織を使用する方法のうちイ又はロに掲げるもの

イ　対象建設工事の元請業者の使用に係る電子計算機と当該工事の発注者の使用に係る電子計算機とを接続する電気通信回線を通じて送信し、受信者の使用に係る電子計算機に備えられたファイルに記録する方法

ロ　対象建設工事の元請業者の使用に係る電子計算機に備えられたファイルに記録された同条第１項に規定する書面に記載すべき事項を電気通信回線を通じて当該工事の発注者の閲覧に供し、当該工事の発注者の使用に係る電子計算機に備えられたファイルに当該書面に記載すべき事項を記録する方法（同条第３項前段に規定する方法による通知を受ける旨の承諾又は受けない旨の

申出をする場合にあっては、対象建設工事の元請業者の使用に係る電子計算機に備えられたファイルにその旨を記録する方法）

二　磁気ディスク等をもって調製するファイルに同条第１項に規定する書面に記載すべき事項を記録したものを交付する方法

2　前項に掲げる方法は、当該工事の発注者がファイルへの記録を出力することによる書面を作成することができるものでなければならない。

3　第１項第１号の「電子情報処理組織」とは、対象建設工事の元請業者の使用に係る電子計算機と、当該工事の発注者の使用に係る電子計算機とを電気通信回線で接続した電子情報処理組織をいう。

第７条　建設工事に係る資材の再資源化等に関する法律施行令（以下「令」という。）第５条第１項の規定により示すべき方法の種類及び内容は、次に掲げる事項とする。

一　前条第１項に規定する方法のうち対象建設工事の元請業者が使用するもの

二　ファイルへの記録の方式

（報告の徴収に関する事項）

第８条　令第６条第３項第３号の主務省令で定める事項は、法第13条第１項及び第２項の規定により交付した書面又は同条第３項の規定により講じた措置に関する事項その他特定建設資材廃棄物の再資源化等に関し都道府県知事が必要と認める事項とする。

附　則

この省令は、法附則第１条第２号に掲げる規定の施行の日（平成14年５月30日）から施行する。

附　則　〔平成22年２月９日国土交通省・環境省令第１号〕

（施行期日）

第１条　この省令は、平成22年４月１日から施行する。

（対象建設工事に関する経過措置）

第２条　この省令による改正後の建設工事に係る資材の再資源化等に関する法律施行規則第２条第４項の規定は、この省令の施行の際既に着手している対象建設工事については、適用しない。

解体工事業に係る登録等に関する省令

（平成13年５月18日
国土交通省令第92号）

最終改正　平成24年３月30日国土交通省令第34号

（都道府県知事への通知）

第１条　解体工事業者が建設工事に係る資材の再資源化等に関する法律（以下「法」という。）第21条第１項に規定する許可を受けたときは、その旨を都道府県知事に通知しなければならない。

（登録の更新の申請期限）

第２条　解体工事業者は、法第21条第２項の規定による登録の更新を受けようとするときは、その者が現に受けている登録の有効期間満了の日の30日前までに当該登録の更新を申請しなければならない。

（登録申請書の様式）

第３条　法第22条第１項に規定する申請書は、別記様式第１号によるものとする。

（登録申請書の添付書類）

第４条　法第22条第２項に規定する主務省令で定める書類は、次に掲げるものとする。

一　解体工事業者の登録を受けようとする者（以下「登録申請者」という。）が法人である場合にあってはその役員（業務を執行する社員、取締役、執行役又はこれらに準ずる者をいう。以下同じ。）、営業に関し成年者と同一の行為能力を有しない未成年者である場合にあってはその法定代理人（法人である場合にあっては、当該法人及びその役員。第三号において同じ。）が法第24条第１項各号に該当しない者であることを誓約する書面

二　登録申請者が選任した技術管理者が第７条に定める基準に適合する者であることを証する書面

三　登録申請者（法人である場合にあってはその役員を、営業に関し成年者と同一の行為能力を有しない未成年者である場合にあってはその法定代理人を含む。）の略歴を記載した書面

四　登録申請者が法人である場合にあっては、登記事項証明書

五　登録申請者（未成年者である場合に限る。）の法定代理人が法人である場合にあっては、当該法定代理人の登記事項証明書

２　都道府県知事は、次に掲げる者に係る本人確認情報（住民基本台帳法（昭和42

年法律第81号）第30条の５第１項に規定する本人確認情報をいう。以下同じ。）について、同法第30条の７第５項の規定によるその提供を受けることができないとき、又は同法第30条の８第１項の規定によるその利用ができないときは、登録申請者に対し、住民票の抄本又はこれに代わる書面を提出させることができる。

一　登録申請者が個人である場合にあっては、当該登録申請者（当該登録申請者が営業に関し成年者と同一の行為能力を有しない未成年者である場合にあっては、当該登録申請者及びその法定代理人（法人である場合にあっては、その役員））

二　登録申請者が法人である場合にあっては、その役員

三　登録申請者が選任した技術管理者

3　法第22条第２項及び第１項第１号の誓約書の様式は、別記様式第２号とする。

4　第１項第２号の書面は、実務の経験を証する別記様式第３号による使用者の証明書その他当該事項を証するに足りる書面とする。

5　第１項第３号の略歴書の様式は、別記様式第４号とする。

（登録簿の様式）

第５条　法第23条第１項に規定する解体工事業者登録簿は、別記様式第５号によるものとする。

（変更の届出）

第６条　法第25条第１項の規定により変更の届出をする場合において、当該変更が次に掲げるものであるときは、当該各号に掲げる書面を別記様式第６号による変更届出書に添付しなければならない。

一　法第22条第１項第１号に掲げる事項の変更（変更の届出をした者が法人である場合に限る。）　登記事項証明書

二　法第22条第１項第２号に掲げる事項の変更（商業登記の変更を必要とする場合に限る。）　登記事項証明書

三　法第22条第１項第３号に掲げる事項の変更　登記事項証明書並びに第４条第１項第１号及び第３号の書面

四　法第22条第１項第４号に掲げる事項の変更　第４条第１項第１号、第３号及び第５号の書面

五　法第22条第１項第５号に掲げる事項の変更　第４条第１項第２号の書面

2　都道府県知事は、第４条第２項各号に掲げる者に係る本人確認情報について、住民基本台帳法第30条の７第５項の規定によるその提供を受けることができないとき、又は同法第30条の８第１項の規定によるその利用ができないときは、変更

の届出をした者に対し、住民票の抄本又はこれに代わる書面を提出させることができる。

（技術管理者の基準）

第７条　法第31条に規定する主務省令で定める基準は、次の各号のいずれかに該当する者であることとする。

一　次のいずれかに該当する者

イ　解体工事に関し学校教育法（昭和22年法律第26号）による高等学校（旧中等学校令（昭和18年勅令第36号）による実業学校を含む。次号において同じ。）若しくは中等教育学校を卒業した後４年以上又は同法による大学（旧大学令（大正７年勅令第388号）による大学を含む。次号において同じ。）若しくは高等専門学校（旧専門学校令（明治36年勅令第61号）による専門学校を含む。次号において同じ。）を卒業した後２年以上実務の経験を有する者で在学中に土木工学（農業土木、鉱山土木、森林土木、砂防、治山、緑地又は造園に関する学科を含む。）、建築学、都市工学、衛生工学又は交通工学に関する学科（次号において「土木工学等に関する学科」という。）を修めたもの

ロ　解体工事に関し８年以上実務の経験を有する者

ハ　建設業法（昭和24年法律第100号）による技術検定のうち検定種目を１級の建設機械施工若しくは２級の建設機械施工（種別を「第１種」又は「第２種」とするものに限る。）、１級の土木施工管理若しくは２級の土木施工管理（種別を「土木」とするものに限る。）又は１級の建築施工管理若しくは２級の建築施工管理（種別を「建築」又は「躯体」とするものに限る。）とするものに合格した者

ニ　建築士法（昭和25年法律第202号）による１級建築士又は２級建築士の免許を受けた者

ホ　職業能力開発促進法（昭和44年法律第64号）による技能検定のうち検定職種を１級のとび・とび工とするものに合格した者又は検定職種を２級のとび若しくはとび工とするものに合格した後解体工事に関し１年以上実務の経験を有する者

ヘ　技術士法（昭和58年法律第25号）による第２次試験のうち技術部門を建設部門とするものに合格した者

二　次のいずれかに該当する者で、国土交通大臣が実施する講習又は次条から第７条の４までの規定により国土交通大臣の登録を受けた講習（以下「登録講習」という。）を受講したもの

イ　解体工事に関し学校教育法による高等学校若しくは中等教育学校を卒業した後3年以上又は同法による大学若しくは高等専門学校を卒業した後1年以上実務の経験を有する者で在学中に土木工学等に関する学科を修めたもの

ロ　解体工事に関し7年以上実務の経験を有する者

三　第7条の17、第7条の18及び第7条の21において準用する第7条の3の規定により国土交通大臣の登録を受けた試験（以下「登録試験」という。）に合格した者

四　国土交通大臣が前3号に掲げる者と同等以上の知識及び技能を有するものと認定した者

（登録の申請）

第7条の2　前条第2号の登録は、登録講習の実施に関する事務（以下「登録講習事務」という。）を行おうとする者の申請により行う。

2　前条第2号の登録を受けようとする者（以下「登録講習事務申請者」という。）は、次に掲げる事項を記載した申請書を国土交通大臣に提出しなければならない。

一　登録講習事務申請者の氏名又は名称及び住所並びに法人にあっては、その代表者の氏名

二　登録講習事務を行おうとする事務所の名称及び所在地

三　登録講習事務を開始しようとする年月日

四　講師の氏名、略歴及び担当する科目（第7条の6第1号の表の上欄に掲げる科目をいう。）

3　前項の申請書には、次に掲げる書類を添付しなければならない。

一　個人である場合においては、次に掲げる書類

イ　住民票の抄本又はこれに代わる書面

ロ　登録講習事務申請者の略歴を記載した書類

二　法人である場合においては、次に掲げる書類

イ　定款又は寄附行為及び登記事項証明書

ロ　株主名簿若しくは社員名簿の写し又はこれらに代わる書面

ハ　申請に係る意思の決定を証する書類

ニ　役員（持分会社（会社法（平成17年法律第86号）第575条第1項に規定する持分会社をいう。）にあっては、業務を執行する社員をいう。以下同じ。）の氏名及び略歴を記載した書類

三　講師が第7条の4第1項第2号イからハまでのいずれかに該当する者であることを証する書類

四　登録講習事務以外の業務を行おうとするときは、その業務の種類及び概要を記載した書類

五　登録講習事務申請者が次条各号のいずれにも該当しない者であることを誓約する書面

六　その他参考となる事項を記載した書類

（欠格条項）

第7条の3　次の各号のいずれかに該当する者が行う講習は、第7条第2号の登録を受けることができない。

一　法の規定に違反し、罰金以上の刑に処せられ、その執行を終わり、又は執行を受けることがなくなった日から起算して2年を経過しない者

二　第7条の13の規定により第7条第2号の登録を取り消され、その取消しの日から起算して2年を経過しない者

三　法人であって、登録講習事務を行う役員のうちに前2号のいずれかに該当する者があるもの

（登録の要件等）

第7条の4　国土交通大臣は、第7条の2の規定による登録の申請が次に掲げる要件のすべてに適合しているときは、その登録をしなければならない。

一　第7条の6第1号の表の上欄に掲げる科目について講習が行われるものであること。

二　次のいずれかに該当する者が講師として登録講習事務に従事するものであること。

イ　技術管理者となった経験を有する者

ロ　学校教育法による大学において土木工学若しくは建築工学に属する科目の教授若しくは准教授の職にあり、若しくはこれらの職にあった者又は土木工学若しくは建築工学に属する科目に関する研究により博士の学位を授与された者

ハ　国土交通大臣がイ又はロに掲げる者と同等以上の能力を有すると認める者

2　第7条第2号の登録は、登録講習登録簿に次に掲げる事項を記載してするものとする。

一　登録年月日及び登録番号

二　登録講習事務を行う者（以下「登録講習実施機関」という。）の氏名又は名称及び住所並びに法人にあっては、その代表者の氏名

三　登録講習事務を行う事務所の名称及び所在地

四　登録講習事務を開始する年月日

（登録の更新）

第7条の5　第7条第2号の登録は、5年ごとにその更新を受けなければ、その期間の経過によって、その効力を失う。

2　前3条の規定は、前項の登録の更新について準用する。

（登録講習事務の実施に係る義務）

第7条の6　登録講習実施機関は、公正に、かつ、第7条の4第1項各号に掲げる要件及び次に掲げる基準に適合する方法により登録講習事務を行わなければならない。

一　次の表の上欄に掲げる科目の区分に応じ、それぞれ同表の中欄に掲げる内容について、同表の下欄に掲げる時間以上登録講習を行うこと。

科　　目	内　　容	時　間
一　解体工事の関係法令に関する科目	廃棄物の処理及び清掃に関する法律（昭和45年法律第137号）、建設工事に係る資材の再資源化等に関する法律（平成12年法律第104号）その他関係法令に関する事項	7時間
二　解体工事の技術上の管理に関する科目	解体工事の施工計画、施工管理、安全管理その他の技術上の管理に関する事項	
三　解体工事の施工方法に関する科目	木造、鉄筋コンクリート造その他の構造に応じた解体工事の施工方法に関する事項	

二　前号の表の上欄に掲げる科目及び同表の中欄に掲げる内容に応じ、教本等必要な教材を用いて登録講習を行うこと。

三　講師は、講義の内容に関する受講者の質問に対し、講義中に適切に応答すること。

四　登録講習を実施する日時、場所その他登録講習の実施に関し必要な事項をあらかじめ公示すること。

五　登録講習に関する不正行為を防止するための措置を講じること。

六　登録講習を修了した者に対し、別記様式第6号の2による修了証（以下単に「修了証」という。）を交付すること。

（登録事項の変更の届出）

第7条の7　登録講習実施機関は、第7条の4第2項第2号から第4号までに掲げる事項を変更しようとするときは、変更しようとする日の2週間前までに、その旨を国土交通大臣に届け出なければならない。

（規程）

第７条の８　登録講習実施機関は、次に掲げる事項を記載した登録講習事務に関する規程を定め、当該事務の開始前に、国土交通大臣に届け出なければならない。これを変更しようとするときも、同様とする。

一　登録講習事務を行う時間及び休日に関する事項
二　登録講習の受講の申込みに関する事項
三　登録講習事務を行う事務所及び登録講習の実施場所に関する事項
四　登録講習に関する料金の額及びその収納の方法に関する事項
五　登録講習の日程、公示方法その他の登録講習事務の実施の方法に関する事項
六　講師の選任及び解任に関する事項
七　登録講習に用いる教材の作成に関する事項
八　終了した登録講習の教材の公表に関する事項
九　修了証の交付及び再交付に関する事項
十　登録講習事務に関する秘密の保持に関する事項
十一　登録講習事務に関する公正の確保に関する事項
十二　不正受講者の処分に関する事項
十三　第７条の14第３項の帳簿その他の登録講習事務に関する書類の管理に関する事項
十四　その他登録講習事務に関し必要な事項

（登録講習事務の休廃止）

第７条の９　登録講習実施機関は、登録講習事務の全部又は一部を休止し、又は廃止しようとするときは、あらかじめ、次に掲げる事項を記載した届出書を国土交通大臣に提出しなければならない。

一　休止し、又は廃止しようとする登録講習事務の範囲
二　休止し、又は廃止しようとする年月日及び休止しようとする場合にあっては、その期間
三　休止又は廃止の理由

（財務諸表等の備付け及び閲覧等）

第７条の10　登録講習実施機関は、毎事業年度経過後３月以内に、その事業年度の財産目録、貸借対照表及び損益計算書又は収支計算書並びに事業報告書（その作成に代えて電磁的記録（電子的方式、磁気的方式その他の人の知覚によっては認識することができない方式で作られる記録であって、電子計算機による情報処理の用に供されるものをいう。以下この条において同じ。）の作成がされている場合

における当該電磁的記録を含む。次項において「財務諸表等」という。）を作成し、5年間事務所に備えて置かなければならない。

2　登録講習を受験しようとする者その他の利害関係人は、登録講習実施機関の業務時間内は、いつでも、次に掲げる請求をすることができる。ただし、第2号又は第4号の請求をするには、登録講習実施機関の定めた費用を支払わなければならない。

一　財務諸表等が書面をもって作成されているときは、当該書面の閲覧又は謄写の請求

二　前号の書面の謄本又は抄本の請求

三　財務諸表等が電磁的記録をもって作成されているときは、当該電磁的記録に記録された事項を紙面又は出力装置の映像面に表示したものの閲覧又は謄写の請求

四　前号の電磁的記録に記録された事項を電磁的方法であって、次に掲げるもののうち登録講習実施機関が定めるものにより提供することの請求又は当該事項を記載した書面の交付の請求

イ　送信者の使用に係る電子計算機と受信者の使用に係る電子計算機とを電気通信回線で接続した電子情報処理組織を使用する方法であって、当該電気通信回線を通じて情報が送信され、受信者の使用に係る電子計算機に備えられたファイルに当該情報が記録されるもの

ロ　磁気ディスク等をもって調製するファイルに情報を記録したものを交付する方法

3　前項第4号イ又はロに掲げる方法は、受信者がファイルへの記録を出力することにより書面を作成することができるものでなければならない。

（適合命令）

第7条の11　国土交通大臣は、登録講習実施機関の実施する登録講習が第7条の4第1項の規定に適合しなくなったと認めるときは、当該登録講習実施機関に対し、同項の規定に適合するため必要な措置をとるべきことを命ずることができる。

（改善命令）

第7条の12　国土交通大臣は、登録講習実施機関が第7条の6の規定に違反していると認めるときは、当該登録講習実施機関に対し、同条の規定による登録講習事務を行うべきこと又は登録講習事務の方法その他の業務の方法の改善に関し必要な措置をとるべきことを命ずることができる。

（登録の取消し等）

第７条の13　国土交通大臣は、登録講習実施機関が次の各号のいずれかに該当するときは、当該登録講習実施機関が行う講習の登録を取り消し、又は期間を定めて登録講習事務の全部若しくは一部の停止を命ずることができる。

一　第７条の３第１号又は第３号に該当するに至ったとき。

二　第７条の７から第７条の９まで、第７条の10第１項又は次条の規定に違反したとき。

三　正当な理由がないのに第７条の10第２項各号の規定による請求を拒んだとき。

四　前２条の規定による命令に違反したとき。

五　第７条の15の規定による報告を求められて、報告をせず、又は虚偽の報告をしたとき。

六　不正の手段により第７条第２号の登録を受けたとき。

（帳簿の記載等）

第７条の14　登録講習実施機関は、登録講習に関する次に掲げる事項を記載した帳簿を備えなければならない。

一　講習の実施年月日

二　講習の実施場所

三　受講者の受講番号、氏名及び生年月日

四　修了年月日

2　前項各号に掲げる事項が、電子計算機に備えられたファイル又は磁気ディスク等に記録され、必要に応じ登録講習実施機関において電子計算機その他の機器を用いて明確に紙面に表示されるときは、当該記録をもって同項に規定する帳簿への記載に代えることができる。

3　登録講習実施機関は、第１項に規定する帳簿（前項の規定による記録が行われた同項のファイル又は磁気ディスク等を含む。）を、登録講習事務の全部を廃止するまで保存しなければならない。

4　登録講習実施機関は、次に掲げる書類を備え、登録講習を実施した日から三年間保存しなければならない。

一　登録講習の受講申込書及び添付書類

二　終了した登録講習の教材

（報告の徴収）

第７条の15　国土交通大臣は、登録講習事務の適切な実施を確保するため必要があると認めるときは、登録講習実施機関に対し、登録講習事務の状況に関し必要な報告を求めることができる。

（公示）

第７条の16　国土交通大臣は、次に掲げる場合には、その旨を官報に公示しなければならない。

一　第７条第２号の登録をしたとき。

二　第７条の７の規定による届出があったとき。

三　第７条の９の規定による届出があったとき。

四　第７条の13の規定により登録を取り消し、又は登録講習事務の停止を命じたとき。

（登録の申請）

第７条の17　第７条第３号の登録は、登録試験の実施に関する事務（以下「登録試験事務」という。）を行おうとする者の申請により行う。

2　第７条第３号の登録を受けようとする者（以下「登録試験事務申請者」という。）は、次に掲げる事項を記載した申請書を国土交通大臣に提出しなければならない。

一　登録試験事務申請者の氏名又は名称及び住所並びに法人にあっては、その代表者の氏名

二　登録試験事務を行おうとする事務所の名称及び所在地

三　登録試験事務を開始しようとする年月日

四　登録試験委員（次条第１項第２号に規定する合議制の機関を構成する者をいう。以下同じ。）となるべき者の氏名及び略歴並びに同号イからハまでのいずれかに該当する者にあっては、その旨

3　前項の申請書には、次に掲げる書類を添付しなければならない。

一　個人である場合においては、次に掲げる書類

イ　住民票の抄本又はこれに代わる書面

ロ　登録試験事務申請者の略歴を記載した書類

二　法人である場合においては、次に掲げる書類

イ　定款又は寄附行為及び登記簿の謄本

ロ　株主名簿若しくは社員名簿の写し又はこれらに代わる書面

ハ　申請に係る意思の決定を証する書類

ニ　役員の氏名及び略歴を記載した書類

三　登録試験委員のうち、次条第１項第２号イからハまでのいずれかに該当する者にあっては、その資格等を有することを証する書類

四　登録試験事務以外の業務を行おうとするときは、その業務の種類及び概要を

記載した書類

五　登録試験事務申請者が第７条の21において準用する第７条の３各号のいずれにも該当しない者であることを誓約する書面

六　その他参考となる事項を記載した書類

（登録の要件等）

第７条の18　国土交通大臣は、前条の規定による登録の申請が次に掲げる要件のすべてに適合しているときは、その登録をしなければならない。

一　次条第１号の表の上欄に掲げる科目について試験が行われるものであること。

二　次のイからハまでに掲げる者の区分に応じ、それぞれイからハまでに定める人数以上含む10名以上の者によって構成される合議制の機関により試験問題の作成及び合否判定が行われるものであること。

イ　学校教育法による大学において土木工学に属する科目の教授若しくは准教授の職にあり、若しくはこれらの職にあった者若しくは技術士法による第２次試験のうち技術部門を建設部門とするものに合格した者又は国土交通大臣がこれらの者と同等以上の能力を有すると認める者　１名

ロ　学校教育法による大学において建築工学に属する科目の教授若しくは准教授の職にあり、若しくはこれらの職にあった者若しくは建築士法による一級建築士の免許を有する者又は国土交通大臣がこれらの者と同等以上の能力を有すると認める者　２名

ハ　建設業法による技術検定のうち検定種目を一級の土木施工管理若しくは一級の建築施工管理とするものに合格した後解体工事に関し５年以上の実務経験を有する者又は国土交通大臣がこれらの者と同等以上の能力を有すると認める者　２名

2　第７条第３号の登録は、登録試験登録簿に次に掲げる事項を記載してするものとする。

一　登録年月日及び登録番号

二　登録試験事務を行う者（以下「登録試験実施機関」という。）の氏名又は名称及び住所並びに法人にあっては、その代表者の氏名

三　登録試験事務を行う事務所の名称及び所在地

四　登録試験事務を開始する年月日

（登録試験事務の実施に係る義務）

第７条の19　登録試験実施機関は、公正に、かつ、前条第１項各号に掲げる要件及び次に掲げる基準に適合する方法により登録試験事務を行わなければならない。

一　次の表の上欄に掲げる科目の区分に応じ、それぞれ同表の中欄に掲げる内容について、同表の下欄に掲げる時間を標準として試験を行うこと。

科　目	内　容	時　間
一　解体工事の関係法令に関する科目	廃棄物の処理及び清掃に関する法律、建設工事に係る資材の再資源化等に関する法律その他関係法令に関する事項	3時間30分
二　土木工学及び建築工学に関する科目	構造力学、材料学その他の基礎的な土木工学及び建築工学に関する事項	
三　解体工事の技術上の管理に関する科目	解体工事の施工計画、施工管理、安全管理その他の技術上の管理に関する事項	
四　解体工事の施工方法に関する科目	解体工事に係る木造、鉄筋コンクリート造その他の構造に応じた解体工事の施工方法に関する事項	
五　解体工事の工法及び機器に関する科目	解体工事の工法及び機器の種類及び選定に関する事項	
六　解体工事の実務に関する科目	解体工事の実務に関する事項	

二　登録試験を実施する日時、場所その他登録試験の実施に関し必要な事項をあらかじめ公示すること。

三　登録試験に関する不正行為を防止するための措置を講じること。

四　終了した登録試験の問題及び合格基準を公表すること。

五　登録試験に合格した者に対し、別記様式第6号の3による合格証明書（以下「登録試験合格証明書」という。）を交付すること。

（規程）

第7条の20　登録試験実施機関は、次に掲げる事項を記載した登録試験事務に関する規程を定め、当該事務の開始前に、国土交通大臣に届け出なければならない。これを変更しようとするときも、同様とする。

一　登録試験事務を行う時間及び休日に関する事項

二　登録試験の受験の申込みに関する事項

三　登録試験事務を行う事務所及び試験地に関する事項

四　登録試験の受験手数料の額及びその収納の方法に関する事項

五　登録試験の日程、公示方法その他の登録試験事務の実施の方法に関する事項

六　登録試験委員の選任及び解任に関する事項

七　登録試験の問題の作成及び合否判定の方法に関する事項

八　終了した登録試験の問題及び合格基準の公表に関する事項

九　合格証明書の交付及び再交付に関する事項

十　登録試験事務に関する秘密の保持に関する事項

十一　登録試験事務に関する公正の確保に関する事項

十二　不正受験者の処分に関する事項

十三　次条において準用する第７条の14第３項の帳簿その他の登録試験事務に関する書類の管理に関する事項

十四　その他登録試験事務に関し必要な事項

（準用規定）

第７条の21　第７条の３、第７条の５、第７条の７及び第７条の９から第７条の16までの規定は、登録試験実施機関について準用する。この場合において、次の表の上欄に掲げる規定中同表の中欄に掲げる字句は、それぞれ同表の下欄に掲げる字句に読み替えるものとする。

第７条の３	講習は	試験は
第７条の３、第７条の５第１項、第７条の13第６号、第７条の16第１号	第７条第２号	第７条第３号
第７条の３第２号、第７条の16第４号	第７条の13	第７条の21において準用する第７条の13
第７条の３第３号、第７条の９（見出しを含む。）、第７条の12、第７条の13、第７条の14第３項、第７条の15、第７条の16第４号	登録講習事務	登録試験事務
第７条の５第２項	前３条	第７条の17、第７条の18及び第７条の21において準用する第７条の３
第７条の７、第７条の９、第７条の10第１項及び第２項、第７条の11から第７条の15まで	登録講習実施機関	登録試験実施機関
第７条の７	第７条の４第２項第２号	第７条の18第２項第２号
第７条の10第２項、第７条の14第４項	登録講習を	登録試験を

第７条の11	登録講習が	登録試験が
	第７条の４第１項	第７条の18第１項
第７条の12	第７条の６	第７条の19
第７条の13、第７条の14第１項	講習の	試験の
第７条の13第１号	第７条の３第１号	第７条の21において準用する第７条の３第１号
第７条の13第２号	第７条の７から第７条の９まで	第７条の20又は第７条の21において準用する第７条の７、第７条の９
	又は次条	若しくは第７条の14
第７条の13第３号	第７条の10第２項各号	第７条の21において準用する第７条の10第２項各号
第７条の13第４号	前２条	第７条の21において準用する第７条の11又は前条
第７条の13第５号	第７条の15	第７条の21において準用する第７条の15
第７条の14第１項	登録講習に	登録試験に
	受講者	受験者
	受講番号	受験番号
	修了年月日	合格年月日
第７条の14第４項各号	登録講習	登録試験
	受講申込書	受験申込書
	教材	問題及び答案用紙
第７条の16第２号	第７条の７	第７条の21において準用する第７条の７
第７条の16第３号	第７条の９	第７条の21において準用する第７条の９

（標識の掲示）

第８条　法第33条に規定する主務省令で定める事項は、次に掲げる事項とする。

一　法人である場合にあっては、その代表者の氏名

二　登録年月日

三　技術管理者の氏名

2　法第33条の規定により解体工事業者が掲げる標識は、別記様式第７号によるものとする。

（帳簿の記載事項等）

第９条　法第34条の規定により解体工事業者が備える帳簿の記載事項は、次に掲げる事項とする。

一　注文者の氏名又は名称及び住所

二　施工場所

三　着工年月日及び竣工年月日

四　工事請負金額

五　技術管理者の氏名

2　法第34条の規定により解体工事業者が備える帳簿は、別記様式第８号によるものとする。

3　第１項各号に掲げる事項が電子計算機に備えられたファイル又は磁気ディスク、シー・ディー・ロムその他これらに準ずる方法により一定の事項を確実に記録しておくことができる物（以下「磁気ディスク等」という。）に記録され、必要に応じ解体工事業者の営業所において電子計算機その他の機器を用いて明確に紙面に表示されるときは、当該記録をもって前項の帳簿への記載に代えることができる。

4　第２項の帳簿（前項の規定により記録が行われた同項のファイル又は磁気ディスク等を含む。）は、解体工事ごとに作成し、かつ、これに建設業法第19条第１項及び第２項の規定による書面又はその写し（当該工事が対象建設工事の全部又は一部である場合にあっては、法第13条第１項及び第２項の規定による書面又はその写し）を添付しなければならない。

5　建設業法第19条第３項又は法第13条第３項に規定する措置が講じられた場合にあっては、当該各項に掲げる事項又は請負契約の内容で当該各項に掲げる事項に該当するものの変更の内容が電子計算機に備えられたファイル又は磁気ディスク等に記録され、必要に応じ当該営業所において電子計算機その他の機器を用いて明確に紙面に表示されるときは、当該記録をもって前項に規定する添付書類に代えることができる。

6　解体工事業者は、第２項の帳簿（第３項の規定による記録が行われた同項のファイル又は磁気ディスク等を含む。）及び第４項の規定により添付した書類（前項の規定による記録が行われた同項のファイル又は磁気ディスク等を含む。）を各事業年度の末日をもって閉鎖するものとし、閉鎖後５年間当該帳簿及び添付書類を保存しなければならない。

附　則

この省令は、法附則第１条第１号に掲げる規定の施行の日（平成13年５月30日）から施行する。ただし、第９条第４項中法第13条第１項及び第２項の規定による書面又はその写しに係る部分及び同条第５項中法第13条第３項に規定する措置に係る部分は、法附則第１条第２号に掲げる規定の施行の日から施行する。（施行の日＝平成14年５月30日）

附　則　〔平成14年３月20日国土交通省令第26号〕

この省令は、公布の日から施行する。

附　則　〔平成15年５月13日国土交通省令第65号〕

この省令は、公布の日から施行する。

附　則　〔平成17年３月７日国土交通省令第12号〕

（施行期日）

第１条　この省令は、公布の日から施行する。

附　則　〔平成17年３月28日国土交通省令第21号〕

この省令は、民法の一部を改正する法律の施行の日（平成17年４月１日）から施行する。

附　則　〔平成18年３月28日国土交通省令第16号〕

（施行期日）

第１条　この省令は、公布の日から施行する。

（経過措置）

第２条　この省令の施行の際現にこの省令による改正前の解体工事業に係る登録等に関する省令（以下「旧省令」という。）第７条第１項第２号の指定を受けている講習又は同項第３号の指定を受けている試験は、この省令の省令の施行の日から起算して６月を経過する日までの間は、それぞれ新省令第７条第２号の登録を受けている講習又は同条第３号の登録を受けている試験とみなす。

2　この省令の施行前に旧省令第７条第１項第２号の指定を受けた講習を受講した者又は同項第３号の指定を受けた試験に合格した者は、それぞれ新省令第７条第２号の登録を受けた講習を受講した者又は同条第３号の登録を受けた試験に合格した者とみなす。

附　則　〔平成18年４月28日国土交通省令第60号〕

（施行期日）

1　この省令は、会社法の施行の日（平成18年５月１日）から施行する。

（経過措置）

2　この省令の施行の際現にあるこの省令による改正前の様式又は書式による申請書その他の文書は、この省令による改正後のそれぞれの様式又は書式にかかわらず、当分の間、なおこれを使用することができる。

3　この省令の施行前にこの省令による改正前のそれぞれの省令の規定によってした処分、手続その他の行為であって、この省令による改正後のそれぞれの省令の規定に相当の規定があるものは、これらの規定によってした処分、手続その他の行為とみなす。

附　則〔平成19年３月30日国土交通省令第27号〕

（施行期日）

1　この省令は、平成19年４月１日から施行する。

（助教授の在職に関する経過措置）

2　この省令の規定による改正後の次に掲げる省令の規定の適用については、この省令の施行前における助教授としての在職は、准教授としての在職とみなす。

十三　解体工事業に係る登録等に関する省令第７条の４及び第７条の18

附　則〔平成23年12月27日国土交通省令第106号〕

この省令は、公布の日から施行する。

附　則〔平成24年３月30日国土交通省令第34号〕

この省令は、民法等の一部を改正する法律の施行の日（平成24年４月１日）から施行する。

別記様式第１号（第３条関係）

（A 4）

表面

<table>
<tr><td colspan="3">解体工事業登録申請書</td><td colspan="2">証紙はり付け欄（消印してはならない。）</td></tr>
<tr><td rowspan="2">登録の種類</td><td rowspan="2">新規・更新</td><td>※登録番号</td><td colspan="2"></td></tr>
<tr><td>※登録年月日</td><td colspan="2">年　月　日</td></tr>
<tr><td colspan="5">この申請書により、解体工事業の登録の申請をします。
年　月　日
申請者　印
知事　殿</td></tr>
<tr><td>フリガナ
商号、名称又は氏名</td><td colspan="4"></td></tr>
<tr><td>住　所</td><td colspan="4">郵便番号（　—　）
電話番号（　）　—</td></tr>
<tr><td>法人である場合の
フリガナ
代表者の氏名</td><td colspan="4"></td></tr>
<tr><td colspan="5">法人である場合の役員（業務を執行する社員、取締役、執行役又はこれらに準ずる者）の氏名及び役名</td></tr>
<tr><td>フリガナ
氏　名</td><td>役職（常勤・非常勤）</td><td>フリガナ
氏　名</td><td colspan="2">役職（常勤・非常勤）</td></tr>
<tr><td></td><td></td><td></td><td colspan="2"></td></tr>
<tr><td colspan="2">申請時において既に受けている登録</td><td colspan="3"></td></tr>
</table>

（A 4）

裏面

<table>
<tr><td colspan="4">法第31条に規定する者（技術管理者）の氏名</td><td colspan="2"></td></tr>
<tr><td colspan="6">営業所の名称及び所在地</td></tr>
<tr><td colspan="3">フリガナ
名　称</td><td colspan="3">所在地
郵便番号（　—　）
電話番号（　）　—</td></tr>
<tr><td colspan="3"></td><td colspan="3"></td></tr>
<tr><td rowspan="7">未成年者である場合の法定代理人</td><td rowspan="2">法定代理人が個人である場合</td><td>フリガナ
氏　名</td><td colspan="3"></td></tr>
<tr><td>住　所</td><td colspan="3">郵便番号（　—　）
電話番号（　）　—</td></tr>
<tr><td rowspan="5">法定代理人が法人である場合</td><td>フリガナ
商号又は名称</td><td colspan="3"></td></tr>
<tr><td>住　所</td><td colspan="3">郵便番号（　—　）
電話番号（　）　—</td></tr>
<tr><td colspan="2">フリガナ
役員の氏名</td><td colspan="2">役職（常勤・非常勤）</td></tr>
<tr><td colspan="2"></td><td colspan="2"></td></tr>
<tr><td colspan="2"></td><td colspan="2"></td></tr>
<tr><td colspan="6">他の都道府県知事の登録状況</td></tr>
<tr><td colspan="3">登録番号</td><td colspan="3">登録番号</td></tr>
<tr><td colspan="3"></td><td colspan="3"></td></tr>
</table>

備考

1　※印のある欄には、記入しないこと。

2　「新規・更新」については不要なものを消すこと。

3　「営業所の名称及び所在地」の欄には、登録を受けようとする都道府県の営業所だけでなくすべての営業所について記載すること。

別記様式第２号（第４条関係）

（Ａ４）

誓　約　書 登録申請者及びその役員並びに法定代理人及び法定代理人の役員は、建設工事に係る資材の再資源化等に関する法律第24条第１項各号に該当しない者であることを誓約します。 年　月　日 申 請 者　　　　印 知　事　　　　殿

別記様式第３号（第４条関係）

（A４）

実　務　経　験　証　明　書

下記の者は、解体工事に関し、下記の通り実務経験を有することに相違ないことを証明します。

平成　　年　　月　　日

証明者　　　　　　　印

<table>
<tr><td>技術管理者の氏名</td><td colspan="2"></td><td>生年月日</td><td></td><td rowspan="2">使用された期間</td><td colspan="2" rowspan="2">年　月から
年　月まで</td></tr>
<tr><td>使用者の商号又は名称</td><td colspan="4"></td></tr>
<tr><td>職　　名</td><td colspan="5">実務経験の内容</td><td colspan="2">実務経験年数</td></tr>
<tr><td></td><td colspan="5"></td><td colspan="2">年　月から
年　月まで</td></tr>
<tr><td></td><td colspan="5"></td><td colspan="2">年　月から
年　月まで</td></tr>
<tr><td></td><td colspan="5"></td><td colspan="2">年　月から
年　月まで</td></tr>
<tr><td></td><td colspan="5"></td><td colspan="2">年　月から
年　月まで</td></tr>
<tr><td></td><td colspan="5"></td><td colspan="2">年　月から
年　月まで</td></tr>
<tr><td></td><td colspan="5"></td><td colspan="2">年　月から
年　月まで</td></tr>
<tr><td></td><td colspan="5"></td><td colspan="2">年　月から
年　月まで</td></tr>
<tr><td></td><td colspan="5"></td><td colspan="2">年　月から
年　月まで</td></tr>
<tr><td></td><td colspan="5"></td><td colspan="2">年　月から
年　月まで</td></tr>
<tr><td></td><td colspan="5"></td><td colspan="2">年　月から
年　月まで</td></tr>
<tr><td></td><td colspan="5"></td><td colspan="2">年　月から
年　月まで</td></tr>
<tr><td rowspan="2">使用者の証明を得ることができない場合</td><td rowspan="2">その理由</td><td colspan="4" rowspan="2"></td><td colspan="2">合計 満　年　月</td></tr>
<tr><td>証明者と被証明者との関係</td><td></td></tr>
</table>

記載要領

1　この証明書は、被証明者１人について、証明者別に作成すること。

2　「実務経験の内容」の欄には、従事した主な工事名、解体した建築物等の構造等を具体的に記載すること。

別記様式第４号（第４条関係）

（A 4）

登録申請者（法人の役員／本人／法定代理人／法定代理人の役員）の略歴書

<table>
<tr><td>現住所</td><td colspan="4">郵便番号（　　—　　）

電話番号（　　）　　—</td></tr>
<tr><td colspan="2">フリガナ
商号、名称又は氏名</td><td></td><td>生年月日</td><td></td></tr>
<tr><td rowspan="6">略

歴</td><td>期　間
自　年月日
至　年月日</td><td colspan="3">職務内容又は業務内容</td></tr>
<tr><td></td><td colspan="3"></td></tr>
<tr><td></td><td colspan="3"></td></tr>
<tr><td></td><td colspan="3"></td></tr>
<tr><td></td><td colspan="3"></td></tr>
<tr><td></td><td colspan="3"></td></tr>
<tr><td rowspan="3">賞
罰</td><td>年 月 日</td><td colspan="3">賞 罰 の 内 容</td></tr>
<tr><td></td><td colspan="3"></td></tr>
<tr><td></td><td colspan="3"></td></tr>
<tr><td colspan="5">上記のとおり相違ありません。
年　月　日

氏名　　　　　　印</td></tr>
</table>

備　考

1　（法人の役員／本人／法定代理人／法定代理人の役員）については、不要のものを消すこと。

2　「生年月日」の欄は、登録申請者が法人である場合は記載しないこと。

3　「賞罰」の欄には、行政処分等についても記載すること。

別記様式第５号（第５条関係）

（A ４）

表面

<table>
<tr><td rowspan="2">登録番号</td><td rowspan="2"></td><td>登録年月日</td><td>年　月　日</td></tr>
<tr><td>有効期間満了年月日</td><td>年　月　日</td></tr>
<tr><td>フリガナ
商号、名称又は氏名</td><td></td><td>住　所</td><td>郵便番号（　―　）
電話番号（　）　―</td></tr>
<tr><td colspan="4">法人である場合の役員（業務を執行する社員、取締役、執行役又はこれらに準ずる者）の氏名及び役名</td></tr>
<tr><td>フリガナ
氏　名</td><td>役名（常勤・非常勤）</td><td>フリガナ
氏　名</td><td>役名（常勤・非常勤）</td></tr>
<tr><td></td><td></td><td></td><td></td></tr>
</table>

<table>
<tr><td rowspan="4">未成年者である場合の法定代理人</td><td>法定代理人が個人である場合</td><td>フリガナ
氏　名</td><td colspan="2"></td><td>住　所</td><td colspan="2">郵便番号（　―　）
電話番号（　）　―</td></tr>
<tr><td rowspan="3">法定代理人が法人である場合</td><td>フリガナ
商号又は名称</td><td colspan="2"></td><td>住　所</td><td colspan="2">郵便番号（　―　）
電話番号（　）　―</td></tr>
<tr><td>フリガナ
役員の氏名</td><td colspan="2">役名（常勤・非常勤）</td><td>フリガナ
役員の氏名</td><td colspan="2">役名（常勤・非常勤）</td></tr>
<tr><td></td><td colspan="2"></td><td></td><td colspan="2"></td></tr>
</table>

（A ４）

裏面

<table>
<tr><td>法第31条に規定する者(技術管理者)の氏名</td><td></td></tr>
<tr><td colspan="2">営 業 所 の 名 称 及 び 所 在 地</td></tr>
<tr><td>フリガナ
名　称</td><td>所　在　地
郵便番号（　―　）
電話番号（　）　―</td></tr>
<tr><td></td><td></td></tr>
</table>

別記様式第６号（第６条関係）

（A 4）

解体工事業登録事項変更届出書

この届出書により、次のとおり変更の届出をします。

年　月　日

届出者　　　　印

知事　　　　殿

フリガナ 商号、名称又は氏名	
住　　所	郵便番号（　―　） 電話番号（　）　―
法人である場合の フリガナ 代表者の氏名	
登録番号	
登録年月日	年　月　日

変更に係る事項	変　更　前	変　更　後	変更年月日

別記様式第６号の２（第７条の６関係）

（登録講習の名称）修了証

氏　　名

生年月日　　　　　　　　年　　月　　日

この者は、解体工事業に係る登録等に関する省令第七条第二号の登録講習を修了した者であることを証します。

登録講習の修了年月日　　　　　　年　　月　　日

交　付　年　月　日　　　　　　年　　月　　日

修　　了　　番　　号　　　　　　第　　　　号

（登録講習実施機関の名称）　　　印

（登録番号　第　　　　番）

別記様式第６号の３（第７条の19関係）

（登録試験の名称）合格証明書

氏　　名

生年月日　　　　　　　　年　　月　　日

この者は、解体工事業に係る登録等に関する省令第七条第三号の登録試験に合格した者であることを証します。

登録試験の合格年月日　　　　　　年　　月　　日

交　付　年　月　日　　　　　　年　　月　　日

合 格 証 明 書 番 号　　　　　　第　　　　号

（登録試験実施機関の名称）　　　印

（登録番号　第　　　　番）

別記様式第7号（第8条関係）

35センチメートル以上 / 25センチメートル以上

解体工事業者登録票	
商号、名称又は氏名	
法人である場合の代表者の氏名	
登録番号	
登録年月日	年　月　日
技術管理者の氏名	

備　考

技術管理者の氏名は、解体工事の現場に掲げる場合にあっては、当該現場に置かれる技術管理者の氏名とする。

別記様式第8号（第9条関係）

（A 4）

注文者の氏名又は名称	
注文者の住所	郵便番号（　—　） 電話番号（　）　—
施工場所	
着工年月日及び竣工年月日	自　年　月　日 至　年　月　日
工事請負金額	
当該工事に係る技術管理者の氏名	

特定建設資材に係る分別解体等に関する省令

（平成14年3月5日
国土交通省令第17号）

最終改正　平成22年2月9日国土交通省令第3号

（用語）

第1条　この省令において使用する用語は、建設工事に係る資材の再資源化等に関する法律（以下「法」という。）において使用する用語の例による。

（対象建設工事の届出）

第2条　法第10条第1項第6号の主務省令で定める事項は、次のとおりとする。

一　商号、名称又は氏名及び住所並びに法人にあっては代表者の氏名

二　工事の名称及び場所

三　工事の種類

四　工事の規模

五　請負契約によるか自ら施工するかの別

六　対象建設工事の元請業者の商号、名称又は氏名及び住所並びに法人にあっては代表者の氏名

七　対象建設工事の元請業者が建設業法（昭和24年法律第100号）第3条第1項の許可を受けた者である場合においては、次に掲げるもの

イ　当該許可をした行政庁の名称及び許可番号

ロ　当該元請業者が置く同法第26条に規定する主任技術者又は監理技術者の氏名

八　対象建設工事の元請業者が法第21条第1項の登録を受けた者である場合においては、次に掲げるもの

イ　当該登録をした行政庁の名称及び登録番号

ロ　当該元請業者が置く法第31条に規定する技術管理者の氏名

九　対象建設工事の元請業者から法第12条第1項の規定による説明を受けた年月日

2　法第10条第1項の規定による届出は、別記様式第1号による届出書を提出して行うものとする。

3　前項の届出書には、対象建設工事に係る建築物等の設計図又は現状を示す明瞭な写真を添付しなければならない。

（変更の届出）

第3条　法第10条第2項の主務省令で定める事項は、法第10条第1項第2号から第5号までに規定する事項並びに前条第1項第1号及び第4号から第9号までに規定する事項とする。

2　法第10条第2項の規定による届出は、別記様式第2号による届出書を提出して行うものとする。

（対象建設工事の請負契約に係る書面の記載事項）

第4条　法第13条第1項の主務省令で定める事項は、次のとおりとする。

一　分別解体等の方法

二　解体工事に要する費用

三　再資源化等をするための施設の名称及び所在地

四　再資源化等に要する費用

（対象建設工事の請負契約に係る情報通信の技術を利用する方法）

第5条　法第13条第3項の主務省令で定める措置は、次に掲げる措置とする。

一　電子情報処理組織を使用する措置のうちイ又はロに掲げるもの

イ　対象建設工事の請負契約（当該対象建設工事の全部又は一部について下請契約が締結されている場合における各下請契約を含む。以下この条において同じ。）の当事者の使用に係る電子計算機（入出力装置を含む。以下同じ。）と当該契約の相手方の使用に係る電子計算機とを接続する電気通信回線を通じて送信し、受信者の使用に係る電子計算機に備えられたファイルに記録する措置

ロ　対象建設工事の請負契約の当事者の使用に係る電子計算機に備えられたファイルに記録された同条第1項に規定する事項又は請負契約の内容で同項に規定する事項に該当するものの変更の内容（以下「契約事項等」という。）を電気通信回線を通じて当該契約の相手方の閲覧に供し、当該契約の相手方の使用に係る電子計算機に備えられたファイルに当該契約事項等を記録する措置

二　磁気ディスク、シー・ディー・ロムその他これらに準ずる方法により一定の事項を確実に記録しておくことができる物（以下「磁気ディスク等」という。）をもって調製するファイルに契約事項等を記録したものを交付する措置

2　前項に掲げる措置は、次に掲げる技術的基準に適合するものでなければならない。

一　当該契約の相手方がファイルへの記録を出力することによる書面を作成することができるものであること。

二　ファイルに記録された契約事項等について、改変が行われていないかどうかを確認することができる措置を講じていること。

3　第1項第1号の「電子情報処理組織」とは、対象建設工事の請負契約の当事者の使用に係る電子計算機と、当該契約の相手方の使用に係る電子計算機とを電気通信回線で接続した電子情報処理組織をいう。

第6条　建設工事に係る資材の再資源化等に関する法律施行令（以下「令」という。）第3条第1項の規定により示すべき措置の種類及び内容は、次に掲げる事項とする。

一　前条第1項に規定する措置のうち対象建設工事の請負契約の当事者が講じるもの

二　ファイルへの記録の方式

第7条　令第3条第1項の主務省令で定める方法は、次に掲げる方法とする。

一　電子情報処理組織を使用する方法のうちイ又はロに掲げるもの

イ　対象建設工事の請負契約の当事者の使用に係る電子計算機と当該契約の相手方の使用に係る電子計算機とを接続する電気通信回線を通じて送信し、受信者の使用に係る電子計算機に備えられたファイルに記録する方法

ロ　対象建設工事の請負契約の当事者の使用に係る電子計算機に備えられたファイルに記録された法第13条第3項の承諾に関する事項を電気通信回線を通じて当該契約の相手方の閲覧に供し、当該対象建設工事の請負契約の当事者の使用に係る電子計算機に備えられたファイルに当該承諾に関する事項を記録する方法

二　磁気ディスク等をもって調製するファイルに当該承諾に関する事項を記録したものを交付する方法

2　前項第1号の「電子情報処理組織」とは、対象建設工事の請負契約の当事者の使用に係る電子計算機と、当該契約の相手方の使用に係る電子計算機とを電気通信回線で接続した電子情報処理組織をいう。

（報告の徴収に関する事項）

第8条　令第6条第1項第2号の主務省令で定める事項及び同条第2項第2号の主務省令で定める事項は、法第13条第1項及び第2項の規定により交付した書面又は同条第3項の規定により講じた措置に関する事項その他分別解体等に関し都道府県知事が必要と認める事項とする。

附　則

この省令は、法附則第1条第2号に掲げる規定の施行の日（平成14年5月30日）

から施行する。

附　則　〔平成22年2月9日国土交通省令第3号〕

（施行期日）

第1条　この省令は、平成22年4月1日から施行する。

（経過措置）

第2条　この省令による改正前の特定建設資材に係る分別解体等に関する省令別記様式第1号による届出書の記載事項に変更があった場合におけるこの省令による改正後の特定建設資材に係る分別解体等に関する省令第3条第2項の規定による届出書の様式については、なお従前の例による。

（様式第１号）　　　　　　　　　　　　　　　　　　　　　　　　　　　　（A4）

届出書

知事
市区町村長　殿　　　　　　　　　　　　　　　　平成　年　月　日

発注者又は自主施工者の氏名《フリガナ》（法人にあっては商号又は名称及び代表者の氏名）＿＿＿＿＿＿＿＿印
（郵便番号　　－　　）電話番号　　－　　－
住所＿＿＿＿＿＿＿＿＿＿＿＿＿＿＿＿＿＿＿＿
（転居予定先）（郵便番号　　－　　）電話番号　　－　　－
住所＿＿＿＿＿＿＿＿＿＿＿＿＿＿＿＿＿＿＿＿

建設工事に係る資材の再資源化等に関する法律第10条第1項の規定により、下記のとおり届け出ます。

記

1．工事の概要

①工事の名称＿＿＿＿＿＿＿＿＿＿＿＿＿＿＿＿＿＿＿＿

②工事の場所＿＿＿＿＿＿＿＿＿＿＿＿＿＿＿＿＿＿＿＿

③工事の種類及び規模

□建築物に係る解体工事　　用途＿＿＿、階数＿＿＿、工事対象床面積の合計＿＿＿m2

□建築物に係る新築又は増築の工事　　用途＿＿＿、階数＿＿＿、工事対象床面積の合計＿＿＿m2

□建築物に係る新築工事等であって新築又は増築の工事に該当しないもの

用途＿＿＿、階数＿＿＿、請負代金＿＿＿万円

□建築物以外のものに係る解体工事又は新築工事等　　請負代金＿＿＿万円

④請負・自主施工の別：□請負　□自主施工

2．元請業者（請負契約によらないで自ら施工する場合は記載不要）

①氏名《フリガナ》（法人にあっては商号又は名称及び代表者の氏名）＿＿＿＿＿＿＿＿＿＿
（郵便番号　　－　　）電話番号　　－　　－

②住所＿＿＿＿＿＿＿＿＿＿＿＿＿＿＿＿＿＿＿＿

③許可番号（登録番号）

□建設業の場合

建設業許可＿＿＿＿□大臣□知事（　　－　　）＿＿＿＿号（＿＿＿＿工事業）

主任技術者（監理技術者）氏名＿＿＿＿＿＿

□解体工事業の場合

解体工事業登録＿＿＿＿知事＿＿＿＿号

技術管理者氏名＿＿＿＿＿＿

3．対象建設工事の元請業者から法第12条第１項の規定による説明を受けた年月日
（請負契約によらないで自ら施工する場合は記載不要）

平成　年　月　日

4．分別解体等の計画等

（建築物に係る解体工事については別表１
建築物に係る新築工事等については別表２
建築物以外のものに係る解体工事又は新築工事等については別表３
により記載すること。）

5．工程の概要

（工事着手予定日）平成　年　月　日
＿＿＿＿＿＿＿＿＿＿＿＿＿＿＿＿（工事完了予定日）平成　年　月　日

（できるだけ図面、表等を利用することとし、記載することができないときは、「別紙のとおり」と記載し、別紙を添付すること。）

（注意）

1　□欄には、該当箇所に「レ」を付すこと。

2　記名押印に代えて、署名することができる。

3　届出書には、対象建設工事に係る建築物等の設計図又は現状を示す明瞭な写真を添付すること。

※受付番号＿＿＿＿＿＿＿＿

別表 I

（A４）

建築物に係る解体工事

分別解体等の計画等

建築物の構造		□木造　□鉄骨鉄筋コンクリート造　□鉄筋コンクリート造 □鉄骨造　□コンクリートブロック造　□その他（　　　）
建築物に関する調査の結果	建築物の状況	築年数＿＿＿年、棟数＿＿＿棟 その他（　　　）
	周辺状況	周辺にある施設　□住宅　□商業施設　□学校 □病院　□その他（　　　） 敷地境界との最短距離　約＿＿＿m その他（　　　）

		建築物に関する調査の結果	工事着手前に実施する措置の内容
建築物に関する調査の結果及び工事着手前に実施する措置の内容	作業場所	作業場所　□十分　□不十分 その他（　　　）	
	搬出経路	障害物　□有（　　　）　□無 前面道路の幅員　約＿＿＿m 通学路　□有　□無 その他（　　　）	
	残存物品	□有 （　　　） □無	
	特定建設資材への付着物	□有 （　　　） □無	
	その他		

	工程	作業内容	分別解体等の方法
工程ごとの作業内容及び解体方法	①建築設備・内装材等	建築設備・内装材等の取り外し □有　□無	□　手作業 □　手作業・機械作業の併用 併用の場合の理由（　　　）
	②屋根ふき材	屋根ふき材の取り外し □有　□無	□　手作業 □　手作業・機械作業の併用 併用の場合の理由（　　　）
	③外装材・上部構造部分	外装材・上部構造部分の取り壊し □有　□無	□　手作業 □　手作業・機械作業の併用
	④基礎・基礎ぐい	基礎・基礎ぐいの取り壊し □有　□無	□　手作業 □　手作業・機械作業の併用
	⑤その他 （　　　）	その他の取り壊し □有　□無	□　手作業 □　手作業・機械作業の併用

工事の工程の順序	□上の工程における①→②→③→④の順序 □その他（　　　） その他の場合の理由（　　　）
□内装材に木材が含まれる場合	①の工程における木材の分別に支障となる建設資材の事前の取り外し □可　□不可 不可の場合の理由（　　　）
建築物に用いられた建設資材の量の見込み	トン

		種類	量の見込み	発生が見込まれる部分（注）
廃棄物発生見込量	特定建設資材廃棄物の種類ごとの量の見込み及びその発生が見込まれる建築物の部分	□コンクリート塊	トン	□①　□②　□③　□④ □⑤
		□アスファルト・コンクリート塊	トン	□①　□②　□③　□④ □⑤
		□建設発生木材	トン	□①　□②　□③　□④ □⑤
	（注）　①建築設備・内装材等　②屋根ふき材　③外装材・上部構造部分　④基礎・基礎ぐい　⑤その他			

備考

□欄には、該当箇所に「レ」を付すこと。

別表 2　　　　　　　　　　　　　　　　　　　　　　　　　　　　（A 4）

建築物に係る新築工事等（新築・増築・修繕・模様替）

分別解体等の計画等

使用する特定建設資材の種類		□コンクリート　□コンクリート及び鉄から成る建設資材 □アスファルト・コンクリート　□木材
建築物に関する調査の結果	建築物の状況	築年数＿＿＿＿年、棟数＿＿＿＿棟 その他（　　　　　　　　）
	周辺状況	周辺にある施設　□住宅　□商業施設　□学校 □病院　□その他（　　　　　　　　） 敷地境界との最短距離　約＿＿＿＿m その他（　　　　　　　　）

		建築物に関する調査の結果	工事着手前に実施する措置の内容
建築物に関する調査の結果及び工事着手前に実施する措置の内容	作業場所	作業場所　□十分　□不十分 その他（　　　　　　　　）	
	搬出経路	障害物　□有（　　　　）　□無 前面道路の幅員　約＿＿＿＿m 通学路　□有　□無 その他（　　　　　　　　）	
	特定建設資材への付着物（修繕・模様替工事のみ）	□有 （　　　　　　　　） □無	
	その他		

	工程	作業内容
工程ごとの作業内容	①造成等	造成等の工事　□有　□無
	②基礎・基礎ぐい	基礎・基礎ぐいの工事　□有　□無
	③上部構造部分・外装	上部構造部分・外装の工事　□有　□無
	④屋根	屋根の工事　□有　□無
	⑤建築設備・内装等	建築設備・内装等の工事　□有　□無
	⑥その他 （　　　　）	その他の工事　□有　□無

		種類	量の見込み	使用する部分又は発生が見込まれる部分（注）
廃棄物発生見込量	特定建設資材廃棄物の種類ごとの量の見込み並びに特定建設資材が使用される建築物の部分及び特定建設資材廃棄物の発生が見込まれる建築物の部分	□コンクリート塊	トン	□①　□②　□③　□④ □⑤　□⑥
		□アスファルト・コンクリート塊	トン	□①　□②　□③　□④ □⑤　□⑥
		□建設発生木材	トン	□①　□②　□③　□④ □⑤　□⑥
	（注）　①造成等　②基礎　③上部構造部分・外装　④屋根　⑤建築設備・内装等　⑥その他			
備考				

□欄には、該当箇所に「レ」を付すこと。

別表3

（A4）

建築物以外のものに係る解体工事又は新築工事等（土木工事等）

分別解体等の計画等

工作物の構造（解体工事のみ）		□鉄筋コンクリート造 □その他（　　　　　　）
工事の種類		□新築工事 □維持・修繕工事 □解体工事 □電気 □水道 □ガス □下水道 □鉄道 □電話 □その他（　　　　　　）
使用する特定建設資材の種類（新築・維持・修繕工事のみ）		□コンクリート □コンクリート及び鉄から成る建設資材 □アスファルト・コンクリート □木材
工作物に関する調査の結果	工作物の状況	築年数＿＿＿＿年 その他（　　　　　　）
	周辺状況	周辺にある施設 □住宅 □商業施設 □学校 □病院 □その他（　　　　　　） 敷地境界との最短距離 約＿＿＿＿m その他（　　　　　　）

工作物に関する調査の結果及び工事着手前に実施する措置の内容		工作物に関する調査の結果	工事着手前に実施する措置の内容
	作業場所	作業場所 □十分 □不十分 その他（　　　　）	
	搬出経路	障害物 □有（　　　） □無 前面道路の幅員 約＿＿＿＿m 通学路 □有 □無 その他（　　　　）	
	特定建設資材への付着物（解体・維持・修繕工事のみ）	□有 （　　　　） □無	
	その他		

工程ごとの作業内容及び解体方法	工程	作業内容	分別解体等の方法（解体工事のみ）
	①仮設	仮設工事 □有 □無	□ 手作業 □ 手作業・機械作業の併用
	②土工	土工事 □有 □無	□ 手作業 □ 手作業・機械作業の併用
	③基礎	基礎工事 □有 □無	□ 手作業 □ 手作業・機械作業の併用
	④本体構造	本体構造の工事 □有 □無	□ 手作業 □ 手作業・機械作業の併用
	⑤本体付属品	本体付属品の工事 □有 □無	□ 手作業 □ 手作業・機械作業の併用
	⑥その他 （　　　　）	その他の工事 □有 □無	□ 手作業 □ 手作業・機械作業の併用

工事の工程の順序（解体工事のみ）	□上の工程における⑤→④→③の順序 □その他（　　　　　　） その他の場合の理由（　　　　　　）
工作物に用いられた建設資材の量の見込み（解体工事のみ）	トン

廃棄物発生見込量	特定建設資材廃棄物の種類ごとの量の見込み（全工事）並びに特定建設資材が使用される工作物の部分（新築・維持・修繕工事のみ）及び特定建設資材廃棄物の発生が見込まれる工作物の部分（維持・修繕・解体工事のみ）	種類	量の見込み	使用する部分又は発生が見込まれる部分（注）
		□コンクリート塊	トン	□① □② □③ □④ □⑤ □⑥
		□アスファルト・コンクリート塊	トン	□① □② □③ □④ □⑤ □⑥
		□建設発生木材	トン	□① □② □③ □④ □⑤ □⑥
	（注） ①仮設 ②土工 ③基礎 ④本体構造 ⑤本体付属品 ⑥その他			

備考

□欄には、該当箇所に「レ」を付すこと。

（様式第２号）　　（Ａ４）

変更届出書

変更箇所

知事　　平成　年　月　日
________市区町村長　殿

□ 発注者又は自主施工者の氏名《フリガナ》（法人にあっては商号又は名称及び代表者の氏名）________印
（郵便番号　－　）電話番号　－　－

□ 住所________

□ （転居予定先）（郵便番号　－　）電話番号　－　－
住所________

建設工事に係る資材の再資源化等に関する法律第10条第２項の規定により、下記のとおり変更を届け出ます。

記

1．工事の概要

①工事の名称________

②工事の場所________

□ ③工事の種類及び規模

□建築物に係る解体工事　用途____、階数____、工事対象床面積の合計____m2

□建築物に係る新築又は増築の工事　用途____、階数____、工事対象床面積の合計____m2

□建築物に係る新築工事等であって新築又は増築の工事に該当しないもの
用途____、階数____、請負代金____万円

□建築物以外のものに係る解体工事又は新築工事等　請負代金____万円

□ ④請負・自主施工の別：□請負　□自主施工

2．元請業者（請負契約によらないで自ら施工する場合は記載不要）

□ ①氏名《フリガナ》（法人にあっては商号又は名称及び代表者の氏名）________
（郵便番号　－　）電話番号　－　－

□ ②住所________

□ ③許可番号（登録番号）
□建設業の場合
建設業許可____□大臣□知事（　－　）____号（____工事業）
主任技術者（監理技術者）氏名________
□解体工事業の場合
解体工事業登録____知事____号
技術管理者氏名________

□ 3．対象建設工事の元請業者から法第12条第１項の規定による説明を受けた年月日
（請負契約によらないで自ら施工する場合は記載不要）
平成　年　月　日

□ 4．分別解体等の計画等
建築物に係る解体工事については別表１
建築物に係る新築工事等については別表２
建築物以外のものに係る解体工事又は新築工事等については別表３
により記載すること。

□ 5．工程の概要
（工事着手予定日）平成　年　月　日
________（工事完了予定日）平成　年　月　日
（できるだけ図面、表等を利用することとし、記載することができないときは、「別紙のとおり」と記載し、別紙を添付すること。）

（注意）
1　□欄には、該当箇所に「レ」を付すこと。
2　記名押印に代えて、署名することができる。
3　届出書に添付した対象建設工事に係る建築物等の設計図又は現状を示す明瞭な写真に変更がある場合には、新たな設計図又は写真を添付すること。

※受付番号________

別表１　　　　　　　　　　　　　　　　　　　　　　　　　　　　　　（Ａ４）

建築物に係る解体工事

分別解体等の計画等

変更箇所

建築物の構造		□木造　□鉄骨鉄筋コンクリート造　□鉄筋コンクリート造 □鉄骨造　□コンクリートブロック造　□その他（　　　　　　）
建築物に関する調査の結果	建築物の状況	築年数＿＿＿＿年、棟数＿＿＿＿棟 その他（　　　　　　）
	周辺状況	周辺にある施設　□住宅　□商業施設　□学校 □病院　□その他（　　　　　　） 敷地境界との最短距離　約＿＿＿＿m その他（　　　　　　）

建築物に関する調査の結果及び工事着手前に実施する措置の内容		建築物に関する調査の結果	工事着手前に実施する措置の内容
	作業場所	作業場所　□十分　□不十分 その他（　　　　）	
	搬出経路	障害物　□有（　　　）　□無 前面道路の幅員　約＿＿＿＿m 通学路　□有　□無 その他（　　　　）	
	残存物品	□有 （　　　　） □無	
	特定建設資材への付着物	□有 （　　　　） □無	
	その他		

工程ごとの作業内容及び解体方法	工程	作業内容	分別解体等の方法
	①建築設備・内装材等	建築設備・内装材等の取り外し □有　□無	□　手作業 □　手作業・機械作業の併用 併用の場合の理由（　　　　）
	②屋根ふき材	屋根ふき材の取り外し □有　□無	□　手作業 □　手作業・機械作業の併用 併用の場合の理由（　　　　）
	③外装材・上部構造部分	外装材・上部構造部分の取り壊し □有　□無	□　手作業 □　手作業・機械作業の併用
	④基礎・基礎ぐい	基礎・基礎ぐいの取り壊し □有　□無	□　手作業 □　手作業・機械作業の併用
	⑤その他 （　　　　）	その他の取り壊し □有　□無	□　手作業 □　手作業・機械作業の併用

工事の工程の順序	□上の工程における①→②→③→④の順序 □その他（　　　　　　） その他の場合の理由（　　　　　　）
□内装材に木材が含まれる場合	①の工程における木材の分別に支障となる建設資材の事前の取り外し □可　□不可 不可の場合の理由（　　　　　　）
建築物に用いられた建設資材の量の見込み	トン

廃棄物発生見込量		種類	量の見込み	発生が見込まれる部分（注）
	特定建設資材廃棄物の種類ごとの量の見込み及びその発生が見込まれる建築物の部分	□コンクリート塊	トン	□①　□②　□③　□④ □⑤
		□アスファルト・コンクリート塊	トン	□①　□②　□③　□④ □⑤
		□建設発生木材	トン	□①　□②　□③　□④ □⑤
	（注）　①建築設備・内装材等　②屋根ふき材　③外装材・上部構造部分　④基礎・基礎ぐい　⑤その他			

備考

□欄には、該当箇所に「レ」を付すこと。

別表2

（A４）

建築物に係る新築工事等（新築・増築・修繕・模様替）

分別解体等の計画等

変更箇所			
□	使用する特定建設資材の種類		□コンクリート □コンクリート及び鉄から成る建設資材 □アスファルト・コンクリート □木材
□	建築物に関する調査の結果	建築物の状況	築年数＿＿＿＿年、棟数＿＿＿＿棟 その他（ ）
□		周辺状況	周辺にある施設 □住宅 □商業施設 □学校 □病院 □その他（ ） 敷地境界との最短距離 約＿＿＿＿m その他（ ）

変更箇所			建築物に関する調査の結果	工事着手前に実施する措置の内容
□	建築物に関する調査の結果及び工事着手前に実施する措置の内容	作業場所	作業場所 □十分 □不十分 その他（ ）	
□		搬出経路	障害物 □有（ ） □無 前面道路の幅員 約＿＿＿＿m 通学路 □有 □無 その他（ ）	
□		特定建設資材への付着物（修繕・模様替工事のみ）	□有 （ ） □無	
□		その他		

変更箇所		工程	作業内容
□	工程ごとの作業内容	①造成等	造成等の工事 □有 □無
□		②基礎・基礎ぐい	基礎・基礎ぐいの工事 □有 □無
□		③上部構造部分・外装	上部構造部分・外装の工事 □有 □無
□		④屋根	屋根の工事 □有 □無
□		⑤建築設備・内装等	建築設備・内装等の工事 □有 □無
□		⑥その他 （ ）	その他の工事 □有 □無

変更箇所			種類	量の見込み	使用する部分又は発生が見込まれる部分（注）
□	廃棄物発生見込量	特定建設資材廃棄物の種類ごとの量の見込み並びに特定建設資材が使用される建築物の部分及び特定建設資材廃棄物の発生が見込まれる建築物の部分	□コンクリート塊	トン	□① □② □③ □④ □⑤ □⑥
□			□アスファルト・コンクリート塊	トン	□① □② □③ □④ □⑤ □⑥
□			□建設発生木材	トン	□① □② □③ □④ □⑤ □⑥

（注） ①造成等 ②基礎 ③上部構造部分・外装 ④屋根 ⑤建築設備・内装等 ⑥その他

変更箇所	
□	備考

□欄には、該当箇所に「レ」を付すこと。

別表3　　　　　　　　　　　　　　　　　　　　　　　　（A４）

建築物以外のものに係る解体工事又は新築工事等（土木工事等）

分別解体等の計画等

変更箇所	項目	小項目	内容
	工作物の構造（解体工事のみ）		□鉄筋コンクリート造　□その他（　　）
□	工事の種類		□新築工事　□維持・修繕工事　□解体工事 □電気　□水道　□ガス　□下水道　□鉄道　□電話 □その他（　　）
□	使用する特定建設資材の種類（新築・維持・修繕工事のみ）		□コンクリート　□コンクリート及び鉄から成る建設資材 □アスファルト・コンクリート　□木材
□	工作物に関する調査の結果	工作物の状況	築年数＿＿＿＿年 その他（　　）
□		周辺状況	周辺にある施設　□住宅　□商業施設　□学校 □病院　□その他（　　） 敷地境界との最短距離　約＿＿＿＿m その他（　　）

変更箇所	項目	小項目	工作物に関する調査の結果	工事着手前に実施する措置の内容
□	工作物に関する調査の結果及び工事着手前に実施する措置の内容	作業場所	作業場所　□十分　□不十分 その他（　　）	
□		搬出経路	障害物　□有（　　）　□無 前面道路の幅員　約＿＿＿＿m 通学路　□有　□無 その他（　　）	
□		特定建設資材への付着物（解体・維持・修繕工事のみ）	□有 （　　） □無	
□		その他		

変更箇所	項目	工程	作業内容	分別解体等の方法（解体工事のみ）
□	工程ごとの作業内容及び解体方法	①仮設	仮設工事　□有　□無	□　手作業 □　手作業・機械作業の併用
□		②土工	土工事　□有　□無	□　手作業 □　手作業・機械作業の併用
□		③基礎	基礎工事　□有　□無	□　手作業 □　手作業・機械作業の併用
□		④本体構造	本体構造の工事　□有　□無	□　手作業 □　手作業・機械作業の併用
□		⑤本体付属品	本体付属品の工事　□有　□無	□　手作業 □　手作業・機械作業の併用
□		⑥その他 （　　）	その他の工事　□有　□無	□　手作業 □　手作業・機械作業の併用

変更箇所	項目	内容
□	工事の工程の順序（解体工事のみ）	□上の工程における⑤→④→③の順序 □その他（　　） その他の場合の理由（　　）
□	工作物に用いられた建設資材の量の見込み（解体工事のみ）	トン

変更箇所	項目	説明	種類	量の見込み	使用する部分又は発生が見込まれる部分（注）
□	廃棄物発生見込量	特定建設資材廃棄物の種類ごとの量の見込み（全工事）並びに特定建設資材が使用される工作物の部分（新築・維持・修繕工事のみ）及び特定建設資材廃棄物の発生が見込まれる工作物の部分（維持・修繕・解体工事のみ）	□コンクリート塊	トン	□①　□②　□③　□④ □⑤　□⑥
□			□アスファルト・コンクリート塊	トン	□①　□②　□③　□④ □⑤　□⑥
□			□建設発生木材	トン	□①　□②　□③　□④ □⑤　□⑥
		（注）　①仮設　②土工　③基礎　④本体構造　⑤本体付属品　⑥その他			
□	備考				

□欄には、該当箇所に「レ」を付すこと。

特定建設資材に係る分別解体等及び特定建設資材廃棄物の再資源化等の促進等に関する基本方針

（平成13年1月17日
農林水産省・経済産業省・
国土交通省・環境省告示第1号）

我が国においては、経済発展に伴う生産及び消費の拡大、生活様式の多様化及び高度化による住宅・社会資本の整備及び更新等に伴い、建設資材廃棄物の排出量が増大している。建設産業は我が国で利用される資源の相当部分を利用している産業であることから、産業廃棄物（廃棄物の処理及び清掃に関する法律（昭和45年法律第137号。以下「廃棄物処理法」という。）第2条第4項に規定する産業廃棄物をいう。以下同じ。）及びその最終処分量に占める建設資材廃棄物の割合も高いものとなっている。

その一方で、廃棄物の処理施設の確保はこれまでにも増して困難なものとなってきており、最終処分場がひっ迫しつつあるほか、建設資材廃棄物の不法投棄が全国で多く見られるなど、建設資材廃棄物の処理をめぐる問題が深刻となっている。

また、主要な資源の大部分を輸入に依存している我が国にとっては、これらの廃棄物から得られる資源を有効に利用していくことが求められている。このような状況の中で、我が国における生活環境の保全と健全な経済発展を長期的に確保するためには、関係者の適切な役割分担の下で、再生資源の十分な利用及び廃棄物の減量を図っていくことが重要である。

この基本方針は、このような認識の下に、建設工事に係る資材の有効な利用の確保及び廃棄物の適正な処理を図るため、必要な事項を定めるものである。

一　特定建設資材に係る分別解体等及び特定建設資材廃棄物の再資源化等の促進等の基本的方向

1　基本理念

(1)　特定建設資材に係る分別解体等及び特定建設資材廃棄物の再資源化等の基本的な理念

資源の有効な利用の確保及び廃棄物の適正な処理を図るためには、建設資材の開発、製造から建築物等の設計、建設資材の選択、分別解体等を含む建設工事の施工、建設資材廃棄物の廃棄等に至る各段階において、廃棄物の排出の抑制、建設工事に使用された建設資材の再使用及び建設資材廃棄物の再資源化等の促進という観点を持った、環境への負荷の少ない循環型社会経済システムを構築することが必要である。このため、建設資材廃棄物という個別の廃棄物に着目して、その再資源化等を促進するために、建設工事の実態や建設業の産業特性を踏まえつつ、必要な措置を一体的に講ずるべきである。

(2)　建設資材に係る廃棄物・リサイクル対策の考え方

建設資材に係る廃棄物・リサイクル対策の考え方としては、循環型社会形成推進基本法（平成12年法律第110号）における基本的な考え方を原則とし、まず、建設資材廃棄物の発生抑制、次に、建設工事に使用された建設資材の再使用を行う。これらの措置を行った後に発生した建設資材廃棄物については、再生利用（マテリアル・リサイクル）を行い、それが技術的な困難性、環境への負荷の程度等の観点から適切でない場合には、燃焼の用に供することができるもの又はその可能性のあるものについて、熱回収（サーマル・リサイクル）を行う。最後に、これらの措置が行われないものについては、最終処分するものとする。なお、発生した建設資材廃棄物については、廃棄物処理法に基づいた適正な処理を行わなければならない。

2　関係者の役割

特定建設資材に係る分別解体等及び特定建設資材廃棄物の再資源化等の促進に当たって、関係者は、適切な役割分担の下でそれぞれが連携しつつ積極的に参加することが必要である。

建設資材の製造に携わる者は、端材の発生が抑制される建設資材の開発及び製造、建設資材として使用される際の材質、品質等の表示、有害物質等を含む素材等分別解体等及び建設資材廃棄物の再資源化等が困難となる素材の非使用等により、建設資材廃棄物の排出の抑制並びに分別解体等及び建設資材廃棄物の再資源化等の実施が容易となるよう努める必要がある。

建築物等の設計に携わる者は、端材の発生が抑制され、また、分別解体等の実施が容易となる設計、建設資材廃棄物の再資源化等の実施が容易となる建設資材の選択など設計時における工夫により、建設資材廃棄物の排出の抑制並びに分別解体等及び建設資材廃棄物の再資源化等の実施が効果的に行われるようにするほか、これらに要する費用の低減に努める必要がある。なお、建設資材の選択に当たっては、有害物質等を含む建設資材等建設資材廃棄物の再資源化が困難となる建設資材を選択しないよう努める必要がある。

発注者は、元請業者に対して、建設資材廃棄物の排出の抑制並びに分別解体等及び建設資材廃棄物の再資源化等の実施について明確な指示を行うよう努める必要がある。

元請業者は、建設資材廃棄物の発生の抑制並びに分別解体等及び建設資材廃棄物の再資源化等の促進に関し、中心的な役割を担っていることを認識し、その下請負人に対して、建設資材廃棄物の発生の抑制並びに分別解体等及び建設資材廃棄物の再資源化等の実施について明確な指示を行うよう努める必要がある。

建設工事を施工する者は、建設資材廃棄物の発生の抑制並びに分別解体等及び建設資材廃棄物の再資源化等を適正に実施するほか、施工方法の工夫、適切な建設資材の選択、施工技術の開発等により建設資材廃棄物の発生の抑制並びに分別解体等及び建設資材廃棄物の再資源化等の実施が容易となるよう努める必要がある。

排出した建設資材廃棄物について自らその処理を行う事業者及び建設資材廃棄物を排出する事業者から委託を受けてその処理を行う者（以下「建設資材廃棄物の処理を行う者」という。）は、建設資材廃棄物の再資源化等を適正に実施しなければならない。

国は、建設資材廃棄物の発生の抑制並びに分別解体等及び建設資材廃棄物の再資源化等を促進するために必要な調査、研究開発、情報提供、普及啓発及び資金の確保に努めることとする。

地方公共団体は、国の施策と相まって、必要な措置を講ずるよう努める必要がある。

3　特定建設資材に係る分別解体等及び特定建設資材廃棄物の再資源化等の促進に関する基本的方向

(1)　特定建設資材に係る分別解体等の促進についての基本的方向

特定建設資材に係る分別解体等の実施により特定建設資材廃棄物をその種類ごとに分別することを確保し、特定建設資材廃棄物の再資源化等を促進するためには、特定建設資材に係る分別解体等が一定の技術基準に従って実施される必要がある。この技術は、特定建設資材に係る分別解体等の実施の対象となる建築物等により異なる場合があり、建設工事に従事する者の技能、施工技術、建設機械等の現状を踏まえ、建築物等に応じ、適切な施工方法により分別解体等が実施される必要がある。

また、特に施工に当たって大量の建設資材廃棄物を排出することとなる解体工事については、最新の知識及び技術力を有する者による施工が必要であるため、解体工事を施工する者の知識及び技術力の向上を図るほか、このような技術を有する者に関する情報の提供、適切な施工の監視、監督等を行う必要がある。

(2)　特定建設資材廃棄物の再資源化等の促進についての基本的方向

建設資材廃棄物に係る現状及び課題を踏まえると、その再資源化等の促進を図ることが重要であることから、対象建設工事のみならず対象建設工事以外の建設工事に伴って生じた特定建設資材廃棄物についても、再生資源として利用すること等を促進する必要があり、工事現場の状況等を勘案して、できる限り工事現場において特定建設資材に係る分別解体等を実施し、これに伴って排出された特定建設資材廃棄物について再資源化等を実施することが望ましい。また、分別解体等が困難であるため、混合された状態で排出された建設資材廃棄物についても、できる限り特定建設資材廃棄物を選別できる処理施設に搬出し、再資源化等を促進することが望ましい。

なお、これらの措置が円滑に行われるようにするためには、技術開発、関係者間の連携、必要な施設の整備等を推進することにより、分別解体等及び建設資材廃棄物の再資源化等に要する費用を低減することが重要である。

(3)　都道府県の実情に応じた対応についての基本的方向

建設資材廃棄物の発生量や再資源化施設（建設資材廃棄物の再資源化をするための施設をいう。以下同じ。）の立地状況等の建設資材廃棄物を取り巻く環境は地域によって異なる。このため、各都道府県はその地域の実状を踏まえつつ、適切な対象建設工事の規模等についての調査を実施し、必要に応じ、条例によりその規模等に関し、政令等で定める基準に代えて適用すべき基準を定めることが重要である。

二　建設資材廃棄物の排出の抑制のための方策に関する事項

1　建設資材廃棄物の排出の抑制の必要性

建設資材廃棄物は、産業廃棄物に占める割合が高い一方で、減量することが困難なものが多い。このため、限られた資源を有効に活用する観点から、最終処分量を減らすとともに、排出を抑制することが特に重要である。

2　関係者の役割

建設資材廃棄物の排出の抑制に当たっては、建築物等に係る建設工事の計画・設計段階からの取組を行うとともに、関係者は、適切な役割分担の下でそれぞれが連携しつつ積極的に参加することが必要である。

建築物等の所有者は、自ら所有する建築物等について適切な維持管理及び修繕を行い、建築物等の長期的使用に努める必要がある。

建設資材の製造に携わる者は、工場等における建設資材のプレカット等の実施、その耐久性の向上並びに修繕が可能なものについてはその修繕の実施及びそのための体制の整備に努める必要がある。

建築物等の設計に携わる者は、当該建築物等に係る建設工事を発注しようとする者の建築物等の用途、構造等に関する要求に対応しつつ、構造躯体等の耐久性の向上を図るとともに、維持管理及び修繕を容易にするなど、その長期的使用に資する設計に努めるとともに、端材の発生が抑制される施工方法の採用及び建設資材の選択に努める必要がある。

発注者は、建築物等の用途、構造その他の建築物等に要求される性能に応じ、技術的及び経済的に可能な範囲で、建築物等の長期的使用に配慮した発注に努めるほか、建設工事に使用された建設資材の再使用に配慮するよう努める必要がある。

建設工事を施工する者は、端材の発生が抑制される施工方法の採用及び建設資材の選択に努めるほか、端材の発生の抑制、再使用できる物を再使用できる状態にする施工方法の採用及び耐久性の高い建築物等の建築等に努める必要がある。特に、使用済コンクリート型枠の再使用に努めるほか、建築物等の長期的使用に資する施工技術の開発及び維持修繕体制の整備に努める必要がある。

国は、自ら建設工事の発注者となる場合においては、建設資材廃棄物の排出の抑制に率先して取り組むこととする。

地方公共団体は、国の施策と相まって、必要な措置を講ずるよう努める必要がある。

三　特定建設資材廃棄物の再資源化等に関する目標の設定その他特定建設資材廃棄物の再資源化等の促進のための方策に関する事項

1　特定建設資材廃棄物の再資源化等に関する目標の設定に関する事項

再資源化施設の立地状況が地域によって異なることを勘案しつつ、すべての関係者が再生資源の十分な利用及び廃棄物の減量をできるだけ速やかに、かつ、着実に実施することが重要であることから、今後10年を目途に特定建設資材廃棄物の再資源化等の促進に重点的に取り組むこととし、平成22年度における再資源化等率（工事現場から排出された特定建設資材廃棄物の重量に対する再資源化等されたものの重量の百分率をいう。）は、次表の左欄に掲げる特定建設資材廃棄物の種類に応じ、同表の右欄に掲げる率とする。

コンクリート塊（コンクリートが廃棄物となったもの並びにコンクリート及び鉄から成る建設資材に含まれるコンクリートが廃棄物となっ	

たものをいう。以下同じ。)	95パーセント
建設発生木材（木材が廃棄物となったものをいう。以下同じ。)	
アスファルト・コンクリート塊（アスファルト・コンクリートが廃棄物となったものをいう。以下同じ。)	

特に、国の直轄事業においては、再資源化等を先導する観点から、コンクリート塊、建設発生木材及びアスファルト・コンクリート塊について、平成17年度までに最終処分する量をゼロにすることを目指すこととする。

なお、特定建設資材廃棄物の再資源化等に関する目標については、建設資材廃棄物に関する調査の結果、再資源化等に関する目標の達成状況及び社会経済情勢の変化等を踏まえて必要な見直しを行うものとする。

2　特定建設資材廃棄物の再資源化等の促進のための方策に関する事項

(1)　特定建設資材廃棄物の再資源化等の促進のための方策に関する基本的事項

特定建設資材廃棄物の再資源化等に関する目標を達成するためには、必要な再資源化施設の確保、再資源化を促進するために必要となるコスト削減等に資する技術開発及び再資源化により得られた物の利用の促進が必要となる。

具体的には、国は、税制上の優遇措置、政府系金融機関の融資等を積極的に活用することにより、再資源化施設の整備を促進する必要がある。地方公共団体は、地域ごとに特定建設資材廃棄物の再資源化施設の実態を把握し、その整備を促進するために必要な施策を行うほか、国とともに産業廃棄物の処理に係る特定施設の整備の促進に関する法律（平成４年法律第62号）に基づく施策を推進する。

(2)　特定建設資材廃棄物の再資源化等の促進のための具体的方策等

①　コンクリート塊

コンクリート塊については、破砕、選別、混合物除去、粒度調整等を行うことにより、再生クラッシャーラン、再生コンクリート砂、再生粒度調整砕石等（以下「再生骨材等」という。）として、道路、港湾、空港、駐車場及び建築物等の敷地内の舗装（以下「道路等の舗装」という。）の路盤材、建築物等の埋め戻し材又は基礎材、コンクリート用骨材等に利用することを促進する。

また、コンクリート塊の再資源化施設については、新たな施設整備と併せて既存施設の効率的な稼動を推進するための措置を講ずるよう努める必要がある。

なお、現状においては、コンクリート塊をコンクリート用骨材として再資源化する費用は、コンクリート用骨材以外のものとして再資源化する費用に比較して高いことから、その費用の低減のための技術の開発等を行う必要がある。

② 建設発生木材

建設発生木材については、チップ化し、木質ボード、堆肥等の原材料として利用することを促進する。これらの利用が技術的な困難性、環境への負荷の程度等の観点から適切でない場合には燃料として利用することを促進する。

なお、建設発生木材の再資源化を更に促進するためには、再生木質ボード（建設発生木材を破砕したものを用いて製造した木質ボードをいう。以下同じ。）、再生木質マルチング材（雑草防止材及び植物の生育を保護・促進する材料等として建設発生木材を再資源化したものをいう。以下同じ。）等について、更なる技術開発及び用途開発を行う必要がある。具体的には、住宅構造用建材、コンクリート型枠等として利用することのできる高性能・高機能の再生木質ボードの製造技術の開発、再生木質マルチング材の利用を促進するための用途開発、燃料用チップの発電燃料としての利用等新たな利用を促進するための技術開発等を行う必要がある。

また、このような技術開発等の動向を踏まえつつ、建設発生木材については、建設発生木材の再資源化施設等の必要な施設の整備について必要な措置を講ずるよう努める必要がある。

③ アスファルト・コンクリート塊

アスファルト・コンクリート塊については、破砕、選別、混合物除去、粒度調整等を行うことにより、再生加熱アスファルト安定処理混合物及び表層基層用再生加熱アスファルト混合物（以下「再生加熱アスファルト混合物」という。）として、道路等の舗装の上層路盤材、基層用材料又は表層用材料に利用することを促進する。また、再生骨材等として、道路等の舗装の路盤材、建築物等の埋め戻し材又は基礎材等に利用することを促進する。

加えて、アスファルト・コンクリート塊に係る再資源化施設については、新たな施設整備と併せて既存施設の効率的な稼動を推進するための措置を講ずるよう努める必要がある。

なお、近年、道路等の舗装の表層用材料として、ガラス、ゴム、樹脂等が混入した加熱アスファルト混合物を用いる場合もあるが、再資源化の可能性が実証されていない材料又は再資源化が困難な材料があることから、その再資源化のための技術開発等を行う必要がある。

④　その他

特定建設資材以外の建設資材についても、それが廃棄物となった場合に再資源化等が可能なものについてはできる限り分別解体等を実施し、その再資源化等を実施することが望ましい。また、その再資源化等についての経済性の面における制約が小さくなるよう、分別解体等の実施、技術開発の推進、収集運搬方法の検討、効率的な収集運搬の実施、必要な施設の整備等について関係者による積極的な取組が行われることが必要である。

具体的には、次のとおりである。

プラスチック製品は、建設工事に使用される量が多いことから、建築物の解体の急増に伴い、廃プラスチック（プラスチック製品が廃棄物となったものをいう。以下同じ。）の発生が急増すると予想されており、廃プラスチックの再資源化を促進する必要がある。このため、廃プラスチックの再資源化について、経済性の面における制約が小さくなるよう、関係者による積極的な取組が行われることが重要である。特に、廃プラスチックに係る再資源化施設等が工事現場の近傍にあり、当該施設等に運搬する費用が過大とならないなど、その再資源化が経済性の面において制約が著しくないと認められる場合は、できる限り他の建設資材廃棄物と分別し、当該施設等に搬出するよう努める必要がある。このうち、建設資材として使用されている塩化ビニル管・継手等については、これらの製造に携わる者によるリサイクルの取組が行われ始めているため、関係者はできる限りこの取組に協力するよう努める必要がある。

石膏ボードは、高度成長期以降建築物の内装材として広く利用されており、建築物の解体の急増に伴い、廃石膏ボード（石膏ボードが廃棄物となったものをいう。以下同じ。）の発生が急増すると予想されることから、ひっ迫が特に著しい管理型最終処分場（環境に影響を及ぼすおそれのある産業廃棄物（以下「管理型処分品目」という。）の最終処分場をいう。以下同じ。）の状況を勘案すると、その再資源化を促進する必要がある。このため、廃石膏ボードの再資源化について、経済性の面における制約が小さくなるよう、関係者による積極的な取組が行われることが重要である。また、石膏ボードの製造に携わる者により新築工事の工事現場から排出される廃石膏ボードの収集、運搬及び再利用に向けた取組が行われているため、関係者はできる限りこの取組に協力するよう努める必要がある。

また、再資源化等が困難な建設資材廃棄物を最終処分する場合は、安定型処分品目（環境に影響を及ぼすおそれの少ない産業廃棄物をいう。以下同じ。）については管理型処分品目が混入しないように分別した上で安定型最終処分場（安定型処分品目の最終処分場をいう。）で処分し、管理型最終処分場で処分する量を減らすよう努める必要がある。

なお、特定建設資材以外の建設資材について、それが廃棄物となった場合における再資源化が資源の有効な利用及び廃棄物の減量を図る上で特に必要であるものについては、その再資源化に係る経済性の面における制約について調査、検討等を行い、特定建設資材として指定することについても検討を行うこととする。

四　特定建設資材廃棄物の再資源化により得られた物の利用の促進のための方策に関する事項

1　特定建設資材廃棄物の再資源化により得られた物の利用についての考え方

特定建設資材廃棄物の再資源化を促進するためには、その再資源化により得られた物を積極的に利用していくことが不可欠であることから、関係者の連携の下で、特定建設資材廃棄物の再資源化により得られた物に係る需要の創出及び拡大に積極的に取り組む必要がある。また、特定建設資材廃棄物の再資源化により得られた物の利用に当たっては、必要な品質が確保されていること並びに環境に対する安全性及び自然環境の保全に配慮することが重要である。

2　関係者の役割

建設資材の製造に携わる者は、建設資材廃棄物の再資源化により得られた物をできる限り多く含む建設資材の開発及び製造に努める必要がある。

建築物等の設計に携わる者は、建設資材廃棄物の再資源化により得られた建設資材をできる限り利用した設計に努める必要がある。また、このような建設資材の利用について、発注しようとする者の理解を得るよう努める必要がある。

発注者は、建設工事の発注に当たり、建設資材廃棄物の再資源化により得られた建設資材をできる限り選択するよう努める必要がある。

建設工事を施工する者は、建設資材廃棄物の再資源化により得られた建設資材をできる限り利用するよう努める必要がある。また、これを利用することについての発注者の理解を得るよう努める必要がある。

建設資材廃棄物の処理を行う者は、建設資材廃棄物の再資源化により得られた物の品質の安定及び安全性の確保に努める必要がある。

国は、建設資材廃棄物の再資源化により得られた物の利用の促進のために必要となる調査、研究開発、情報提供、普及啓発、資金の確保並びに品質基準の策定及び規格化の推進に努めるほか、建設資材廃棄物の再資源化により得られた物を率先して利用するよう努めることとする。

地方公共団体は、国の施策と相まって、必要な措置を講ずるよう努める必要がある。

3　再資源化により得られた物の公共事業での率先利用

国の直轄事業においては、国等による環境物品等の調達の推進等に関する法律（平成12年法律第100号）の趣旨を踏まえ、民間の具体的な取組の先導的役割を担うことが重要であることから、特定建設資材廃棄物の再資源化により得られた物を率先して利用するものとする。

具体的には、道路等の舗装の路盤材又は建築物等の埋め戻し材若しくは基礎材の調達に当たっては、工事現場で発生する副産物の利用が優先される場合を除き、工事現場から40キロメートルの範囲内でコンクリート塊又はアスファルト・コンクリート塊の再資源化により得られた再生骨材等が入手できる場合は、利用される用途に要求される品質等を考慮した上で、経済性にかかわらずこれを利用することを原則とするなどの方策を講ずることとする。道路等の舗装の基層用材料、表層用材料及び上層路盤材の調達に当たっては、工事現場で発生する副産物の利用が優先される場合を除き、当該現場から40キロメートル及び運搬時間1.5時間の範囲内でアスファルト・コンクリート塊の再資源化により得られた再生加熱アスファルト混合物が入手できる場合は、利用される用途に要求される品質等を考慮した上で、経済性にかかわらずこれを利用することを原則とするなどの方策を講ずることとする。木質コンクリート型枠材については、再生木質ボードを製造する施設の立地状況及び生産能力並びに利用される用途に要求される品質等を考慮して再生木質ボードの利用を促進することとし、モデル工事等を通じて施工性、経済性等の適用性の検討を行い、これを踏まえ利用量の増大に努める。また、法面の緑化材、雑草防止材等についても、利用される用途に要求される品質等を考慮して、再生木質マルチング材等の利用を促進することとし、モデル工事等を通じて施工性、経済性等の適用性の検討を行い、これを踏まえ利用量の増大に努める。さらに、その他の用途についても、特定建設資材廃棄物の再資源化により得られた物の利用の促進が図られるよう積極的な取組を行う必要がある。

なお、国の直轄事業以外の公共事業においても、国の直轄事業における特定建設資材廃棄物の再資源化により得られた物の利用の促進のための方策に準じた取組を行う必要がある。

五　環境の保全に資するものとしての特定建設資材に係る分別解体等、特定建設資材廃棄物の再資源化等及び特定建設資材廃棄物の再資源化により得られた物の利用の意義に関する知識の普及に係る事項

特定建設資材に係る分別解体等、特定建設資材廃棄物の再資源化等及び特定建設資材廃棄物の再資源化により得られた物の利用の促進は、特定建設資材廃棄物の排出の抑制、再資源化により得られた熱の利用の促進等と相まって、資源エネルギー投入量の削減、廃棄物の減量、環境に影響を及ぼすおそれのある物質の環境への排出の抑制等を通じて、環境への負荷の少ない循環型社会経済システムを構築していくという意義を有する。

かかる意義を有する特定建設資材に係る分別解体等、特定建設資材廃棄物の再資源化等及び特定建設資材廃棄物の再資源化により得られた物の利用の推進のためには、広範な国民の協力が必要であることにかんがみ、国及び地方公共団体は、環境の保全に資するものとしてのこれらの意義に関する知識について、広く国民への普及及び啓発を図ることとする。具体的には、環境教育、環境学習、広報活動等を通じて、これらが環境の保全に資することについての国民の理解を深めるとともに、環境の保全に留意しつつ、特定建設資材に係る分別解体等及び特定建設資材廃棄物の再資源化等が行われるよう関係者の協力を求めることとする。

特に、特定建設資材に係る分別解体等及び特定建設資材廃棄物の再資源化等の実施義務を負う者が当該義務を確実に履行することが重要であることから、その知識をこれらの者に対して普及させるため、必要に応じて講習の実施、資料の提供その他の措置が講じられなければならない。

また、発注者が再資源化により得られた物をできる限り利用することが重要であることから、必要に応じて講習の実施、資料の提供その他の措置が講じられなければならない。

六　その他特定建設資材に係る分別解体等及び特定建設資材廃棄物の再資源化等の促進等に関する重要事項

1　分別解体等及び特定建設資材廃棄物の再資源化等に要する費用を建設工事の請負代金の額に適切に反映させるための事項

特定建設資材に係る分別解体等及び特定建設資材廃棄物の再資源化等を適正に実施するためには、分別解体等及び建設資材廃棄物の再資源化等に要する費用が、発注者及び受注者間で適正に負担されることが必要である。

このため、発注者は、自らに分別解体等及び建設資材廃棄物の再資源化等に要する費用の適正な負担に関する責務があることを明確に認識し、当該費用を適正に負担する必要がある。また、受注者は自らが分別解体等及び建設資材廃棄物の再資源化等を適正に行うことができる費用を請負代金の額として受け取ることができるよう、分別解体等の実施を含む建設工事の内容を発注者に十分に説明する必要がある。

加えて、国及び地方公共団体は、分別解体等及び建設資材廃棄物の再資源化等に要する費用を建設工事の請負代金の額に反映させることが分別解体等及び建設資材廃棄物の再資源化等の促進に直結する重要事項であることを国民に対し積極的に周知し、当該費用の適正な負担の実現に向けてその理解と協力を得るよう努めることとする。

また、対象建設工事の受注者間においても、分別解体等及び建設資材廃棄物の再資源化等に要する費用が適正に負担されることが必要である。

2　各種情報の提供等に関する事項

国は、対象建設工事受注者が特定建設資材廃棄物の再資源化等を行うに当たって必要となる施設の稼働情報、対象建設工事の発注者等が当該工事の注文を行うに当たって必要となる解体工事業を営む者の企業情報等の提供が十分なされるように、インターネット等を活用した情報システムの整備の支援を行う必要がある。

3　分別解体等及び建設資材廃棄物の処理等の過程における有害物質等の発生の抑制等に関する事項

建設資材廃棄物の処理等の過程においては、廃棄物処理法、大気汚染防止法（昭和43年法律第97号）、ダイオキシン類対策特別措置法（平成11年法律第105号）、労働安全衛生法（昭和47年法律第57号）等の関係法令を遵守し、有害物質等の発生の抑制及び周辺環境への影響の防止を図らなければならない。また、建設資材廃棄物の処理等の過程において、フロン類、非飛散性アスベスト等の取り扱いには十分注意し、可能な限り大気中への拡散又は飛散を防止する措置をとるよう努める必要がある。

なお、冷凍空調機器の冷媒として使用されているフロン類に関して、特定家庭用機器再商品化法（平成10年法律第97号）に規定する特定家庭用機器に該当するユニット型エアコンディショナー及び電気冷蔵庫の中に含まれるものについては、特定家庭用機器再商品化法又は廃棄物処理法に従って処理されなければならない。このためには、建築物等に係る解体工事等の施工に先立ち、ユニット型エアコンディショナー及び電気冷蔵庫の所有者は、これらを建築物等の内部に残置しないようにする必要があり、過去にこれらを購入した小売業者に引取りを求めることが適当である。また、特定建設資材に係る分別解体等において、これと一体不可分の作業により冷凍空調機器中のフロン類が大気中へ拡散するおそれがある場合は、事前に回収することによりこれを防止する必要がある。

さらに、断熱材に使用されているフロン類については、建築物の解体時におけるフロン類の残存量が不明確であること、経済的な回収・処理技術が未確立であること等の課題がある。このため、これらの課題について技術的・経済的な面からの調査・検討を行い、適正かつ能率的な断熱材の回収、フロン類の回収・処理のための技術開発・施設整備等必要な措置を講ずるよう努める必要がある。

非飛散性アスベストについては、粉砕することによりアスベスト粉じんが飛散するおそれがあるため、解体工事の施工及び非飛散性アスベストの処理においては、粉じん飛散を起こさないような措置を講ずる必要がある。

防腐・防蟻のため木材にＣＣＡ（クロム、銅及びヒ素化合物系木材防腐剤をいう。以下同じ。）を注入した部分（以下「ＣＣＡ処理木材」という。）については、不適正な焼却を行った場合にヒ素を含む有毒ガスが発生するほか、焼却灰に有害物である六価クロム及びヒ素が含まれることとなる。このため、ＣＣＡ処理木材については、それ以外の部分と分離・分別し、それが困難な場合には、ＣＣＡが注入されている可能性がある部分を含めてこれをすべてＣＣＡ処理木材として焼却又は埋立を適正に行う必要がある。

また、この施設の整備等について関係者による取組が行われることが必要である。なお、このＣＣＡ処理木材については、残存するＣＣＡに関する経済的な判別・分離・処理技術が未確立であること等の課題があるため、これらの課題について技術的・経済的な面からの調査・検討を行い、適正かつ能率的なＣＣＡ処理木材の分離・回収、再資源化のための技術開発・施設整備等必要な措置を講じ、ＣＣＡ処理木材の再資源化の推進に努める必要がある。

ＰＣＢを含有する電気機器等についても、これらを建築物等の内部に残置しないようにする必要があるため、建築物等の解体に先立ち、これらは撤去され、廃棄物処理法に従って適切に措置されなければならない。

4　環境への負荷の評価についての考え方

関係者は、特定建設資材の開発、製造、流通、特定建設資材を使用する建築物等の設計、特定建設資材を使用する建設工事の施工、特定建設資材廃棄物の再資源化等、最終処分等の各段階における環境への負荷の評価（ライフ・サイクル・アセスメント）の手法について、調査研究を進めその確立を図るとともに、その手法の活用に努める必要がある。

建設リサイクル推進計画2008の策定及び推進について

（平成20年４月23日
国官総第121号
国総事第18号
国総建第136号）

国土交通事務次官　から　各地方整備局長／北海道開発局長／沖縄総合事務局長／各航空局長／各航空管制部長／各運輸局長　注１）
各関係特殊法人等の長　注２）
各都道府県知事　注３）
各政令指定都市市長／各特定重要・重要港湾管理者　注４）
各関係建設業者団体等の長　注５）
あて

建設発生土及び建設廃棄物対策については、かねてより種々配慮を願っているところであるが、産業全体の資源利用量、排出量に対して建設産業の占める割合が高い一方で、一部の品目を除き、リサイクルが低迷している状況である。

また、最終処分場等の新規立地が困難となっていることから、最終処分場の残余容量もひっ迫してきている。

このような状況から、「資源循環型社会経済システム」を構築するため、建設リサイクルを推進することが極めて重要な課題であり、国土交通省においては別添のとおり「建設リサイクル推進計画2008」を策定し、建設リサイクルをより一層推進することとしたので、(※)

〔編注〕

注１）あてには、※に「貴職におかれては、本計画に基づき、新たな推進計画を策定するなど、建設リサイクルの推進を図られたい。」を追加する。

注２）あてには、※に「貴職におかれては、本計画を了知の上、建設リサイクルの推進を図られたい。」を追加する。

注３）あてには、※に「貴職におかれては、本計画を了知の上、建設リサイクルの推進につき、特段の御協力と御配慮をお願いする。」を追加する。
「なお、貴管下市町村に対しても、この旨を周知徹底するようお願いする。」を追加する。
また、件名の後に「(協力依頼)」を追加する。

注４）あてには、※に「貴職におかれては、本計画を了知の上、建設リサイクルの推進に

つき、特段の御協力と御配慮をお願いする。」を追加する。
また、件名の後に「(協力依頼)」を追加する。

注5)あてには、※に「貴団体におかれては、傘下会員に対し、本計画の周知徹底を図るとともに、建設リサイクルの推進について、格段の配慮をするよう指導願いたい。」を追加する。
また、件名の後に「(協力依頼)」を追加する。

〔別添　次頁〕

建設リサイクル推進計画2008

〔平成20年４月
国土交通省〕

第１　基本的考え方

１．計画策定の背景と目的

⑴　背景

天然資源が極めて少ない我が国が持続可能な発展を続けていくためには、３Ｒ（リデュース、リユース、リサイクル）の取り組みを充実させ、廃棄物などの循環資源が適正・有効に利用・処分される「循環型社会」を構築していくことが必要である。

これまで、再生資源の利用の促進に関する法律（平成３年制定、平成12年に「資源の有効な利用の促進に関する法律」へ改正）の趣旨を踏まえ、建設副産物のうち排出量・最終処分量で大きな割合を占めていたアスファルト・コンクリート塊、コンクリート塊、建設発生土を重点対象品目とし、国はこれらの発生主体及び利用主体である公共工事を主な対象としてリサイクル原則化ルール等の規制的手法を中心とした施策を推進してきた。

また、平成12年には、循環型社会形成推進基本法が公布され、３Ｒ、熱回収、適正処理の優先順位が明確にされるとともに、「建設工事に係る資材の再資源化等に関する法律（通称：建設リサイクル法)」によって、完全施行の平成14年度以降にはコンクリート、木材、アスファルト・コンクリートを対象とする特定建設資材廃棄物の分別解体、再資源化が義務づけられた。

その結果、公共工事以外の民間工事でも特定建設資材廃棄物についてのリサイクルが促進され、建設廃棄物全体の再資源化等率は平成17年度には92％にまで上昇した。

しかし、建設廃棄物の中には依然として再資源化が低い品目が残っているだけでなく、３Ｒの第一に掲げられる発生抑制の取り組みは緒に就いたばかりである。さらに、不法投棄の問題として、不法投棄廃棄物の約７割（平成18年度）を建設廃棄物が占めており、適正処理の更なる推進が求められている。加えて、「建設リサイクル推進計画2002」（以下、「推進計画2002」という。）で新たに示された「リサイクルの質の向上」については、まだ十分な成果が得られるには至っていないことも課題として残されている。

一方、政府における環境政策全体に関する動きとして、「第３次環境基本計画」

(平成18年４月７日閣議決定）及び「21世紀環境立国戦略」(平成19年６月１日閣議決定）が策定され、今後の環境政策における基本的な考え方や方向性が示されている。特に「第３次環境基本計画」では「物質循環の確保と循環型社会の構築のための取組」における中長期的な目標として、

①資源消費の少ない、エネルギー効率の高い社会経済システムづくり
②「もったいない」の考え方に即した循環の取組の広がりと関係主体のパートナーシップによる加速化
③ものづくりの各段階での３Ｒの考え方の内部化
④廃棄物等の適正な循環的利用と処分のためのシステムの高度化

が掲げられた。

また、第２次循環型社会形成推進基本計画（平成20年３月25日閣議決定）では、国の取り組みの基本的方向として、

①地方公共団体はじめ関係主体の連携・協働の促進を図るとともに国全体の循環型社会形成に関する取り組みを総合的に進めること。
②従来からの国の施策の枠を超えて、より広い視野で施策の検討を行い、技術（テクノロジー)、価値観、社会システムといった政策の重要な要素を考慮しながら、規制的手法、経済的手法、自主的手法、情報的手法など、様々な政策手法を整合的に組み合わせて実施していくことの必要性。
③施策の進捗状況や実態を適切に評価・点検するため、物質フローや廃棄物等に関するデータの迅速かつ的確な把握、分析及び公表をいっそう推進すること。

が示されている。

これらの考え方を基本とし、リサイクルの「質」の観点の施策強化につなげていく必要がある。

また、これまでのリサイクル原則化ルールや建設リサイクル法等による規制的な手法だけでは効果が限られてくるため、これらの施策に加えて、関係者に積極的に働きかけ、国民の理解と参画のもと、市場メカニズムに基づく民間主体の創造的な取り組みを推進力とした新たな３Ｒ推進手法の構築を目指す必要がある。

⑵　計画の目的

以上のような状況を鑑みて、国土交通省における建設リサイクルの推進に向けた基本的考え方、目標、具体的施策を内容とする「建設リサイクル推進計画2008」を策定した。

本計画は、循環型社会の構築に当たっての建設産業の責務が非常に重いとの認識のもと、建設産業が先導的に３Ｒを推進するための行動計画として策定したも

のである。

２．計画の実施主体と対象

本計画は、国、地方公共団体及び民間が行う建設工事全体を対象としている。すなわち、本計画は、国土交通省直轄工事や所管独立行政法人等工事はもとより国土交通省所管の補助事業も含めた全ての国土交通省所管公共工事を直接の対象としているが、他省庁や民間などが行う建設工事においても、建設副産物リサイクル広報推進会議及び各地方建設副産物対策連絡協議会の活動等を通じて、本計画が反映されることを期待している。

なお、建設リサイクルの状況は地域によって異なるため、本計画を踏まえて、各地方建設副産物対策連絡協議会において各地方ごとの計画を可及的速やかに策定することとする。

３．計画の基本的考え方

⑴　関係者の意識の向上と連携強化

全産業廃棄物に占める建設廃棄物の割合は、排出量で約２割、不法投棄量で約７割を占めている。特に不法投棄については、循環型社会の構築を阻害しているだけでなく自然環境や生活環境の悪化を招き、自らが不法行為をしていなくても結果的に関与もしくは助長している者も含め、本来支払うべきコスト以上の負担を社会に転嫁している。まさに建設事業の大きな汚点として、環境部局等の規制、取締りを待つだけでなく、関係者が自らの問題として直視し根絶に向けた努力をすべき問題である。

こうした不法投棄の根絶や３Ｒの推進のためには、行政（建設部局、環境部局）はもとより、一般市民を含む発注者、設計者、下請け業者を含む施工者、廃棄物処理業者、資材製造者等、建設事業及び付随する物質循環に関わる全ての関係者が、循環型社会形成に向け高い意識を持ち、関係法令を遵守することのみならず、各々連携し、積極的にそれぞれの責務を果たしていくことが求められる。

⑵　持続可能な社会を実現するための他の環境政策との統合的展開

循環型社会の構築及び自然環境保全のため、新たに採取する天然資源と自然界へ排出されるものを最小化し、資源の循環的な利用が確保されることが重要である。このため建設分野においても、まず、資源投入量と最終処分量の最小化により一層努めていくべきであり、建築物や構造物の長寿命化などによる発生抑制の取り組みや他産業に由来するものも含めた再生資材の利用を推進するものとする。また、資源の有限性に鑑み、建設副産物の再資源化にあたっては、その潜在的な資源価値を最大限引き出すなど、リサイクルの質の向上に努めていく必要がある。

一方、国民の安全・安心意識の高まりを踏まえて、建設副産物に含まれる有害物質の適正処理の徹底や、再資源化により得られた物を利用する際の環境安全性を担保することにより、生活環境の保全を図るものとする。

さらに、温室効果ガス排出量の削減を図るため、リサイクルに伴う温室効果ガスの排出に十分留意するとともに、重量又は体積あたりの付加価値が低く長距離輸送になじまないという建設副産物の特性を考慮し、地域で循環可能な建設副産物はなるべく地域で循環させる、建設リサイクルに係る物流の効率化を進めるなど、地球温暖化対策へ十分配意する必要がある。そのためには、地域の中で建設副産物の需要者と供給者のネットワークを形成し、様々な主体間のコミュニケーションを促進することで持続可能な地域社会を実現することが重要である。

⑶　民間主体の創造的取り組みを軸とした建設リサイクル市場の育成と技術開発の推進

建設リサイクル市場は、国民や社会が企業（設計者・施工者・廃棄物処理業者等）努力に対して正当な評価を与える機会が少なく、いわゆる悪貨が良貨を駆逐するおそれも指摘されている。質の高いリサイクルを実施していくためには、コンプライアンス経営のもとで高い技術力を発揮できる企業の育成が重要であり、透明性の高い健全な市場の整備が不可欠である。

近年、企業の社会的責任（ＣＳＲ）に対する関心が高まりつつある中、環境への取組状況から企業を選定するエコ・ファンドが設立されるなど、環境保全への貢献を応援する金融機関や投資家が増えつつある。このような循環型社会ビジネスの発展を促すため、民間主体の創造的な取り組みの効果を「視える化」し、民間の取り組みが活かされやすい環境を構築する必要がある。

また、質の高い建設リサイクルを推進するためには、民間主体の技術開発が重要であり、これを適切に評価し利活用される仕組みを構築することで、民間の技術開発意欲を高める必要がある。なお、資材製造者は、自ら生産する資材について、現場分別や再資源化過程で考慮すべきノウハウを施工者や再資源化業者等とともに活用すること、再資源化業者は質の高い再生資材を開発し、再生資材の利用用途拡大に努めることが必要である。

さらに、こうした取り組みをはじめ、適正処理や建設リサイクルを推進するためには各分野（構造、物性、施工、解体、廃棄物処理・再生など）の技術や制度に精通した専門家が適切に関与することが重要である。特に発注者や投資家は専門知識を有していない場合が多いので、公正な評価が行えるよう、関係する企業や行政、ＮＰＯ／ＮＧＯなどの専門家が各々の立場から適切な助言や情報提供などを行うことが求められる。

4．計画期間と目標

⑴　計画期間

本計画の計画期間は、平成20年度から平成24年度までの５カ年とする。

⑵　目標指標と目標値設定の基本的考え方

本計画においては、循環型社会の構築の観点から、建設廃棄物の再資源化率（排出量に対する再資源化及び再使用された量の比率）、再資源化・縮減率（排出量に対する再資源化、縮減及び再使用された量の比率。以下、「再資源化等率」という。）及び建設発生土の有効利用率（土砂利用量に対する建設発生土利用量の比率）を目標指標とした。

ここで、目標値を設定する建設廃棄物としては、コンクリート塊、アスファルト・コンクリート塊、建設発生木材、建設汚泥、建設混合廃棄物とする。

⑶　目標年度

本計画の目標年度は平成24年度とする。ただし、第２次循環型社会形成推進基本計画で設定している目標年（平成27年）との整合を図り、より進んだ建設リサイクルへの取り組みを促すため、中期的に目指すべき目標として平成27年度の目標値を定める。また、社会的情勢を踏まえつつ本計画のフォローアップ、見直しを計画的に実施していくため、平成22年度に中間目標値を定める。

⑷　目標値

①建設廃棄物の再資源率、再資源化等率

《アスファルト・コンクリート塊、コンクリート塊》

・現時点で98％以上の再資源化率を達成しているアスファルト・コンクリート塊、コンクリート塊については、今後とも高い再資源化率の維持を目指すこととした。

《建設発生木材》

・建設発生木材については、建設リサイクル法の特定建設資材廃棄物が含まれる（伐木・除根材を除く。）ことから、同法第３条に基づき国が定めた「特定建設資材に係る分別解体等及び特定建設資材廃棄物の再資源化等の促進等に関する基本方針」（平成13年１月17日、農林水産省・経済産業省・国土交通省・環境省告示第１号。以下、「建設リサイクル法基本方針」という。）における再資源化等に関する目標値を当面の目標とし、その中で再資源化率の向上を図ることとして設定した。

《建設汚泥》

・建設汚泥については、再生利用用途が競合する建設発生土とあわせて総合的な利用の促進を図るとして設定した。

《建設混合廃棄物》

・建設混合廃棄物については、建設リサイクル法等による分別解体等の徹底の効果として排出量の削減が期待されること、再資源化・縮減が困難な廃棄物であること等を勘案して、目標指標としては排出量の削減率とする。

②建設発生土の有効利用率、再利用率

・建設発生土の有効利用率については、「推進計画2002」及び「建設発生土等の有効利用に関する行動計画」(以下、「発生土行動計画」という。)では評価対象外としていた「盛土等で利用する土砂について全て自工事内で発生する土砂を用いる工事（＝現場外からの土砂の搬入を一切行っていない工事：現場内完結利用工事)」を含めて評価することとし目標値を設定した。これは、従来は、「そもそも一つの工事の中で発生量と利用量のバランスを図ることは、工事担当者として当然すべき行為」として評価しなかったが、「発生量と利用量のバランスを図ることによって現場外からの土砂搬入量をゼロにすることは、むしろ積極的に評価すべき取り組みである」との考えによる。

・また、建設発生土については、搬出土砂が供給過多状態にあることから、他の工事現場に搬出されて利用されるもの以外の有効利用についても評価すべく、建設発生土の再利用率（建設廃棄物における再資源化率に相当する指標）に関する目標値を設定することを視野に入れて、建設発生土の搬出状況について実態把握を行うこととする。

本計画の目標

対象品目		平成17年度（実績）	平成22年度（中間目標）	平成24年度目標	平成27年度目標
a）アスファルト・コンクリート塊	再資源化率	98.6%	98%以上	98%以上	98%以上
b）コンクリート塊		98.1%	98%以上	98%以上	98%以上
c）建設発生木材		68.2%	75%	77%	80%
d）建設発生木材	再資源化・縮減率	90.7%	95%	95%以上	95%以上
e）建設汚泥		74.5%	80%	82%	85%
f）建設混合廃棄物	排出量	292.8万 t	220万 t (H17比-25%)	205万 t (H17比-30%)	175万 t (H17比-40%)
g）建設廃棄物全体	再資源化・縮減率	92.2%	93%	94%	94%以上

h）建設発生土	有効利用率	80.1%	85%	87%	90%

注：各品目の目標値の定義は次のとおり
＜再資源化率＞
・アスファルト・コンクリート塊、コンクリート塊；（再使用量＋再生利用量）／排出量
・建設発生木材；（再使用量＋再生利用量＋熱回収量）／排出量
＜再資源化・縮減率＞
・建設発生木材；（再使用量＋再生利用量＋熱回収量＋焼却による減量化量）／排出量
・建設汚泥；（再使用量＋再生利用量＋脱水等の減量化量）／排出量
＜有効利用率＞
・建設発生土；（土砂利用量のうち土質改良を含む建設発生土利用量）／土砂利用量
ただし、利用量には現場内完結利用を含む現場内利用量を含む。

なお、これらの目標については、建設副産物の実態等に関する調査（以下、「建設副産物実態調査」という。）の結果に基づく目標の達成状況及び社会経済情勢の変化等を踏まえて必要な見直しを適宜行うものとする。

5．計画のフォローアップ

⑴　実施方法

本計画に示した各種施策の実施状況は、国土交通省内に設置されている「建設廃棄物等対策推進会議」（議長：国土交通省技監）においてフォローアップを行う。

また、国土交通省において建設副産物実態調査を適宜実施し、本計画における数値目標の達成状況を評価する。

⑵　計画の見直し

本計画は、フォローアップの結果や社会経済情勢の変化等を踏まえ、必要に応じて見直しを行うものとする。

なお、本計画のフォローアップを行うことにより建設リサイクル法の施行状況、建設リサイクル法基本方針における特定建設資材廃棄物の再資源化・縮減の目標達成状況等を確認し、必要な措置を講じるものとする。

第２　具体的施策の概要

計画策定の背景と目的に示したように、循環型社会の構築に際し建設産業が先導的にリサイクルを推進する必要があることから、資源有効利用促進法、建設リサイクル法及び「廃棄物の処理及び清掃に関する法律」（昭和45年法律第137号、以下「廃棄物処理法」という。）に基づき建設リサイクルを強力に推進することとしている。

具体的施策については、「建設リサイクル推進に関する方策（平成20年３月：社会

資本整備審議会環境部会建設リサイクル施策検討小委員会、交通政策審議会交通体系分科会環境部会建設リサイクル推進施策検討小委員会)」を踏まえて、国民の理解と参画のもと、市場メカニズムに基づく民間主体の創造的取り組みを推進力とする新たな３Ｒの構築が期待される施策として、「１．建設リサイクル推進を支える横断的取り組み」と「２．建設リサイクル推進にあたっての個別課題に対する取り組み」に区分してとりまとめた。

１．建設リサイクル推進を支える横断的取り組み

(1)　情報管理と物流管理

［主要課題］

建設副産物を再資源化することが技術的には可能であっても、その引取相手（製品の最終需要、製品化施設、再資源化施設）が無ければ結局は廃棄物となってしまう。また、再資源化されたものがその後実際にどのような形で利用されているのか、あるいは不適正な処理がなされているのか等、十分に実態が把握されていない。

一方、建設資材には様々な原材料が含まれており、それは資材製造者によっても異なる場合がある。再資源化に際しては、原材料の性状に応じたリサイクル技術を用いる必要がある。

これらの課題の解決のため、以下の施策を実施する。

［主な取り組み］

「建設リサイクル推進に係る方策」における記述	主な取り組み
①国は、建設副産物の発生から再資源化・適正処理及び製品化までの一連の流れについて建設副産物の物流を「視える化」し再資源化の適正性を把握するための情報追跡・管理方策（サプライチェーン・マネジメント）について検討すべき。	・電子マニフェスト等を活用した建設副産物物流の「視える化」の検討
②国は、効率よく、適正に、質の高い建設リサイクルが推進されるよう、新築・新設から改修等を経て解体されるまで、建築物や構造物の履歴情報（設計情報、材料、資材製造者名等）が蓄積され、活用できる仕組みを検討すべき。	・住宅履歴情報の整備

(2)　関係者の連携強化

[主要課題]

建設工事については、発注者、資材製造者、設計者、施工者、廃棄物処理業者など関係者が非常に多岐にわたっており、さらに、建設リサイクルの取り組みは、他産業との間でも再資源化物のやりとりがなされている。しかしながら、これまでこれらの関係者の間で意思の疎通や情報交換が必ずしも十分に行われてこなかった。例えば、新築・新設の設計の際や改修工事等の際に解体時の分別解体のしやすさに対する配慮が十分でなかったり、資材特性や分別方法等資材製造者の有する専門知識が、資材の再資源化過程で十分に活用されず、建設リサイクルの推進が円滑に進まない等がその例である。

これらの課題の解決のため、以下の施策を実施する。

[主な取り組み]

「建設リサイクル推進に係る方策」における記述	主な取り組み
①国は関係者とともに、設計段階で、ライフサイクルコストに留意しつつ、長寿命化や解体時の分別解体のしやすさ、再資源化のしやすさを考慮した構造や資材の採用を促すための方策について検討すべき。	・長寿命化や解体時の分別解体のしやすさ、再資源化のしやすさを考慮した構造や資材の採用を促すための基準類等の策定及び直轄事業への適用
②国は、資材製造者が現場分別や再資源化過程で考慮すべきノウハウを施工者や再資源化業者等とともに活用できるよう、関係者に働きかけるべき。	・資材製造者を交えた意見交換会の実施
③国は、資材製造者に対して、広域認定制度等の活用により拡大生産者責任の概念を踏まえ、より一層の建設副産物の再生利用促進を要請すべき。	・資材製造者を交えた意見交換会の実施（再掲）
④関係者は、建設リサイクルを円滑に進めるため連携を強化し、制度等の周知や意見交換を密に行うべき。	・建設副産物リサイクル広報推進会議の開催 ・各地方建設副産物対策連絡協議会の開催 ・建設リサイクル各種施策における関係者との連携の推進
※直接の記述はないが、推進計画2002、発生土行動計画から継続する取り組み。	・建設発生土情報交換システム・建設副産物情報交換システムの積極的な導入・活用 ・公共事業におけるリサイクル原則化ルールの徹底

⑶ 理解と参画の推進

［主要課題］

建設リサイクルの取り組みは、社会資本整備を通じて国民生活を支える一方で、不適切な取り組みは生活環境等に深刻な影響を与えることになる。このため、建設リサイクルの推進にあたっては、取り組み状況の把握に努めるとともに、広く国民の理解と参画を求めることが重要である。

特に、適切な分別解体等、再資源化及び適正処理を実施するためには、応分の費用負担が必要となる。これらについては必ずしも生産的な内容でなく、一般市民を含む関係者の中には、なるべくコストをかけたくないとの考えから、処理内容等にこだわらないとする風潮が一部に認められる。

また、建設現場で実際に作業を行う者は、建設リサイクルについて教育を受ける機会が必ずしも十分に与えられていない場合もある。

これらの課題の解決のため、以下の施策を実施する。

［主な取り組み］

「建設リサイクル推進に係る方策」における記述	主な取り組み
①国は、関係者の協力を得ながら、適宜、建設副産物実態調査を実施し、リサイクル率等建設リサイクルへの取組状況の成果を公表すべき。	・建設副産物実態調査の実施による実態の把握
②関係者は、再生資材利用箇所等への標識設置等により、建設リサイクルへの取組状況について広くＰＲを実施すべき。	・標識設置等による建設リサイクルへの取組状況のＰＲ
③行政は、優れた建設リサイクルの取り組みを実施している事業者に対する表彰制度を充実すべき。	・３Ｒ推進功労者等表彰、３Ｒモデル工事等の充実
④関係者は、建設リサイクルに関する広報活動を継続的に実施すべき。	・建設リサイクルに関する広報活動の継続的実施
⑤関係者は、分別解体、再資源化及び適正処理に必要な費用を適正に確保するため、建設工事の契約時に分別解体、再資源化及び適正処理等の内容及び費用の内訳を明示する等の措置を講ずべき。	・契約時における分別解体、再資源化、適正処理等の内容及び費用の内訳の明示
⑥行政は、一般市民を含めた全ての関係者が、再資源化や適正処理に必要な費用に対	・適正な費用負担に関する情報提供、啓発

する理解を深め、適正に費用負担するよう情報提供や啓発を行うべき。	
⑦関係者は、建設リサイクルに関する講習会や研修を継続的に実施すべき。	・建設リサイクルに関する講習会や研修の実施

(4) 建設リサイクル市場の育成

［主要課題］

リサイクル市場においては、いわゆる「悪貨が良貨を駆逐する」おそれがあることも指摘されており、建設リサイクル市場に参加する企業はコンプライアンスを徹底し、まず企業自身が、自らの企業活動の透明性を高める努力が必要である。また、これらの企業と契約を結ぼうとする主体が、コスト情報に加えて、企業の優良性に関する情報を合わせて検討することができるような環境を整えることが重要であり、その役割が行政やNPO／NGO等に求められている。

一方、リサイクル市場を構築するためには、建設副産物の発生量に見合った需要（最終需要、処理能力）が確保される必要があり、特に運搬や保管に制約がある建設副産物については、需給動向に注意が必要である。実際に再生材の供給が追いつかない地域では新材を大量に含んだものがリサイクル品として安い価格で取り扱われており、資材製造者等にしわ寄せが生じている場合がある。

これらの課題の解決のため、以下の施策を実施する。

［主な取り組み］

「建設リサイクル推進に係る方策」における記述	主な取り組み
①国は、エコアクション21等既存の制度を活用し、中小建設業のコンプライアンス体制の確立を促すべき。	・エコアクション21の活用等による、コンプライアンス体制の確立の検討
②国は、質の高い建設リサイクルを推進している企業（発注者、施工者、処理業者）について、情報を収集し、それらの企業が公正かつ客観的に評価され、それらの情報を発信するための仕組みについて検討すべき。	・質の高い建設リサイクルを推進している企業の情報収集、評価、情報発信の仕組みの検討
③公共工事の発注者は、総合評価落札方式や、ＶＥ方式等の入札契約方式を活用し、建設リサイクルの観点から設計の合理化や工法の改善を促進すべき。	・総合評価落札方式や設計施工一括発注方式等の入札契約方式の活用

④国は、地域で循環可能な建設副産物については地域内での循環を基本とするため、地域での需給バランスの均衡に資する情報収集・情報発信のあり方について検討すべき。	・地域内循環の基本として、地域での需給バランス均衡に関する情報収集・情報発信のあり方の検討
※直接の記述はないが、推進計画2002、発生土行動計画から継続する取り組み。	・建設廃棄物再生処理施設に関する税制優遇措置の継続

(5) 技術開発等の推進

［主要課題］

建設リサイクルの推進において、リサイクルの質を向上させるための技術がより一層重要となってきている。例えば再資源化にあたって、CO_2の排出を抑制するなど地球温暖化対策との調和を図るための技術は積極的に開発すべきである。また、建設副産物が有する潜在的な資源価値を低コストで最大限再生利用するための技術開発や、それを誘導するための需要の拡大についても積極的に促進すべきである。

これらの課題の解決のため、以下の施策を実施する。

［主な取り組み］

「建設リサイクル推進に係る方策」における記述	主な取り組み
①国は、建設リサイクルの取り組みにおいて、CO_2排出量の削減効果やその他の環境負荷低減効果について簡便に算定するための手法について検討すべき。	・建設リサイクルの取り組みにおけるCO_2排出量の削減効果、環境負荷低減効果の算定手法の検討
②国は、建設副産物の潜在的な資源価値に着目しながら建設副産物のカスケード利用（資源をその質のレベルに応じて多段的に利用し、最大限の利用を図ること）について検討すべき。	・アスファルト・コンクリート塊、建設発生木材に関する再資源化のあり方に関する検討
③再資源化業者等の民間企業は、建設副産物の建設産業以外の需要拡大について積極的に取り組むべき。	・建設副産物の建設産業以外への用途拡大、意見交換
④国は、建設リサイクルに関する民間企業の優れた技術開発を促すため、開発された技術による効果が客観的に評価され、技術が広く活用されるための仕組みについて既存	・NETISの活用による民間企業の技術開発の促進と開発された技術が広く活用されるための仕組みの検討 ・３R推進功労者等表彰、３Rモデル工事

の制度の活用も含めて検討すべき。	等の充実（再掲）
※直接の記述はないが、推進計画2002、発生土行動計画から継続する取り組み。	・試験研究に対する税制優遇措置の継続

2．建設リサイクル推進にあたっての個別課題に対する取り組み

(1) 発生抑制について

［主要課題］

これまでの建設リサイクルの取り組みは、発生した建設副産物の再資源化等率の向上に軸足を置いた施策が中心であった。しかし、高度成長期に急ピッチに整備された社会資本が更新期を迎え、住宅や建築物についても建替時期を迎えているものもある。また一方で、新築・新設の設計の際に、施工時や将来の修繕又は解体時における廃棄物発生に対する配慮が必ずしも十分でない場合もある。このような状況を踏まえ、今後は「発生抑制」という上流段階での取り組みについて、より一層強化していく必要がある。

これらの課題の解決のため、以下の施策を実施する。

［主な取り組み］

「建設リサイクル推進に係る方策」における記述	主な取り組み
①国は、予防保全の実施等による構造物の延命化等、戦略的維持管理手法を確立すべき。	・予防保全の実施等による構造物の延命化等、戦略的維持管理の実施
②国は、住宅の長寿命化（200年住宅）を推進するため、総合的な施策を講じ、超長期住宅の普及を図るべき。	・住宅の寿命を延ばす「200年住宅」への取り組みの推進
③国は、官庁施設について、既存建築物の物理的劣化の回復のみならず社会的な機能劣化にも対処し、民間に率先して既存ストックの有効活用を図るべき。	・官庁施設について、適切な維持保全を図ると共に、既存建築物の構造躯体などを再利用することで廃棄物の発生抑制等を促進するリノベーション事業を実施
④国は、廃棄物の発生抑制に効果的に取り組むため、設計段階で評価可能な発生抑制に関する指標について検討すべき。	・設計段階で評価可能な発生抑制に関する指標の検討
⑤行政は、建築物や構造物の安易なスクラップ＆ビルドを抑制するため、既存ストックを有効活用したまちづくりや、社会環境の変化を見越したまちづくりについて啓発すべき。	・既存ストックを有効活用したまちづくり、社会環境変化を見越したまちづくりについての啓発

(2) 現場分別について

［主要課題］

分別解体や現場分別については、意識の低さから取り組みが十分でない場合や、非飛散性アスベスト含有建材やCCA（クロム、銅及びヒ素化合物系木材防腐剤）処理木材等他の建設副産物の再資源化に支障をきたす建設資材の現場分別が徹底されていない場合がある。

また、都市部の新築・増改築工事などでは分別スペースが十分に確保できない場合があるといった物理的な課題がある一方で、現場分別を徹底すればするほど廃棄物が小口化・多品目化され、廃棄物の収集・運搬が非効率になるという課題がある。

さらに、施工者と再資源化業者の間で情報共有する仕組みが整っていないことから、施工者の現場分別の結果が再資源化業者の受入基準に合わず、現場分別したものであっても最終処分されてしまう場合がある。あるいは、分別を建設現場で徹底するよりも、中間処理業者による分別の方が効率的な場合もある。

これらの課題の解決のため、以下の施策を実施する。

［主な取り組み］

「建設リサイクル推進に係る方策」における記述	主な取り組み
①国は、解体工事現場での作業内容の透明性を確保し、施工の適正化を促進するための方策について検討すべき。	・解体工事現場での作業内容の透明性の確保、施工の適正化を促進するための方策の検討
②国は、現場作業員向けのわかりやすい現場分別マニュアルを策定し、施工者は、現場作業員の教育を強化することで、現場分別の実効性を向上させるべき。	・現場分別マニュアルの策定、現場作業員の教育の強化
③国は関係者とともに、小口化・多品目化された建設副産物を巡回し共同搬送を行う小口巡回共同回収システムについて検討すべき。	・小口巡回共同回収システムの検討
④国は、現場条件に応じた現場分別基準を施工者、中間処理業者の協力を得ながら策定すべき。	・現場条件に応じた現場分別基準の策定
※直接の記述はないが、推進計画2002、発生土行動計画から継続する取り組み。	・解体業界への分別解体技術の普及・教育、指導の推進 ・適正な分別解体の実施を確保するための

	現場巡回等の充実

⑶ 再資源化・縮減について

○アスファルト・コンクリート塊、コンクリート塊

［主要課題］

コンクリート塊については、再資源化後の主たる利用用途である再生砕石の需給バランスが将来崩れる可能性がある。また、アスファルト塊については、今後、再リサイクルする際に技術的課題がある舗装発生材が増えてくる。

これらの課題の解決のため、以下の施策を実施する。

［主な取り組み］

「建設リサイクル推進に係る方策」における記述	主な取り組み
①国は関係者とともに、再生骨材を用いたコンクリートの普及に向けて、品質管理等の課題について検討すべき。	・再生骨材を用いたコンクリートの品質管理等の課題の検討
②国は、再生骨材を用いたコンクリートの使用について、公共工事での活用における課題について検討すべき。	・再生骨材を用いたコンクリートの使用の課題の検討 ・建設副産物実態調査の実施による実態の把握（再掲）
③国は、排水性舗装の再生利用や、繰り返し再生された劣化アスファルトの再生利用に関する研究を行うべき。	・排水性舗装の再生利用、劣化アスファルトの再生利用に関する研究

○建設発生木材

［主要課題］

建設発生木材は、分別解体時の品質管理によってはマテリアルリサイクルが困難になるなど、再資源化業者の受入基準と合わず、結果的に縮減される場合がある。一方で、バイオマス・エネルギー需要の高まりから、マテリアルリサイクル可能な木材チップがサーマルリサイクルされる場合がある。

これらの課題の解決のため、以下の施策を実施する。

［主な取り組み］

「建設リサイクル推進に係る方策」における記述	主な取り組み
①国は、再資源化を円滑に進めるため、関係者の協力を得ながら利用用途に応じた木材チップの品質基準や建設発生木材の分別基	・木材チップの品質基準、建設発生木材の分別基準

準を策定すべき。	
②国は、マテリアルリサイクル可能な木材チップについては、なるべくマテリアルリサイクルされるよう、関係者に対して啓発すべき。	・木材チップについてマテリアルリサイクルが優先されるよう啓発
③国は関係者とともに、CCA（クロム、銅及びヒ素化合物系木材防腐剤）処理木材のサーマルリサイクルについて検討すべき。	・CCA 処理木材のサーマルリサイクルの検討

○建設汚泥

［主要課題］

建設汚泥処理土は建設発生土と利用用途が競合するうえ、客観的性状が同様であるにも関わらず法的位置づけが異なり、再生利用が進んでいない。また、民間工事由来の建設汚泥処理土については、環境安全性等の品質を担保する仕組みがなく、公共工事での有効利用が図られていない。

一方、建設汚泥再生品（一般市販品）については品質基準がないこと等から、建設汚泥の再生利用が必ずしも十分に進んでいない。

これらの課題の解決のため、以下の施策を実施する。

［主な取り組み］

「建設リサイクル推進に係る方策」における記述	主な取り組み
①国は、建設汚泥再生品の品質基準について検討すべき。	・建設汚泥再生品の品質基準の検討
②国は、民間工事由来の建設汚泥処理土の活用にあたって課題を整理し、工事間利用に関するルールについて検討すべき。	・民間工事由来の建設汚泥処理土の活用にあたっての課題整理、工事間利用に関するルールの検討
③行政は、建設汚泥処理土の有効利用方策の検討・推進にあたっては、利用用途が競合関係にある建設発生土の有効利用方策の検討・推進と総合的に取り組むべき。	・建設汚泥処理土と建設発生土の総合的な有効利用
※直接の記述はないが、推進計画2002、発生土行動計画から継続する取り組み。	・公共工事におけるグリーン調達方針に基づく建設汚泥を再生した処理土の調達推進 ・建設汚泥の再生利用認定制度等の活用

○その他の建設廃棄物、建設混合廃棄物

[主要課題]

解体系の廃石膏ボードについてはリサイクル体制や技術等が確立されていない上に、最終処分する場合には、コストのかかる管理型処分場での処理が義務づけられている。

分別解体等の結果残される建設混合廃棄物は、中間処理業者でどのように分別され、再資源化施設あるいは最終処分場へ搬出されているか、統計的に整理されていない。したがって、廃石膏ボードや廃塩化ビニル管、ガラスくず等の建設廃棄物については、再資源化の実態がマクロ的に分析できていない。

これらの課題の解決のため、以下の施策を実施する。

[主な取り組み]

「建設リサイクル推進に係る方策」における記述	主な取り組み
①国は、廃石膏ボードの現場分別を徹底し再生利用の促進を図るため、関係者の協力を得ながら廃石膏ボードリサイクルを推進するための仕組みについて検討すべき。	・廃石膏ボードのリサイクルの推進
②国は、中間処理業者へ搬出された建設混合廃棄物の最終的な分別・再資源化状況や最終処分の状況について実態を統計的に整理し、分析すべき。	・建設副産物実態調査の実施による実態の把握（再掲） ・建設混合廃棄物の分別・再資源化状況、最終処分の状況の実態の把握
※直接の記述はないが、推進計画2002、発生土行動計画から継続する取り組み。	・建設混合廃棄物選別装置への税制優遇措置の継続

○建設発生土

[主要課題]

建設発生土の需給バランスは改善傾向にあるが、依然として建設発生土搬出量は土砂利用量の2倍程度あり、供給過多の状態にある。一方で、これまで建設発生土の工事間利用を進めてきているが、工事間で工期や土質条件が合わないなどの理由から、搬入土砂利用量の4割弱を新材に頼っている。

また、民間工事由来の建設発生土を公共工事で有効利用することについては、調整にあたっての時間的ゆとりが十分でない中で、調整先選定にあたっての公平性の確保、環境安全性等の品質に対する信頼性の確保を図る必要がある。

さらに、自然由来の重金属等を含む土砂は、条件によっては環境汚染につながる可能性があるため、利用又は処分にあたっては有害物質の拡散を防止しつつ、合理的に対策を講じることが求められる。

これらの課題の解決のため、以下の施策を実施する。

[主な取り組み]

「建設リサイクル推進に係る方策」における記述	主な取り組み
①国は、中期的な建設発生土の需給動向を地域レベルで把握し、それを適時設計に織り込んで需給バランスの改善を図るための仕組みについて検討すべき。	・建設発生土の需給動向の把握、需給バランスの改善方策の検討
②国は、民間工事を含めた建設発生土の工事間利用にあたって課題を整理し、そのルールについて検討すべき。	・民間工事を含めた建設発生土の工事間利用の課題の整理、ルールの策定
③国は、建設発生土を有効活用した砂利採取跡地等の自然修復を図るための仕組みについて検討すべき。	・建設発生土を有効活用した砂利採取跡地等の自然修復を図るための仕組みの検討
④行政は、埋戻土として建設発生土の利用が排除されている基準類の点検・見直しを行うべき。	・建設発生土の利用が排除されている基準類の点検・見直し
⑤公共工事の発注者は、新材の代替材として民間の改良土を活用できないか検討すべき。	・民間の改良土の活用の検討
⑥公共工事の発注者は、民間の土質改良プラントについて、ストックヤード機能として活用できないか検討すべき。	・民間の土質改良プラントのストックヤード機能としての活用の検討
⑦公共工事の発注者は、数年後に工事発注予定の事業箇所について、ストックヤードとして活用できないか検討すべき。	・工事発注予定の事業箇所のストックヤードとしての活用の検討
⑧国は、自然由来の重金属等を含む土砂等の取り扱いについて、土壌汚染対策法の適用対象外ではあるが、同法に基づく技術的基準に留意しつつ、現場で迅速・的確に判断するための評価手法について検討すべき。	・自然由来の重金属等を含む土砂等の取り扱いの検討
※直接の記述はないが、推進計画2002、発生土行動計画から継続する取り組み。	・港湾工事で発生する浚渫土砂の再資源化の促進 ・公共工事土量調査の実施

(4) 適正処理について

[主要課題]

不法投棄をはじめとする建設廃棄物の不適正処理を防ぐためには、建設廃棄物物流の「視える化」を進める必要がある。

これらの課題の解決のため、以下の施策を実施する。

[主な取り組み]

「建設リサイクル推進に係る方策」における記述	主な取り組み
①公共工事の発注者は、民間工事に率先して電子マニフェストの利用を段階的に原則化していくなど、電子マニフェストの普及に努めるべき。	・公共工事における電子マニフェストの段階的な原則化の検討
※直接の記述はないが、推進計画2002、発生土行動計画から継続する取り組み。	・他省庁と連携した建設業者の指導・監督体制の強化 ・不適正処理の監視システムの構築

⑸ 再使用・再生資材利用について

[主要課題]

産業廃棄物を原材料とする再生資材の利用促進にあたっては、環境安全性等の品質に対する信頼性の確保や、廃棄時の再リサイクル性についての確認が重要である。仮に、再生資材が新材に比べて品質が劣っていても、利用用途に応じて活用が可能であれば、適材適所で利用を促進すべきである。

また、再生資材であっても、再生資源が数％しか含有されていないものと100％近いものとを同列に扱っているなど、再生資材の定義があいまいである。

さらに、これまで建設資材等の再使用の概念が希薄であったため、建設資材等の再使用の可能性についても実態が把握されていない。

これらの課題の解決のため、以下の施策を実施する。

[主な取り組み]

「建設リサイクル推進に係る方策」における記述	主な取り組み
①国は、溶融スラグ等、他産業再生資材の舗装への適用性評価に関する研究を行うべき。	・他産業再生資材の舗装への適用性評価に関する研究の実施
②国は、再生資材の利用用途に応じた品質基準とその確認手法について検討すべき。	・再生資材の利用用途に応じた品質基準とその確認手法の検討

③国は、再生資源の含有率等に基づいた再生資材の分類や、再生資源の有効利用率に関する指標について検討すべき。	・再生資材の分類や有効利用率の指標の検討
④国は、建設資材等の再使用の実績や品質基準について検討し、可能な限り建設資材等の再使用を促進すべき。	・建設資材等の再使用の実績や品質基準の検討
※直接の記述はないが、推進計画2002、発生土行動計画から継続する取り組み。	・グリーン購入法の運用の徹底及び調達品目の追加、数値目標の設定

建設副産物適正処理推進要綱の改正について

（平成14年5月30日
国官総第122号
国総事第21号
国総建第137号）

国土交通事務次官　から

各地方整備局長
北海道開発局長
沖縄総合事務局長
各航空局長
各航空管制部長
各運輸局長等　注1）
各関係省庁事務次官
各関係特殊法人等の長
各特定重要・重要港湾管理者　注2）
各都道府県知事
各政令指定都市市長　注3）
各旅客鉄道株式会社の長等　注4）
各関係建設業団体等の長　注5）

あて

標記要綱は、建設工事の副産物である建設発生土及び建設廃棄物を発注者及び施工者が適正に処理するために必要な基準を示し、もって建設工事の円滑な施工の確保及び生活環境の保全を図るため、平成5年1月に策定し、その後平成9年の廃棄物処理法の改正等を踏まえて平成10年12月に全面改定したところである。

今般、「循環型社会形成推進基本法」（平成12年法律第110号）の制定、「建設工事に係る資材の再資源化等に関する法律」（平成12年法律第104号）（建設リサイクル法）の制定、「廃棄物の処理及び清掃に関する法律」（昭和45年法律第137号）の改正、「資源の有効な利用の促進に関する法律」（平成3年法律第48号）の改正、「国等による環境物品等の調達の推進等に関する法律」（平成12年法律第100号）の制定等を踏まえ、より一層の建設副産物対策が実施されるよう同要綱を改正した。

貴職におかれては、今後も引き続き、建設工事の発注に当たって仕様書に本要綱の遵守を明記する等建設副産物対策に遺漏のないよう（※）

〔編注〕

注1）あてには、※に「措置されたい。」を追加する。

注2）あてには、※に「措置されたく御協力を願いたい。」を追加する。

注3）あてには、※に「措置されたく御協力を願いたい。」を追加する。

「また、この旨貴管下市区町村に対し、周知徹底方併せてお願いする。」を追加する。

注4）あてには、「貴職におかれては」を「貴社におかれては」に差し替える。

※に「措置されたく御協力をお願いする。」を追加する。

「なお、貴支社等に対し、本要綱の周知徹底を図るよう併せてお願いする。」を追加する。

注5）あてには、「貴職におかれては…」以下の文章を、
「貴団体におかれては、今後も引き続き、傘下会員に対してこれを周知徹底するとともに、建設工事に従事している者全員に対し、本要綱を遵守させるよう指導方お願いする。」の文章に差し替える。

建設副産物適正処理推進要綱

平成14年５月30日　改正

第１章　総則

第１　目的

この要綱は、建設工事の副産物である建設発生土と建設廃棄物の適正な処理等に係る総合的な対策を発注者及び施工者が適切に実施するために必要な基準を示し、もって建設工事の円滑な施工の確保、資源の有効な利用の促進及び生活環境の保全を図ることを目的とする。

第２　適用範囲

この要綱は、建設副産物が発生する建設工事に適用する。

第３　用語の定義

この要綱に掲げる用語の意義は、次に定めるところによる。

⑴　「建設副産物」とは、建設工事に伴い副次的に得られた物品をいう。

⑵　「建設発生土」とは、建設工事に伴い副次的に得られた土砂（浚渫土を含む。）をいう。

⑶　「建設廃棄物」とは、建設副産物のうち廃棄物（廃棄物の処理及び清掃に関する法律（昭和45年法律第137号。以下「廃棄物処理法」という。）第２条第１項に規定する廃棄物をいう。以下同じ。）に該当するものをいう。

⑷　「建設資材」とは、土木建築に関する工事（以下「建設工事」という。）に使用する資材をいう。

⑸　「建設資材廃棄物」とは、建設資材が廃棄物となったものをいう。

⑹　「分別解体等」とは、次の各号に掲げる工事の種別に応じ、それぞれ当該各号に定める行為をいう。

一　建築物その他の工作物（以下「建築物等」という。）の全部又は一部を解体する建設工事（以下「解体工事」という。）においては、建築物等に用いられた建設資材に係る建設資材廃棄物をその種類ごとに分別しつつ当該工事を計画的に施工する行為

二　建築物等の新築その他の解体工事以外の建設工事（以下「新築工事等」という。）においては、当該工事に伴い副次的に生ずる建設資材廃棄物をその種類ごとに分別しつつ当該工事を施工する行為

⑺　「再使用」とは、次に掲げる行為をいう。

一　建設副産物のうち有用なものを製品としてそのまま使用すること（修理を

行ってこれを使用することを含む。)。

二　建設副産物のうち有用なものを部品その他製品の一部として使用すること。

(8)　「再生利用」とは、建設廃棄物を資材又は原材料として利用することをいう。

(9)　「熱回収」とは、建設廃棄物であって、燃焼の用に供することができるもの又はその可能性のあるものを熱を得ることに利用することをいう。

(10)　「再資源化」とは、次に掲げる行為であって、建設廃棄物の運搬又は処分(再生することを含む。)に該当するものをいう。

一　建設廃棄物について、資材又は原材料として利用すること(建設廃棄物をそのまま用いることを除く。)ができる状態にする行為

二　建設廃棄物であって燃焼の用に供することができるもの又はその可能性のあるものについて、熱を得ることに利用することができる状態にする行為

(11)　「縮減」とは、焼却、脱水、圧縮その他の方法により建設副産物の大きさを減ずる行為をいう。

(12)　「再資源化等」とは、再資源化及び縮減をいう。

(13)　「特定建設資材」とは、建設資材のうち、建設工事に係る資材の再資源化等に関する法律施行令(平成12年政令第495号。以下「建設リサイクル法施行令」という。)で定められた以下のものをいう。

一　コンクリート

二　コンクリート及び鉄から成る建設資材

三　木材

四　アスファルト・コンクリート

(14)　「特定建設資材廃棄物」とは、特定建設資材が廃棄物となったものをいう。

(15)　「指定建設資材廃棄物」とは、特定建設資材廃棄物で再資源化に一定の施設を必要とするもののうち建設リサイクル法施行令で定められた以下のものをいう。

木材が廃棄物となったもの

(16)　「対象建設工事」とは、特定建設資材を用いた建築物等に係る解体工事又はその施工に特定建設資材を使用する新築工事等であって、その規模が建設リサイクル法施行令又は都道府県が条例で定める建設工事の規模に関する基準以上のものをいう。

(17)　「建設副産物対策」とは、建設副産物の発生の抑制並びに分別解体等、再使用、再資源化等、適正な処理及び再資源化されたものの利用の推進を総称していう。

⒅　「再生資源利用計画」とは、建設資材を搬入する建設工事において、資源の有効な利用の促進に関する法律（平成12年法律第113号。以下「資源有効利用促進法」という。）に規定する再生資源を建設資材として利用するための計画をいう。

⒆　「再生資源利用促進計画」とは、資源有効利用促進法に規定する指定副産物を工事現場から搬出する建設工事において、指定副産物の再利用を促進するための計画をいう。

⒇　「発注者」とは、建設工事（他の者から請け負ったものを除く。）の注文者をいう。

㉑　「元請業者」とは、発注者から直接建設工事を請け負った建設業を営む者をいう。

㉒　「下請負人」とは、建設工事を他のものから請け負った建設業を営む者と他の建設業を営む者との間で当該建設工事について締結される下請契約における請負人をいう。

㉓　「自主施工者」とは、建設工事を請負契約によらないで自ら施工する者をいう。

㉔　「施工者」とは、建設工事の施工を行う者であって、元請業者、下請負人及び自主施工者をいう。

㉕　「建設業者」とは、建設業法（昭和24年法律第100号）第２条第３項の国土交通大臣又は都道府県知事の許可を受けて建設業を営む者をいう。

㉖　「解体工事業者」とは、建設工事に係る資材の再資源化等に関する法律（平成12年法律第104号。以下「建設リサイクル法」という。）第21条第１項の都道府県知事の登録を受けて建設業のうち建築物等を除去するための解体工事を行う営業（その請け負った解体工事を他の者に請け負わせて営むものを含む。）を営む者をいう。

㉗　「資材納入業者」とは、建設資材メーカー、建設資材販売業者及び建設資材運搬業者を総称していう。

第４　基本方針

発注者及び施工者は、次の基本方針により、適切な役割分担の下に建設副産物に係る総合的対策を適切に実施しなければならない。

⑴　建設副産物の発生の抑制に努めること。

⑵　建設副産物のうち、再使用をすることができるものについては、再使用に努めること。

(3) 対象建設工事から発生する特定建設資材廃棄物のうち、再使用がされないものであって再生利用をすることができるものについては、再生利用を行うこと。

また、対象建設工事から発生する特定建設資材廃棄物のうち、再使用及び再生利用がされないものであって熱回収をすることができるものについては、熱回収を行うこと。

(4) その他の建設副産物についても、再使用がされないものは再生利用に努め、再使用及び再生利用がされないものは熱回収に努めること。

(5) 建設副産物のうち、前3号の規定による循環的な利用が行われないものについては、適正に処分すること。なお、処分に当たっては、縮減することができるものについては縮減に努めること。

第2章　関係者の責務と役割

第5　発注者の責務と役割

(1) 発注者は、建設副産物の発生の抑制並びに分別解体等、建設廃棄物の再資源化等及び適正な処理の促進が図られるような建設工事の計画及び設計に努めなければならない。

発注者は、発注に当たっては、元請業者に対して、適切な費用を負担するとともに、実施に関しての明確な指示を行うこと等を通じて、建設副産物の発生の抑制並びに分別解体等、建設廃棄物の再資源化等及び適正な処理の促進に努めなければならない。

(2) また、公共工事の発注者にあっては、リサイクル原則化ルールや建設リサイクルガイドラインの適用に努めなければならない。

第6　元請業者及び自主施工者の責務と役割

(1) 元請業者は、建築物等の設計及びこれに用いる建設資材の選択、建設工事の施工方法等の工夫、施工技術の開発等により、建設副産物の発生を抑制するよう努めるとともに、分別解体等、建設廃棄物の再資源化等及び適正な処理の実施を容易にし、それに要する費用を低減するよう努めなければならない。

自主施工者は、建築物等の設計及びこれに用いる建設資材の選択、建設工事の施工方法等の工夫、施工技術の開発等により、建設副産物の発生を抑制するよう努めるとともに、分別解体等の実施を容易にし、それに要する費用を低減するよう努めなければならない。

(2) 元請業者は、分別解体等を適正に実施するとともに、排出事業者として建設廃棄物の再資源化等及び処理を適正に実施するよう努めなければならない。

自主施工者は、分別解体等を適正に実施するよう努めなければならない。

(3) 元請業者は、建設副産物の発生の抑制並びに分別解体等、建設廃棄物の再資源化等及び適正な処理の促進に関し、中心的な役割を担っていることを認識し、発注者との連絡調整、管理及び施工体制の整備を行わなければならない。

また、建設副産物対策を適切に実施するため、工事現場における責任者を明確にすることによって、現場担当者、下請負人及び産業廃棄物処理業者に対し、建設副産物の発生の抑制並びに分別解体等、建設廃棄物の再資源化等及び適正な処理の実施についての明確な指示及び指導等を責任をもって行うとともに、分別解体等についての計画、再生資源利用計画、再生資源利用促進計画、廃棄物処理計画等の内容について教育、周知徹底に努めなければならない。

(4) 元請業者は、工事現場の責任者に対する指導並びに職員、下請負人、資材納入業者及び産業廃棄物処理業者に対する建設副産物対策に関する意識の啓発等のため、社内管理体制の整備に努めなければならない。

第7　下請負人の責務と役割

下請負人は、建設副産物対策に自ら積極的に取り組むよう努めるとともに、元請業者の指示及び指導等に従わなければならない。

第8　その他の関係者の責務と役割

(1) 建設資材の製造に携わる者は、端材の発生が抑制される建設資材の開発及び製造、建設資材として使用される際の材質、品質等の表示、有害物質等を含む素材等分別解体等及び建設資材廃棄物の再資源化等が困難となる素材を使用しないよう努めること等により、建設資材廃棄物の発生の抑制並びに分別解体等、建設資材廃棄物の再資源化等及び適正な処理の実施が容易となるよう努めなければならない。

建設資材の販売又は運搬に携わる者は建設副産物対策に取り組むよう努めなければならない。

(2) 建築物等の設計に携わる者は、分別解体等の実施が容易となる設計、建設廃棄物の再資源化等の実施が容易となる建設資材の選択など設計時における工夫により、建設副産物の発生の抑制並びに分別解体等、建設廃棄物の再資源化等及び適正な処理の実施が効果的に行われるようにするほか、これらに要する費用の低減に努めなければならない。

なお、建設資材の選択に当たっては、有害物質等を含む建設資材等建設資材廃棄物の再資源化が困難となる建設資材を選択しないよう努めなければならない。

(3) 建設廃棄物の処理を行う者は、建設廃棄物の再資源化等を適正に実施するとともに、再資源化等がなされないものについては適正に処分をしなければならない。

第3章　計画の作成等

第9　工事全体の手順

対象建設工事は、以下のような手順で実施しなければならない。

また、対象建設工事以外の工事については、五の事前届出は不要であるが、それ以外の事項については実施に努めなければならない。

一　事前調査の実施

建設工事を発注しようとする者から直接受注しようとする者及び自主施工者は、対象建築物等及びその周辺の状況、作業場所の状況、搬出経路の状況、残存物品の有無、付着物の有無等の調査を行う。

二　分別解体等の計画の作成

建設工事を発注しようとする者から直接受注しようとする者及び自主施工者は、事前調査に基づき、分別解体等の計画を作成する。

三　発注者への説明

建設工事を発注しようとする者から直接受注しようとする者は、発注しようとする者に対し分別解体等の計画等について書面を交付して説明する。

四　発注及び契約

建設工事の発注者及び元請業者は、工事の契約に際して、建設業法で定められたもののほか、分別解体等の方法、解体工事に要する費用、再資源化等をするための施設の名称及び所在地並びに再資源化等に要する費用を書面に記載し、署名又は記名押印して相互に交付する。

五　事前届出

発注者又は自主施工者は、工事着手の7日前までに、分別解体等の計画等について、都道府県知事又は建設リサイクル法施行令で定められた市区町村長に届け出る。

六　下請負人への告知

受注者は、その請け負った建設工事を他の建設業を営む者に請け負わせようとするときは、その者に対し、その工事について発注者から都道府県知事又は建設リサイクル法施行令で定められた市区町村長に対して届け出られた事項を告げる。

七　下請契約

建設工事の下請契約の当事者は、工事の契約に際して、建設業法で定められたもののほか、分別解体等の方法、解体工事に要する費用、再資源化等をするための施設の名称及び所在地並びに再資源化等に要する費用を書面に記載し、署名又は記名押印して相互に交付する。

八　施工計画の作成

元請業者は、施工計画の作成に当たっては、再生資源利用計画、再生資源利用促進計画及び廃棄物処理計画等を作成する。

九　工事着手前に講じる措置の実施

施工者は、分別解体等の計画に従い、作業場所及び搬出経路の確保、残存物品の搬出の確認、付着物の除去等の措置を講じる。

十　工事の施工

施工者は、分別解体等の計画に基づいて、次のような手順で分別解体等を実施する。

建築物の解体工事においては、建築設備及び内装材等の取り外し、屋根ふき材の取り外し、外装材及び上部構造部分の取り壊し、基礎及び基礎ぐいの取り壊しの順に実施。

建築物以外のものの解体工事においては、さく等の工作物に付属する物の取り外し、工作物の本体部分の取り壊し、基礎及び基礎ぐいの取り壊しの順に実施。

新築工事等においては、建設資材廃棄物を分別しつつ工事を実施。

十一　再資源化等の実施

元請業者は、分別解体等に伴って生じた特定建設資材廃棄物について、再資源化等を行うとともに、その他の廃棄物についても、可能な限り再資源化等に努め、再資源化等が困難なものは適正に処分を行う。

十二　発注者への完了報告

元請業者は、再資源化等が完了した旨を発注者へ書面で報告するとともに、再資源化等の実施状況に関する記録を作成し、保存する。

第10　事前調査の実施

建設工事を発注しようとする者から直接受注しようとする者及び自主施工者は、対象建設工事の実施に当たっては、施工に先立ち、以下の調査を行わなければならない。

また、対象建設工事以外の工事においても、施工に先立ち、以下の調査の実施に努めなければならない。

一　工事に係る建築物等（以下「対象建築物等」という。）及びその周辺の状況に

関する調査

二　分別解体等をするために必要な作業を行う場所（以下「作業場所」という。）に関する調査

三　工事の現場からの特定建設資材廃棄物その他の物の搬出の経路（以下「搬出経路」という。）に関する調査

四　残存物品（解体する建築物の敷地内に存する物品で、当該建築物に用いられた建設資材に係る建設資材廃棄物以外のものをいう。以下同じ。）の有無の調査

五　吹付け石綿その他の対象建築物等に用いられた特定建設資材に付着したもの（以下「付着物」という。）の有無の調査

六　その他対象建築物等に関する調査

第11　元請業者による分別解体等の計画の作成

⑴　計画の作成

建設工事を発注しようとする者から直接受注しようとする者及び自主施工者は、対象建設工事においては、第10の事前調査の結果に基づき、建設副産物の発生の抑制並びに建設廃棄物の再資源化等の促進及び適正処理が計画的かつ効率的に行われるよう、適切な分別解体等の計画を作成しなければならない。

また、対象建設工事以外の工事においても、建設副産物の発生の抑制並びに建設廃棄物の再資源化等の促進及び適正処理が計画的かつ効率的に行われるよう、適切な分別解体等の計画を作成するよう努めなければならない。

分別解体等の計画においては、以下のそれぞれの工事の種類に応じて、特定建設資材に係る分別解体等に関する省令（平成14年国土交通省令第17号。以下「分別解体等省令」という。）第２条第２項で定められた様式第１号別表に掲げる事項のうち分別解体等の計画に関する以下の事項を記載しなければならない。

建築物に係る解体工事である場合（別表１）

一　事前調査の結果

二　工事着手前に実施する措置の内容

三　工事の工程の順序並びに当該工程ごとの作業内容及び分別解体等の方法並びに当該順序が省令で定められた順序により難い場合にあってはその理由

四　対象建築物に用いられた特定建設資材に係る特定建設資材廃棄物の種類ごとの量の見込み及びその発生が見込まれる対象建築物の部分

五　その他分別解体等の適正な実施を確保するための措置に関する事項

建築物に係る新築工事等（新築・増築・修繕・模様替）である場合（別表２）

一　事前調査の結果

二　工事着手前に実施する措置の内容
三　工事の工程ごとの作業内容
四　工事に伴い副次的に生ずる特定建設資材廃棄物の種類ごとの量の見込み並びに工事の施工において特定建設資材が使用される対象建築物の部分及び特定建設資材廃棄物の発生が見込まれる対象建築物の部分
五　その他分別解体等の適正な実施を確保するための措置に関する事項

建築物以外のものに係る解体工事又は新築工事等（土木工事等）である場合（別表３）

解体工事においては、
一　工事の種類
二　事前調査の結果
三　工事着手前に実施する措置の内容
四　工事の工程の順序並びに当該工程ごとの作業内容及び分別解体等の方法並びに当該順序が省令で定められた順序により難い場合にあってはその理由
五　対象工作物に用いられた特定建設資材に係る特定建設資材廃棄物の種類ごとの量の見込み及びその発生が見込まれる対象工作物の部分
六　その他分別解体等の適正な実施を確保するための措置に関する事項

新築工事等においては、
一　工事の種類
二　事前調査の結果
三　工事着手前に実施する措置の内容
四　工事の工程ごとの作業内容
五　工事に伴い副次的に生ずる特定建設資材廃棄物の種類ごとの量の見込み並びに工事の施工において特定建設資材が使用される対象工作物の部分及び特定建設資材廃棄物の発生が見込まれる対象工作物の部分
六　その他分別解体等の適正な実施を確保するための措置に関する事項

⑵　発注者への説明

対象建設工事を発注しようとする者から直接受注しようとする者は、発注しようとする者に対し、少なくとも以下の事項について、これらの事項を記載した書面を交付して説明しなければならない。

また、対象建設工事以外の工事においても、これに準じて行うよう努めなければならない。

一　解体工事である場合においては、解体する建築物等の構造

二　新築工事等である場合においては、使用する特定建設資材の種類

三　工事着手の時期及び工程の概要

四　分別解体等の計画

五　解体工事である場合においては、解体する建築物等に用いられた建設資材の量の見込み

(3)　公共工事発注者による指導

公共工事の発注者にあっては、建設リサイクルガイドラインに基づく計画の作成等に関し、元請業者を指導するよう努めなければならない。

第12　工事の発注及び契約

(1)　発注者による条件明示等

発注者は、建設工事の発注に当たっては、建設副産物対策の条件を明示するとともに、分別解体等及び建設廃棄物の再資源化等に必要な経費を計上しなければならない。なお、現場条件等に変更が生じた場合には、設計変更等により適切に対処しなければならない。

(2)　契約書面の記載事項

対象建設工事の請負契約（下請契約を含む。）の当事者は、工事の契約において、建設業法で定められたもののほか、以下の事項を書面に記載し、署名又は記名押印をして相互に交付しなければならない。

一　分別解体等の方法

二　解体工事に要する費用

三　再資源化等をするための施設の名称及び所在地

四　再資源化等に要する費用

また、対象建設工事以外の工事においても、請負契約（下請契約を含む。）の当事者は、工事の契約において、建設業法で定められたものについて書面に記載するとともに、署名又は記名押印をして相互に交付しなければならない。また、上記の一から四の事項についても、書面に記載するよう努めなければならない。

(3)　解体工事の下請契約と建設廃棄物の処理委託契約

元請業者は、解体工事を請け負わせ、建設廃棄物の収集運搬及び処分を委託する場合には、それぞれ個別に直接契約をしなければならない。

第13　工事着手前に行うべき事項

(1)　発注者又は自主施工者による届出等

対象建設工事の発注者又は自主施工者は、工事に着手する日の7日前までに、

分別解体等の計画等について、別記様式（分別解体等省令第２条第２項で定められた様式第１号）による届出書により都道府県知事又は建設リサイクル法施行令で定められた市区町村長に届け出なければならない。

国の機関又は地方公共団体が上記の規定により届出を要する行為をしようとするときは、あらかじめ、都道府県知事又は建設リサイクル法施行令で定められた市区町村長にその旨を通知しなければならない。

⑵　受注者からその下請負人への告知

対象建設工事の受注者は、その請け負った建設工事を他の建設業を営む者に請け負わせようとするときは、当該他の建設業を営む者に対し、対象建設工事について発注者から都道府県知事又は建設リサイクル法施行令で定められた市区町村長に対して届け出られた事項を告げなければならない。

⑶　元請業者による施工計画の作成

元請業者は、工事請負契約に基づき、建設副産物の発生の抑制、再資源化等の促進及び適正処理が計画的かつ効率的に行われるよう適切な施工計画を作成しなければならない。施工計画の作成に当たっては、再生資源利用計画及び再生資源利用促進計画を作成するとともに、廃棄物処理計画の作成に努めなければならない。

自主施工者は、建設副産物の発生の抑制が計画的かつ効率的に行われるよう適切な施工計画を作成しなければならない。施工計画の作成に当たっては、再生資源利用計画の作成に努めなければならない。

⑷　事前措置

対象建設工事の施工者は、分別解体等の計画に従い、作業場所及び搬出経路の確保を行わなければならない。

また、対象建設工事以外の工事の施工者も、作業場所及び搬出経路の確保に努めなければならない。

発注者は、家具、家電製品等の残存物品を解体工事に先立ち適正に処理しなければならない。

第14　工事現場の管理体制

⑴　建設業者の主任技術者等の設置

建設業者は、工事現場における建設工事の施工の技術上の管理をつかさどる者で建設業法及び建設業法施行規則（昭和24年建設省令第14号）で定められた基準に適合する者（以下「主任技術者等」という。）を置かなければならない。

⑵　解体工事業者の技術管理者の設置

解体工事業者は、工事現場における解体工事の施工の技術上の管理をつかさどる者で解体工事業に係る登録等に関する省令（平成13年国土交通省令第92号。以下「解体工事業者登録省令」という。）で定められた基準に適合するもの（以下「技術管理者」という。）を置かなければならない。

⑶　公共工事の発注者にあっては、工事ごとに建設副産物対策の責任者を明確にし、発注者の明示した条件に基づく工事の実施等、建設副産物対策が適切に実施されるよう指導しなければならない。

⑷　標識の掲示

建設業者及び解体工事業者は、その店舗または営業所及び工事現場ごとに、建設業法施行規則及び解体工事業者登録省令で定められた事項を記載した標識を掲げなければならない。

⑸　帳簿の記載

建設業者及び解体工事業者は、その営業所ごとに帳簿を備え、その営業に関する事項で建設業法施行規則及び解体工事業者登録省令で定められたものを記載し、これを保存しなければならない。

第15　工事完了後に行うべき事項

⑴　完了報告

対象建設工事の元請業者は、当該工事に係る特定建設資材廃棄物の再資源化等が完了したときは、以下の事項を発注者へ書面で報告するとともに、再資源化等の実施状況に関する記録を作成し、保存しなければならない。

一　再資源化等が完了した年月日

二　再資源化等をした施設の名称及び所在地

三　再資源化等に要した費用

また、対象建設工事以外においても、元請業者は、上記の一から三の事項を発注者へ書面で報告するとともに、再資源化等の実施状況に関する記録を作成し、保存するよう努めなければならない。

⑵　記録の保管

元請業者は、建設工事の完成後、速やかに再生資源利用計画及び再生資源利用促進計画の実施状況を把握するとともに、それらの記録を１年間保管しなければならない。

第４章　建設発生土

第16　搬出の抑制及び工事間の利用の促進

⑴　搬出の抑制

発注者、元請業者及び自主施工者は、建設工事の施工に当たり、適切な工法の選択等により、建設発生土の発生の抑制に努めるとともに、その現場内利用の促進等により搬出の抑制に努めなければならない。

(2) 工事間の利用の促進

発注者、元請業者及び自主施工者は、建設発生土の土質確認を行うとともに、建設発生土を必要とする他の工事現場との情報交換システム等を活用した連絡調整、ストックヤードの確保、再資源化施設の活用、必要に応じて土質改良を行うこと等により、工事間の利用の促進に努めなければならない。

第17　工事現場等における分別及び保管

元請業者及び自主施工者は、建設発生土の搬出に当たっては、建設廃棄物が混入しないよう分別に努めなければならない。重金属等で汚染されている建設発生土等については、特に適切に取り扱わなければならない。

また、建設発生土をストックヤードで保管する場合には、建設廃棄物の混入を防止するため必要な措置を講じるとともに、公衆災害の防止を含め周辺の生活環境に影響を及ぼさないよう努めなければならない。

第18　運搬

元請業者及び自主施工者は、次の事項に留意し、建設発生土を運搬しなければならない。

(1) 運搬経路の適切な設定並びに車両及び積載量等の適切な管理により、騒音、振動、塵埃等の防止に努めるとともに、安全な運搬に必要な措置を講じること。

(2) 運搬途中において一時仮置きを行う場合には、関係者等と打合せを行い、環境保全に留意すること。

(3) 海上運搬をする場合は、周辺海域の利用状況等を考慮して適切に経路を設定するとともに、運搬中は環境保全に必要な措置を講じること。

第19　受入地での埋立及び盛土

発注者、元請業者及び自主施工者は、建設発生土の工事間利用ができず、受入地において埋め立てる場合には、関係法令に基づく必要な手続のほか、受入地の関係者と打合せを行い、建設発生土の崩壊や降雨による流出等により公衆災害が生じないよう適切な措置を講じなければならない。重金属等で汚染されている建設発生土等については、特に適切に取り扱わなければならない。

また、海上埋立地において埋め立てる場合には、上記のほか、周辺海域への環境影響が生じないよう余水吐き等の適切な汚濁防止の措置を講じなければならない。

第5章　建設廃棄物

第20　分別解体等の実施

対象建設工事の施工者は、以下の事項を行わなければならない。

また、対象建設工事以外の工事においても、施工者は以下の事項を行うよう努めなければならない。

(1)　事前措置の実施

分別解体等の計画に従い、残存物品の搬出の確認を行うとともに、特定建設資材に係る分別解体等の適正な実施を確保するために、付着物の除去その他の措置を講じること。

(2)　分別解体等の実施

正当な理由がある場合を除き、以下に示す特定建設資材廃棄物をその種類ごとに分別することを確保するための適切な施工方法に関する基準に従い、分別解体を行うこと。

建築物の解体工事の場合

一　建築設備、内装材その他の建築物の部分（屋根ふき材、外装材及び構造耐力上主要な部分を除く。）の取り外し

二　屋根ふき材の取り外し

三　外装材並びに構造耐力上主要な部分のうち基礎及び基礎ぐいを除いたものの取り壊し

四　基礎及び基礎ぐいの取り壊し

ただし、建築物の構造上その他解体工事の施工の技術上これにより難い場合は、この限りでない。

工作物の解体工事の場合

一　さく、照明設備、標識その他の工作物に附属する物の取り外し

二　工作物のうち基礎以外の部分の取り壊し

三　基礎及び基礎ぐいの取り壊し

ただし、工作物の構造上その他解体工事の施工の技術上これにより難い場合は、この限りでない。

新築工事等の場合

工事に伴い発生する端材等の建設資材廃棄物をその種類ごとに分別しつつ工事を施工すること。

(3)　元請業者及び下請負人は、解体工事及び新築工事等において、再生資源利用促進計画、廃棄物処理計画等に基づき、以下の事項に留意し、工事現場等にお

いて分別を行わなければならない。

一　工事の施工に当たり、粉じんの飛散等により周辺環境に影響を及ぼさないよう適切な措置を講じること。

二　一般廃棄物は、産業廃棄物と分別すること。

三　特定建設資材廃棄物は確実に分別すること。

四　特別管理産業廃棄物及び再資源化できる産業廃棄物の分別を行うとともに、安定型産業廃棄物とそれ以外の産業廃棄物との分別に努めること。

五　再資源化が可能な産業廃棄物については、再資源化施設の受入条件を勘案の上、破砕等を行い、分別すること。

(4)　自主施工者は、解体工事及び新築工事等において、以下の事項に留意し、工事現場等において分別を行わなければならない。

一　工事の施工に当たり、粉じんの飛散等により周辺環境に影響を及ぼさないよう適切な措置を講じること。

二　特定建設資材廃棄物は確実に分別すること。

三　特別管理一般廃棄物の分別を行うともに、再資源化できる一般廃棄物の分別に努めること。

(5)　現場保管

施工者は、建設廃棄物の現場内保管に当たっては、周辺の生活環境に影響を及ぼさないよう廃棄物処理法に規定する保管基準に従うとともに、分別した廃棄物の種類ごとに保管しなければならない。

第21　排出の抑制

発注者、元請業者及び下請負人は、建設工事の施工に当たっては、資材納入業者の協力を得て建設廃棄物の発生の抑制を行うとともに、現場内での再使用、再資源化及び再資源化したものの利用並びに縮減を図り、工事現場からの建設廃棄物の排出の抑制に努めなければならない。

自主施工者は、建設工事の施工に当たっては、資材納入業者の協力を得て建設廃棄物の発生の抑制を行うよう努めるとともに、現場内での再使用を図り、建設廃棄物の排出の抑制に努めなければならない。

第22　処理の委託

元請業者は、建設廃棄物を自らの責任において適正に処理しなければならない。処理を委託する場合には、次の事項に留意し、適正に委託しなければならない。

(1)　廃棄物処理法に規定する委託基準を遵守すること。

(2)　運搬については産業廃棄物収集運搬業者等と、処分については産業廃棄物処分業者等と、それぞれ個別に直接契約すること。
(3) 建設廃棄物の排出に当たっては、産業廃棄物管理票（マニフェスト）を交付し、最終処分（再生を含む。）が完了したことを確認すること。

第23　運搬

元請業者は、次の事項に留意し、建設廃棄物を運搬しなければならない。
(1) 廃棄物処理法に規定する処理基準を遵守すること。
(2) 運搬経路の適切な設定並びに車両及び積載量等の適切な管理により、騒音、振動、塵埃等の防止に努めるとともに、安全な運搬に必要な措置を講じること。
(3) 運搬途中において積替えを行う場合は、関係者等と打合せを行い、環境保全に留意すること。
(4) 混合廃棄物の積替保管に当たっては、手選別等により廃棄物の性状を変えないこと。

第24　再資源化等の実施

(1) 対象建設工事の元請業者は、分別解体等に伴って生じた特定建設資材廃棄物について、再資源化を行わなければならない。
　また、対象建設工事で生じたその他の建設廃棄物、対象建設工事以外の工事で生じた建設廃棄物についても、元請業者は、可能な限り再資源化に努めなければならない。
　なお、指定建設資材廃棄物（建設発生木材）は、工事現場から最も近い再資源化のための施設までの距離が建設工事にかかる資材の再資源化等に関する法律施行規則（平成14年国土交通省・環境省令第１号）で定められた距離（50㎞）を越える場合、または再資源化施設までの道路が未整備の場合で縮減のための運搬に要する費用の額が再資源化のための運搬に要する費用の額より低い場合については、再資源化に代えて縮減すれば足りる。
(2) 元請業者は、現場において分別できなかった混合廃棄物については、再資源化等の推進及び適正な処理の実施のため、選別設備を有する中間処理施設の活用に努めなければならない。

第25　最終処分

元請業者は、建設廃棄物を最終処分する場合には、その種類に応じて、廃棄物処理法を遵守し、適正に埋立処分しなければならない。

第６章　建設廃棄物ごとの留意事項

第26　コンクリート塊

(1) 対象建設工事

元請業者は、分別されたコンクリート塊を破砕することなどにより、再生骨材、路盤材等として再資源化をしなければならない。

発注者及び施工者は、再資源化されたものの利用に努めなければならない。

(2) 対象建設工事以外の工事

元請業者は、分別されたコンクリート塊について、(1)のような再資源化に努めなければならない。また、発注者及び施工者は、再資源化されたものの利用に努めなければならない。

第27 アスファルト・コンクリート塊

(1) 対象建設工事

元請業者は、分別されたアスファルト・コンクリート塊を、破砕することなどにより再生骨材、路盤材等として又は破砕、加熱混合することなどにより再生加熱アスファルト混合物等として再資源化をしなければならない。

発注者及び施工者は、再資源化されたものの利用に努めなければならない。

(2) 対象建設工事以外の工事

元請業者は、分別されたアスファルト・コンクリート塊について、(1)のような再資源化に努めなければならない。また、発注者及び施工者は、再資源化されたものの利用に努めなければならない。

第28 建設発生木材

(1) 対象建設工事

元請業者は、分別された建設発生木材を、チップ化することなどにより、木質ボード、堆肥等の原材料として再資源化をしなければならない。また、原材料として再資源化を行うことが困難な場合などにおいては、熱回収をしなければならない。

なお、建設発生木材は指定建設資材廃棄物であり、第24(1)に定める場合については、再資源化に代えて縮減すれば足りる。

発注者及び施工者は、再資源化されたものの利用に努めなければならない。

(2) 対象建設工事以外の工事

元請業者は、分別された建設発生木材について、(1)のような再資源化等に努めなければならない。また、発注者及び施工者は、再資源化されたものの利用に努めなければならない。

(3) 使用済型枠の再使用

施工者は、使用済み型枠の再使用に努めなければならない。

元請業者は、再使用できない使用済み型枠については、再資源化に努めるとともに、再資源化できないものについては適正に処分しなければならない。

(4)　伐採木・伐根等の取扱い

元請業者は、工事現場から発生する伐採木、伐根等は、再資源化等に努めるとともに、それが困難な場合には、適正に処理しなければならない。また、発注者及び施工者は、再資源化されたものの利用に努めなければならない。

(5)　ＣＣＡ処理木材の適正処理

元請業者は、ＣＣＡ処理木材について、それ以外の部分と分離・分別し、それが困難な場合には、ＣＣＡが注入されている可能性がある部分を含めてこれをすべてＣＣＡ処理木材として焼却又は埋立を適正に行わなければならない。

第29　建設汚泥

(1)　再資源化等及び利用の推進

元請業者は、建設汚泥の再資源化等に努めなければならない。再資源化に当たっては、廃棄物処理法に規定する再生利用環境大臣認定制度、再生利用個別指定制度等を積極的に活用するよう努めなければならない。また、発注者及び施工者は、再資源化されたものの利用に努めなければならない。

(2)　流出等の災害の防止

施工者は、処理又は改良された建設汚泥によって埋立又は盛土を行う場合は、建設汚泥の崩壊や降雨による流出等により公衆災害が生じないよう適切な措置を講じなければならない。

第30　廃プラスチック類

元請業者は、分別された廃プラスチック類を、再生プラスチック原料、燃料等として再資源化に努めなければならない。特に、建設資材として使用されている塩化ビニル管・継手等については、これらの製造に携わる者によるリサイクルの取組に、関係者はできる限り協力するよう努めなければならない。また、再資源化できないものについては、適正な方法で縮減をするよう努めなければならない。

発注者及び施工者は、再資源化されたものの利用に努めなければならない。

第31　廃石膏ボード等

元請業者は、分別された廃石膏ボード、廃ロックウール化粧吸音板、廃ロックウール吸音・断熱・保温材、廃ＡＬＣ板等の再資源化等に努めなければならない。再資源化に当たっては、広域再生利用環境大臣指定制度が活用される資材納入業者を活用するよう努めなけれならない。また、発注者及び施工者は、再資源化されたものの利用に努めなければならない。

特に、廃石膏ボードは、安定型処分場で埋立処分することができないため、分別し、石膏ボード原料等として再資源化及び利用の促進に努めなければならない。また、石膏ボードの製造に携わる者による新築工事の工事現場から排出される石膏ボード端材の収集、運搬、再資源化及び利用に向けた取組に、関係者はできる限り協力するよう努めなければならない。

第32　混合廃棄物

⑴　元請業者は、混合廃棄物について、選別等を行う中間処理施設を活用し、再資源化等及び再資源化されたものの利用の促進に努めなければならない。

⑵　元請業者は、再資源化等が困難な建設廃棄物を最終処分する場合は、中間処理施設において選別し、熱しゃく減量を５％以下にするなど、安定型処分場において埋立処分できるよう努めなければならない。

第33　特別管理産業廃棄物

⑴　元請業者及び自主施工者は、解体工事を行う建築物等に用いられた飛散性アスベストの有無の調査を行わなければならない。飛散性アスベストがある場合は、分別解体等の適正な実施を確保するため、事前に除去等の措置を講じなければならない。

⑵　元請業者は、飛散性アスベスト、ＰＣＢ廃棄物等の特別管理産業廃棄物に該当する廃棄物について、廃棄物処理法等に基づき、適正に処理しなければならない。

第34　特殊な廃棄物

⑴　元請業者及び自主施工者は、建設廃棄物のうち冷媒フロン使用製品、蛍光管等について、専門の廃棄物処理業者等に委託する等により適正に処理しなければならない。

⑵　施工者は、非飛散性アスベストについて、解体工事において、粉砕することによりアスベスト粉じんが飛散するおそれがあるため、解体工事の施工及び廃棄物の処理においては、粉じん飛散を起こさないような措置を講じなければならない。

○特定行政庁及び政令で定める市　一覧

（H24．4．1現在）

	都道府県	特定行政庁			政令で定める市（旧保健所設置市）
		義務的建築主事	任意的建築主事	限定的建築主事	
1	北海道	札幌市、函館市、旭川市	小樽市、室蘭市、釧路市、帯広市、北見市、苫小牧市、江別市	千歳市、恵庭市、北広島市、石狩市、当別町、北斗市、七飯町、余市町、岩見沢市、美唄市、芦別市、赤平市、三笠市、滝川市、砂川市、深川市、長沼町、士別市、名寄市、富良野市、上富良野町、留萌市、稚内市、網走市、紋別市、美幌町、遠軽町、登別市、伊達市、白老町、音更町、芽室町、幕別町、釧路町、厚岸町、標茶町、根室市、中標津町、弟子屈町、東神楽町	札幌市、函館市、旭川市
2	青森県	青森市	弘前市、八戸市	—	—
3	岩手県	盛岡市	—	宮古市、奥州市、花巻市、北上市、一関市、釜石市	盛岡市
4	宮城県	仙台市	石巻市、塩竈市、大崎市	—	仙台市
5	秋田県	秋田市	横手市	大館市、大仙市	秋田市
6	山形県	—	山形市	米沢市、鶴岡市、酒田市、天童市	—
7	福島県	福島市、郡山市、いわき市	—	会津若松市、須賀川市	郡山市、いわき市
8	茨城県	水戸市	日立市、土浦市、古河市、高萩市、北茨城市、取手市、つくば市、ひたちなか市	—	—
9	栃木県	宇都宮市	足利市、栃木市、鹿沼市、小山市、佐野市、那須塩原市、日光市、大田原市	—	宇都宮市
10	群馬県	前橋市、高崎市	桐生市、伊勢崎市、太田市、館林市	藤岡市、渋川市、富岡市、安中市、沼田市	前橋市、高崎市
11	埼玉県	さいたま市、川越市、川口市、所沢市、越谷市	熊谷市、春日部市、狭山市、上尾市、草加市、新座市	行田市、秩父市、飯能市、加須市、本庄市、東松山市、羽生市、鴻巣市、深谷市、蕨市、戸田市、入間市、鳩ヶ谷市、朝霞市、志木市、和光市、桶川市、久喜市、北本市、八潮市、富士見市、ふじみ野市、三郷市、蓮田市、坂戸市、幸手市、鶴ヶ島市、日高市、吉川市、白岡町、杉戸町、松伏町	さいたま市、川越市
12	千葉県	千葉市、市川市、船橋市、松戸市、柏市、市原市	佐倉市、八千代市、我孫子市	木更津市、野田市、茂原市、成田市、習志野市、流山市、鎌ヶ谷市、君津市、浦安市、四街道市、白井市	千葉市、船橋市、柏市
13	東京都	八王子市、町田市	立川市、武蔵野市、三鷹市、府中市、調布市、日野市、国分寺市	特別区（23）	—
14	神奈川県	横浜市、川崎市、横須賀市、藤沢市、相模原市	平塚市、鎌倉市、小田原市、茅ヶ崎市、秦野市、厚木市、大和市	—	横浜市、川崎市、横須賀市、相模原市
15	新潟県	新潟市	長岡市、新発田市、三条市、柏崎市、上越市	—	新潟市
16	富山県	富山市	高岡市	—	富山市
17	石川県	金沢市	七尾市、小松市、白山市、野々市市	加賀市、能美市	金沢市
18	福井県	—	福井市	—	—
19	山梨県	—	甲府市	富士吉田市	—
20	長野県	長野市	松本市、上田市	岡谷市、飯田市、諏訪市、塩尻市	長野市
21	岐阜県	岐阜市	大垣市、各務原市	高山市、多治見市、可児市	岐阜市
22	静岡県	静岡市、浜松市	沼津市、富士市、富士宮市、焼津市	伊東市、三島市、御殿場市、裾野市、藤枝市、掛川市、島田市、袋井市、磐田市、湖西市	静岡市、浜松市
23	愛知県	名古屋市、豊橋市、岡崎市、一宮市、春日井市、豊田市	—	瀬戸市、半田市、豊川市、刈谷市、安城市、西尾市、江南市、小牧市、東海市、稲沢市、大府市	名古屋市、豊橋市、岡崎市、豊田市

24	三重県	津市、四日市市	桑名市、鈴鹿市、松阪市	伊賀市、名張市	四日市市
25	滋賀県	大津市	彦根市、長浜市、近江八幡市、東近江市、草津市、守山市	—	—
26	京都府	京都市、宇治市	—	—	京都市
27	大阪府	大阪市、堺市、豊中市、吹田市、高槻市、枚方市、八尾市、東大阪市、茨木市	岸和田市、守口市、寝屋川市、箕面市、門真市、池田市、和泉市、羽曳野市	—	大阪市、堺市、豊中市、高槻市、東大阪市
28	兵庫県	神戸市、姫路市、尼崎市、明石市、西宮市、加古川市	芦屋市、伊丹市、宝塚市、高砂市、川西市、三田市	—	神戸市、姫路市、尼崎市、西宮市
29	奈良県	奈良市	橿原市、生駒市	—	奈良市
30	和歌山県	和歌山市	—	—	和歌山市
31	鳥取県	—	鳥取市、米子市、倉吉市	境港市	—
32	島根県	—	松江市、出雲市	浜田市、益田市、大田市、安来市	—
33	岡山県	岡山市、倉敷市	津山市、玉野市、笠岡市、総社市、新見市	—	岡山市、倉敷市
34	広島県	広島市、福山市	呉市、東広島市、廿日市市、三原市、尾道市	三次市	広島市、福山市、呉市
35	山口県	下関市	宇部市、山口市、萩市、防府市、周南市	岩国市、長門市	下関市
36	徳島県	徳島市	—	—	—
37	香川県	高松市	—	—	高松市
38	愛媛県	松山市	今治市、新居浜市、西条市	宇和島市	松山市
39	高知県	高知市	—	—	高知市
40	福岡県	北九州市、福岡市、久留米市	大牟田市	—	北九州市、福岡市、久留米市、大牟田市
41	佐賀県	—	佐賀市	—	—
42	長崎県	長崎市、佐世保市	—	島原市、平戸市、五島市、松浦市、大村市	長崎市、佐世保市
43	熊本県	熊本市	八代市、天草市	—	熊本市
44	大分県	大分市	別府市、中津市、日田市、佐伯市、宇佐市	—	大分市
45	宮崎県	宮崎市	都城市、延岡市、日向市	—	宮崎市
46	鹿児島県	鹿児島市	—	薩摩川内市、霧島市、鹿屋市	鹿児島市
47	沖縄県	那覇市	うるま市、沖縄市、宜野湾市、浦添市	—	—

なお、限定特定行政庁（木造住宅など、小規模な建築物についてのみ建築確認申請を審査する限定的建築主事を置く市区町村）に関する扱いは下表の通りです。

	限定的建築主事（市町村）	限定的建築主事（特別区）
建築物	原則として都道府県知事 ・ただし、建築基準法第６条第１項第４号に掲げる戸建て住宅等の建築物（その建築に関して都道府県知事の許可を必要とするものを除く。）に限り市町村長	原則として特別区の長 ・ただし、建築基準法施行令第149条第１項第１号及び第２号に掲げる建築物に限り、都知事
建築系工作物	都道府県知事	原則として特別区の長 ・ただし、建築基準法施行令第149条第１項第２号、第３号及び第４号に掲げる工作物及び建築設備については、都知事
土木系工作物	都道府県知事	特別区の長

都道府県の問い合せ窓口

都道府県		所在地	建設リサイクル法及び指針に関する問合せ先	
			担当部局名・担当課等名	電　話
1	北海道	札幌市中央区北３条西６丁目	建設部住宅局建築指導課（届出、普及） 建設部建設管理局技術管理課（指針）	011-204-5578 011-204-5589
2	青森県	青森市長島１－１－１	県土整備部建築住宅課建築指導グループ（建築物） 県土整備部整備企画課企画・指導調査グループ（その他全般）	017-734-9693 017-734-9644
3	岩手県	盛岡市内丸10－１	県土整備部建設技術振興課	019-629-5951
4	宮城県	仙台市青葉区本町３－８－１	環境生活部資源循環推進課	022-211-2649
5	秋田県	秋田市山王４－１－１	建設部技術管理課調整・建設マネジメント班	018-860-2427
6	山形県	山形市松波２－８－１	県土整備部建設企画課	023-630-2652
7	福島県	福島市杉妻町２－16	土木部建築指導課	024-521-7523
8	茨城県	水戸市笠原町978番６	土木部検査指導課建設リサイクル担当	029-301-4386
9	栃木県	宇都宮市塙田１－１－20	県土整備部技術管理課技術調整担当 県土整備部建築課建築指導班	028-623-2421 028-623-2514
10	群馬県	前橋市大手町１－１－１	県土整備部建設企画課技術調査係	027-226-3531
11	埼玉県	さいたま市大宮区吉敷町１－124	県土整備部総合技術センター公共事業評価・コスト縮減・建設リサイクル担当	048-643-8732
12	千葉県	千葉市中央区市場町１－１	県土整備部技術管理課	043-223-3440
13	東京都	新宿区西新宿２－８－１	都市整備局都市づくり政策部広域調整課 都市整備局市街地建築部建築企画課	03-5388-3231 03-5388-3341
14	神奈川県	横浜市中区日本大通１	県土整備局企画調整部技術管理課建設リサイクルグループ	045-210-6124
15	新潟県	新潟市中央区新光町４－１	土木部技術管理課	025-280-5391
16	富山県	富山市新総曲輪１－７	土木部建設技術企画課 土木部建築住宅課	076-444-3298 076-444-3357
17	石川県	金沢市鞍月１－１	土木部監理課技術管理室 土木部建築住宅課	076-225-1787 076-225-1778
18	福井県	福井市大手３－17－１	土木部土木管理課技術管理グループ	0776-20-0471
19	山梨県	甲府市丸の内１－６－１	県土整備部技術管理課 県土整備部建築住宅課	055-223-1682 055-223-1735
20	長野県	長野市大字南長野字幅下692－２	建設部建築指導課	026-235-7331
21	岐阜県	岐阜市薮田南２－１－１	都市建築部建築指導課	058-272-8680
22	静岡県	静岡市葵区追手町９－６	交通基盤部建設支援局技術管理課	054-221-2168
23	愛知県	名古屋市中区三の丸３－１－２	建設部建築担当局住宅計画課（建リ法） 建設部建設企画課（指針）	052-954-6570 052-954-6508
24	三重県	津市広明町13番地	県土整備部公共事業運営課	059-224-2918
25	滋賀県	大津市京町４－１－１	土木交通部建築課建築指導室（建リ法）	077-528-4258
26	京都府	京都市上京区下立売通新町西入藪之内町	建設交通部建築指導課 建設交通部指導検査課（指針）	075-414-5346 075-414-5219

（H24．4．1現在）

解体工事業者の登録に関する問合せ先	
担当部局名・担当課等名	電　話
建設部建設管理局建設情報課	011-204-5587
県土整備部監理課建設業振興グループ	017-734-9640
県土整備部建設技術振興課	019-629-5951
土木部事業管理課	022-211-3116
建設部建設政策課建設業班	018-860-2425
県土整備部建設企画課	023-630-2658
土木部技術管理課建設産業室	024-521-7452
土木部検査指導課建設リサイクル担当	029-301-4386
県土整備部監理課建設業担当	028-623-2390
県土整備部建設企画課建設業係	027-226-3520
県土整備部建設管理課建設業担当	048-830-5177
県土整備部技術管理課	043-223-3440
都市整備局市街地建築部建設業課	03-5388-3353
県土整備局建築住宅部建設業課建設業審査グループ	045-640-6301
土木部監理課建設業室	025-280-5386
土木部建設技術企画課	076-444-3312
土木部監理課建設業振興グループ	076-225-1712
土木部土木管理課建設業グループ	0776-20-0470
県土整備部県土整備総務課建設業対策室	055-223-1843
建設部建設政策課建設業係	026-235-7293
県土整備部建設政策課	058-272-8504
交通基盤部建設支援局建設業課許可班	054-221-2507
建設部建設業不動産業課	052-954-6503
県土整備部建設業課	059-224-2660
土木交通部監理課	077-528-4114
建設交通部指導検査課	075-414-5223

都道府県		所在地	建設リサイクル法及び指針に関する問合せ先	
			担当部局名・担当課等名	電　話
27	大阪府	大阪市住之江区南港北１丁目14―16	住宅まちづくり部建築指導室審査指導課	06-6941-0351（内4320）
28	兵庫県	神戸市中央区下山手通５―10―１	県土整備部住宅建築局建築指導課	078-362-3608
29	奈良県	奈良市登大路町30番地	土木部技術管理課建築技術係	0742-27-7613
30	和歌山県	和歌山市小松原通１―１	県土整備部県土整備政策局技術調査課	073-441-3083
31	鳥取県	鳥取市東町１―220	県土整備部技術企画課	0857-26-7808
32	島根県	松江市殿町８番地	土木部技術管理課	0852-22-6014
33	岡山県	岡山市北区内山下２―４―６	土木部技術管理課 土木部都市局建築指導課 環境文化部循環型社会推進課	086-226-7460 086-226-7499 086-226-7308
34	広島県	広島市中区基町10―52	土木局技術企画課	082-513-3859
35	山口県	山口市滝町１―１	土木建築部技術管理課技術指導班	083-933-3636
36	徳島県	徳島市万代町１―１	県土整備部建設管理課	088-621-2622
37	香川県	高松市番町四丁目１―10	土木部技術企画課	087-832-3511
38	愛媛県	松山市一番町４―４―２	土木部管理局土木管理課技術企画室	089-912-2648
39	高知県	高知市丸ノ内１―２―20	土木部建設管理課	088-823-9826
40	福岡県	福岡市博多区東公園７―７	建築都市部建築指導課 環境部循環型社会推進課 （指針）	092-643-3720 092-643-3372
41	佐賀県	佐賀市城内１―１―59	県土づくり本部建設・技術課	0952-25-7153
42	長崎県	長崎市江戸町２―13	土木部建設企画課	095-894-3023
43	熊本県	熊本市水前寺６―18―１	土木部土木技術管理課（土木） 土木部建築住宅局建築課建築物安全推進室（建築）	096-333-2490 096-333-2535
44	大分県	大分市大手町３―１―１	土木建築部建設政策課事業・環境評価対策班	097-506-4561
45	宮崎県	宮崎市橘通東２―10―１	県土整備部技術企画課	0985-26-7178
46	鹿児島県	鹿児島市鴨池新町10―１	土木部監理課技術管理室	099-286-3515
47	沖縄県	那覇市泉崎１―２―２	土木建築部技術管理課	098-866―2374

解体工事業者の登録に関する問合せ先	
担当部局名・担当課等名	電　話
住宅まちづくり部建築振興課	06-6941-0351（内3086）
県土整備部県土企画局総務課建設業室	078-362-9249
土木部建設業指導室	0742-27-5429
県土整備部県土整備政策局技術調査課	073-441-3069
県土整備部県土総務課	0857-26-7347
土木部土木総務課建設産業対策室	0852-22-5185
土木部監理課建設業班	086-226-7463
土木局建設産業課	082-513-3822
土木建築部監理課建設業班	083-933-3629
県土整備部建設管理課建設業振興指導担当	088-621-2519
土木部土木監理課	087-832-3507
土木部管理局土木管理課	089-912-2644
土木部建設管理課	088-823-9815
建築都市部建築指導課	092-643-3719
県土づくり本部建設・技術課	0952-25-7153
土木部監理課	095-894-3015
土木部監理課建設業班	096-333-2485
土木建築部土木建築企画課建設業指導班	097-506-4516
県土整備部管理課建設業担当	0985-26-7176
土木部監理課	099-286-3508
土木建築部土木企画課	098-866-2384

改訂３版　建設リサイクル法の解説

―建設工事に係る資材の再資源化等に関する法律―

2000年８月22日　第１版第１刷発行
2012年10月30日　第３版第１刷発行

編　著　建設リサイクル法研究会

発行者　松　林　久　行

発行所　株式会社大成出版社

東京都世田谷区羽根木１―７―11
〒156-0042　電話　03（3321）4131（代）
http://www.taisei-shuppan.co.jp/

印刷　信教印刷

ISBN978-4-8028-3016-4